Kohl/Bastian/Neizel

Baufachkunde 1

Grundfachkunde Bau

Bearbeitet von
Oberstudienrat Ernst Neizel, Lübeck
Oberstudienrat Arthur Wanner, Lübeck

15., überarbeitete und erweiterte Auflage 1976
Mit 273 Bildern, 41 Tafeln, 61 Versuchen, 35 Beispielen und 292 Aufgaben

B. G. Teubner Stuttgart

Baufachkunde Band 2

Fachkunde für Maurer Teil 1

Mauern aus großformatigen Steinen
Hausschornsteine
Sonderverbände
Beton- und Stahlbeton
Maueröffnungen
Kunststoffe im Bauwesen
Schutz gegen Feuchtigkeit
Wärmeschutz
Schalldämmung
Leichte Trennwände
Fachwerkswände, Holzbalkendecken
Massive Fußböden
Gerüste
Innen- und Außenputz

Baufachkunde Band 3

Fachkunde für Maurer Teil 2

Mauern aus Natursteinen
Massive Decken und Treppen
Sichtmauerwerk
Fensterlichtschächte
Trennfugen
Baustellenvorbereitung
Erdarbeiten und Entwässerung
Schutz gegen Grundwasser
Ab- und Ausbrechen, Unterfangen
Transportmittel und Maschinen
Fertigbauweisen

CIP-Kurztitelaufnahme der Deutschen Bibliothek

Kohl, Anton
Baufachkunde / Kohl-Bastian-Neizel. Bearb. von Ernst Neizel; Arthur Wanner. – Stuttgart: Teubner.
Frühere Aufl. u.d.T.: Kohl, Anton: Fachkunde für Maurer.
NE: Bastian, Kurt; Neizel, Ernst; Kohl-Bastian-Neizel, ...
1. Grundfachkunde Bau.– 15., überarb. u. erw. Aufl. – 1976.
ISBN 3-519-15603-2

Printed in Germany

Satz und Druck: Universitätsdruckerei H. Stürtz AG, Würzburg

Umschlaggestaltung: W. Koch, Sindelfingen

Vorwort

In der 15. Auflage ist der Entwicklung im Bereich der Berufsbildung durch eine völlige Neubearbeitung des Abschnittes über „Naturwissenschaftliche Grundlagen der Bauarbeit“ Rechnung getragen worden. Entsprechend vorliegender Lehrpläne für den berufsfeldbezogenen Lernbereich wurden diese Grundlagen wesentlich erweitert und erscheinen jetzt in den Teilabschnitten

20 Bauphysik und 21 Bauchemie

Wie bisher sind die Abschnitte zusammengefaßt am Schluß des Buches untergebracht. Die „Grundfachkunde Bau“ – sie beinhaltet den 1. Band der „Baufachkunde“ – gibt damit die Möglichkeit, den Unterrichtsstoff für das erste Ausbildungsjahr so auszuwählen, daß er nicht nur den vom Berufsgrundbildungsjahr gestellten Anforderungen genügt, sondern auch für das z. Z. noch praktizierte duale System passend ist. Die „Baufachkunde 1“ ist in zwei weiteren Bänden fortgesetzt, die für die Fachstufen I und II – zweites und drittes Ausbildungsjahr – bestimmt sind: „Baufachkunde 2“ mit dem Untertitel „Fachkunde für Maurer“ Teil 1, „Baufachkunde 3“ mit „Fachkunde für Maurer Teil 2“.

Die bewährten methodischen Grundlagen und die typographische Gestaltung der „Baufachkunde“ wurden beibehalten. Die Fachtheorie steht in enger Beziehung zur praktischen Arbeit. Das Bild in Foto und Zeichnung dient der Erklärung wichtiger Arbeitsvorgänge und unterstützt die Erarbeitung des für die Berufsarbeit notwendigen Fachwissens. Der Text ist klar gegliedert und in einer einfachen, dem Schüler verständlichen Sprache gehalten. Zusammenfassende Merksätze und die Aufgaben jeweils am Ende von Abschnitten sind für das Durcharbeiten und Einprägen des Stoffes bestimmt.

Regeln, Tabellen, Beispiele und Merksätze sind durch farbige Unterlegung besonders hervorgehoben worden. Damit sollen Wiederholungen und die Vorbereitung auf Prüfungen, aber auch der tägliche Gebrauch des Buches in der Schule und auf der Baustelle erleichtert werden.

Der gute Absatz der „Baufachkunde 1“ (früherer Titel „Fachkunde für Maurer“), der innerhalb von 38 Jahren fünfzehn Auflagen notwendig machte, beweist, daß unsere Arbeit in Schule und Praxis Verständnis und Anerkennung gefunden hat. Das zeigen auch die Anregungen, die uns von Kollegen und aus der Baupraxis immer wieder für die Gestaltung des Buches gegeben worden sind und für die wir an dieser Stelle unseren Dank aussprechen.

Mit der 14. Auflage ist der Mitbegründer der „Fachkunde für Maurer“, Herr Oberstudienrat Anton Kohl, aus gesundheitlichen Gründen, mit der 15. Auflage der verstorbene Herr Oberstudiendirektor Kurt Bastian als Verfasser ausgeschieden. An ihre Stelle traten der bereits früher an der „Fachkunde für Maurer“ mitwirkende Oberstudienrat E. Neizel und Oberstudienrat A. Wanner.

Lübeck, im Frühjahr 1976

Die Verfasser

Inhalt

DIN-Normen sind in diesem Werk entsprechend dem Stande der Entwicklung ausgewertet worden, den sie bei Abschluß des Manuskripts erreicht hatten. Maßgebend sind jeweils die neuesten Ausgaben der Normblätter des DIN Deutsches Institut für Normung (früher DNA), die durch den Beuth-Verlag, Berlin und Köln, zu beziehen sind. — Sinngemäß gilt das gleiche für alle in diesem Buch angezogenen Richtlinien, Bestimmungen, Verordnungen usw.

Quellenverzeichnis der Bilder

Arbeitsgemeinschaft für zeitgemäßes Bauen e.V., Kiel: Bild 32.3
Bildarchiv-Foto-Marburg: Bild 1.2; 3.1 und 2
Bildarchiv Rhein. Museum, Köln: Bild 2.1
Bundesverband der Deutschen Ziegelindustrie, Bonn: Bild 94.3
Wilh. Castelli jun., Lübeck: Bild 2.2
Hauptverband Kalksandsteinindustrie, Hannover: Bild 127.2 und 132.1
IBM/hans paysan, Stuttgart: Bild 3.3
A. Kohl: Fachkunde für Zimmerer. Ernst Klett Verlag, Stuttgart: Bild 5.2
C. Keller & Co., Laggenbeck: Bild 95.1
Oberstudienrat a.D. E. Neizel, Lübeck: Bild 128.1 bis 4, 129.1; 130,2; 131.2 und 133.1
Schöning & Co., Lübeck: Bild 1.1
XYLAMON-Werkfoto (Desowag-Chemie GmbH, Düsseldorf): Bild 82.1 und 83.1
Oberstudienrat a.D. A. Kohl, Porz am Rhein: restliche Fotos

1. Das Baugewerbe

1.1. Geschichtliches vom Bauen

Das Bauhandwerk hat eine alte und stolze Geschichte. Die Arbeitsverfahren, die wir heute anwenden, sind das Ergebnis einer jahrtausendealten Erfahrung, die der Mensch beim Bau seiner Wohnstätten machte. Wenn auch die Leistungen der Bautechnik in der Gegenwart groß sind, können sich doch die Werke unserer Vorfahren daneben sehen lassen. Jeder Bauhandwerker hat, wenigsten im Bild (**1**.1), schon einmal ein Hünengrab gesehen. Er wird aber wohl keine Vorstellung davon haben, welche Mühe die Beförderung der riesigen Decksteine gemacht hat, die oft meilenweit herangeholt werden mußten. Krane und Schienenwege hatte man damals nicht; man mußte alles auf Holzwalzen mit Hebebäumen befördern.

1.1 Hünengrab

Die alten Völker haben gewöhnlich ihre Bauten aus dem Baustoff hergestellt, der ihnen am leichtesten zur Hand war. Da Mitteleuropa in ältester Zeit dicht bewaldet war, haben unsere Vorfahren ihre Häuser aus Holz gebaut. Steinbauten lernten sie von den römischen Legionären kennen, die einige Jahrhunderte am Rhein waren und dort ihre Lager mit Kasernen, Toren, Palästen, aber auch Wasserleitungen und Bädern aus Mauerwerk in Natursteinen und Ziegeln errichteten. Geraume Zeit verging, bis auch die deutschen Stämme anfingen, feste Burgen, Klöster, Kirchen und Stadtmauern in Stein aufzurichten. Wohnhäuser wurden meistens auch weiterhin in Holzfachwerk hergestellt.

Ein Baustil, der besonders durch Rundbogen gekennzeichnet ist, entwickelte sich bei uns um das Jahr 1000, und zwar am Rhein, an der Donau und in Mitteldeutschland unter den Einflüssen der einstigen römischen Steinbautechnik. Die mächtigen Dome in Speyer und Worms, Hildesheim und Limburg, die Reste alter Kaiserpfalzen und Burgen sind Zeugen dieser Epoche, die in der Bau- und Kunstgeschichte den Namen „Romanik" erhalten hat (**1**.2).

1.2 Romanischer Dom zu Maria Laach

Die mächtigen romanischen Steinpfeiler wurden dann feingliedriger und schlanker, das ursprünglich römische Kreuzgewölbe über quadratischem Grundriß wurde zum Netzgewölbe, der Rundbogen zum Spitzbogen, und unter den Einflüssen nordfranzösischer Bauhütten entstanden so am Rhein die ersten Bauten deutscher Gotik (**2.1**). Himmelanstrebende Pfeiler und Gewölbe, kühne Türme und herrliches Maßwerk fügten sich zu einem wundervollen Ganzen. Im Westen und Süden Deutschlands wurden diese Bauten von den mittelalterlichen Bauhütten in Natursteinen aufgeführt. Dagegen legen die heute in Nord- und Ostdeutschland noch erhaltenen Bauwerke der ‚Backsteingotik' Zeugnis ab vom Können der Maurer damaliger Zeit (**2**.2). Unter den strengen Regeln und Bräuchen der Zünfte, die den Werdegang des Lehrlings zum Gesellen und Meister bestimmten und nicht nur Können und Kunst, sondern auch Ehre und Brauchtum des alten Handwerks überwachten und förderten, entwickelte sich das deutsche Bauhandwerk zu höchster Blüte.

2.1 Kölner Dom

2.2 Marienkirche in Lübeck (Backsteingotik)

In der Renaissance, einem Baustil, der die Gotik ablöste und der durch die Verwendung klassischer Stilelemente wie Säulen, Giebeldreiecke gekennzeichnet ist (**3.1**), arbeiteten schon oft Steinmetzen und Maurer am gleichen Bauwerk.

Auch der aus der Renaissance entstehende Barock kennt Bauten aus Natur- und Ziegelsteinen oder die Verarbeitung beider Baustoffe an einem Bauwerk (**3**.2). Hier verbindet sich das Können der Steinmetzen und Maurer zu höchsten Leistungen, die wir heute noch an stolzen Rathäusern und Schlössern sowie an mancher schönen Kirche bewundern können.

3.1 Rattenfängerhaus in Hameln, 1602 während der Renaissance erbautes Bürgerhaus

3.2 Würzburger Residenz (Barock)

Mit dem Zerfall der Zünfte und dem Aufkommen einer neuen Wirtschaftsgesinnnug schien einige Zeit Geschäftstüchtigkeit des Meisters mehr zu gelten als handwerkliches Können. Aber bald zeigten sich die Folgen einer schrankenlosen Gewerbefreiheit. Die handwerklichen Leistungen gingen zurück; die mit der Zunahme der Bevölkerung in den Großstädten entstehenden Mietskasernen zeigten nur noch wenig vom Können der Bauleute. Hinter Fassaden in manchen Stilen der Vergangenheit verbargen sich ungesunde Wohnungen und kahle Hinterhöfe, in denen die Masse der arbeitenden Bevölkerung zusammengedrängt leben mußte.

3.3 Verwaltungsgebäude unserer Zeit

Mit Beginn des 20. Jahrhunderts besann man sich auf die gute deutsche Bautradition. Unter Führung maßgebender Baukünstler entstanden Gartenstädte und Siedlungen als Wohnstätten für die Bevölkerung der Großstädte. Industrie- und Verwaltungsbauten zeigten nicht mehr Wiederholungen der Baustile vergangener Zeiten, sondern erhielten ihre eigene Prägung (3.3). Für den Bauhandwerker entstanden neue Aufgaben, für die er durch eine bessere Ausbildung auf den Baustellen und in der Schule vorbereitet wurde. Die Maschine hat nun auch im Baugewerbe ihren Einzug gehalten. Sie preßt

Ziegel, hebt Lasten, mischt Mörtel und Beton und nimmt dem Bauhandwerker manche mühselige Arbeit ab. Aber der wesentliche Teil des Schaffens, der verantwortliche Aufbau, das vorbedachte Anlegen, die werkgerechte Ausführung und die moderne Ausgestaltung ist immer noch Sache des erfahrenen Facharbeiters geblieben.

Unsere Vorfahren bauten ihre Häuser ursprünglich aus Holz. Warum?
Romanische und gotische Bauwerke wurden nur in Norddeutschland vom Maurer, sonst vom Steinmetz errichtet. Vergleichen Sie die Lübecker Marienkirche und den Dom zu Maria Laach!
Neue Bauweisen haben den Bauhandwerker vor neue Aufgaben gestellt. Berichten Sie über die Arbeiten im Beton- und Stahlbetonbau!

1.2. Das Baugewerbe in der Gegenwart

Das Baugewerbe wird oft als das Schlüsselgewerbe der Wirtschaft bezeichnet. Lebhafte Bautätigkeit bringt nicht nur den Bauleuten Arbeit, sondern regt das gesamte wirtschaftliche Leben an. Durch den Bau von Industrieanlagen und Verkehrseinrichtungen werden neue Produktionsstätten geschaffen, die vielen Menschen Arbeit und Brot geben.

Das Bauhandwerk hat es verstanden, durch ständige Verbesserung der Arbeitsmethoden – insbesondere auch durch Einsatz von Baumaschinen – seinen Platz im Bauschaffen zu erhalten und auszubauen.
Im Jahre 1974 waren in 57271 Betrieben des Bauhandwerks 167357 Maurergesellen, 20156 Betonbauer, 65892 Zimmerer, rund 30000 Fliesenleger, 33133 Poliere, Schachtmeister und Meister und 54655 Hilfspoliere, Vorarbeiter und Hilfsschachtmeister beschäftigt. In der handwerklichen Ausbildung standen insgesamt 27680 Auszubildende (Maurer, Betonbauer und Zimmerer). Bedenkt man, daß es noch im Jahre 1954 allein 57144 Maurerlehrlinge gab, muß die Situation für den Nachwuchs des Baugewerbes bedenklich stimmen.
Die Struktur der einzelnen handwerklichen Baubetriebe ist verschieden. Neben reinen Maurerbetrieben und Zimmerwerkstätten gibt es in vielen Gegenden Deutschlands Baugeschäfte, die sowohl Maurer- als auch Zimmerarbeiten ausführen. Deshalb sind in den Innungen die Bauhauptberufe oft zusammengefaßt (**5.1**), und die fachliche Spitzenorganisation, der Zentralverband des Deutschen Baugewerbes, umfaßt alle Bauberufe.

Die Unternehmungen der Bauindustrie sind in den Wirtschaftsvereinigungen der Bauindustrie zusammengeschlossen. Diese industriellen Baubetriebe betätigen sich vorwiegend auf dem Gebiet des Ingenieurbaues (Straßen-, Brücken-, Wasser- und Bundesbahnbau), führen aber auch Industrie- und Wohnbauten aus. Das Ausbildungs- und Prüfungswesen wird für die Industrie von den Wirtschaftsvereinigungen im Einvernehmen mit den Industrie- und Handelskammern geregelt, die die Zwischenprüfungen und – als Lehrabschluß für die industriellen Lehrlinge – die Facharbeiterprüfungen durchführen, während die Lehre im Handwerk in den Innungen durch die Gesellenprüfung abgeschlossen wird. In der Bauindustrie wurden 1974 in etwa 3500 Betrieben 82400 Maurer, 10000 Betonbauer, 32500 Zimmerer, 16300 Poliere und Schachtmeister sowie etwa 27000 Hilfspoliere und Hilfsschachtmeister beschäftigt. In der gleichen Zeit standen aus allen Sparten der Bauindustrie etwa 4900 gewerbliche Auszubildende, darunter etwa 840 Maurerlehrlinge in der Ausbildung. An Bedeutung hat der Beruf Bauzeichner mit rund 11400 Auszubildenden im Jahre 1974 gewonnen.

Die Arbeitnehmer in den Baubetrieben sind im DGB (Deutscher Gewerkschaftsbund) in der IG (Industriegewerkschaft) Bau, Steine und Erden organisiert. Außerdem nehmen Vertreter der Gesellen am Innungsleben teil. Sie wirken hier z.B. in den Gesellenprüfungsausschüssen in der gleichen Zahl wie die Meisterbeisitzer mit. Auch in den Berufsbildungsausschüssen der Handwerkskammern und der Industrie- und Handelskammern sind sie in gleicher Zahl wie die Arbeitgeber vertreten.

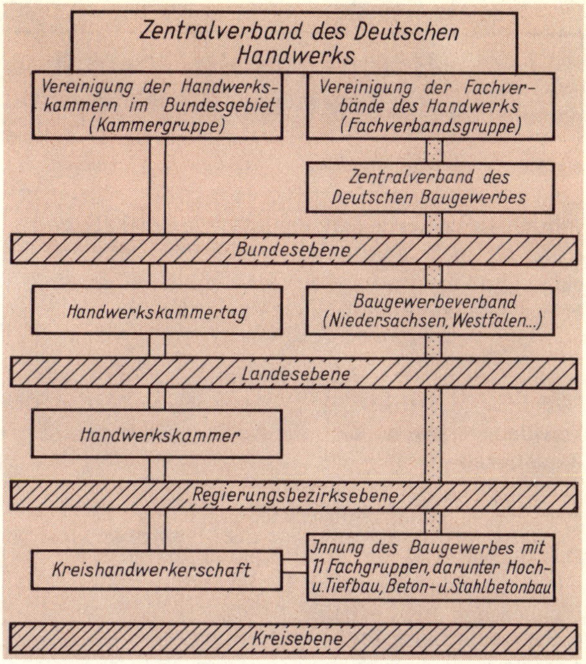

5.1 Gliederung des Bauhandwerks

5.2 Richtkrone in luftiger Höhe

Eine fröhliche Unterbrechung der oft harten Arbeit am Bau bildet das Richtfest. Wenn ein Haus durch den Zimmerer „gerichtet“ ist, d.h. mit dem Sparrenwerk sich in der künftigen Form abzeichnet, wird daran ein „Richtbaum“ oder eine „Richtkrone“ befestigt (**5.2**). Meistens läßt es sich der Bauherr etwas kosten, um diesen bedeutungsvollen Tag zu feiern. Vom hohen Gebälk des Hauses spricht ein Zimmerer die Taufrede, in der sich alte Handwerkssprüche mit den besten Wünschen für das Haus und seine Bewohner verbinden. Ein „Richtschmaus“ vereint alle am Bau Schaffenden vom Architekten und Meister bis zum jüngsten Lehrling mit dem Bauherrn in froher Runde.

Die Normung im Baugewerbe, d.h. die einheitliche Festlegung der Abmessungen und Güte von Baustoffen sowie die Vereinheitlichung von Entwurfsgrundlagen und Arbeitsverfahren, hat in den letzten Jahren immer mehr an Bedeutung gewonnen. Sie ist zwar keine Errungenschaft der Gegenwart – schon die alten Ägypter verarbeiteten beim Bau der Pyramiden Steine mit einheitlichen Abmessungen, und das von 1872 bis 1952 gültige Ziegelmaß des Reichsformats war eine Norm – aber die Normung ist jetzt geradezu zur Grundlage eines wirtschaftlichen Bauens geworden.

Der Deutsche Normenausschuß (DNA) gibt unter dem Zeichen DIN (früher Deutsche Industrie-Norm, jetzt Kennzeichen der Gemeinschaftsarbeit dieses Ausschusses) Normblätter heraus (**6.1**), die aus der Gemeinschaftsarbeit der beteiligten Kreise der Wirtschaft und der Wissenschaft entstanden sind.

DK 624.92.012.4:691.32	DEUTSCHE NORMEN	Januar 1972
Beton- und Stahlbetonbau Bemessung und Ausführung		DIN 1045

6.1 Kopf eines Normblattes

Für das Baugewerbe gibt es zur Zeit über 600 Normblätter, deren Anwendung vom deutschen Normenausschuß empfohlen wird. Manche DIN-Blätter sind als Pflichtnormen eingeführt. In diesem Buch sind die Baunormen — oft unter Hinweis auf die Normblätter — überall berücksichtigt worden.

In der Gegenwart werden die Bauwerke von Unternehmen des Bauhandwerks und der Bauindustrie errichtet. Die Arbeitnehmer haben sich in Gewerkschaften zusammengeschlossen. Beschreiben Sie die Organisationen des Handwerks, der Industrie und der Arbeitnehmer!

In über 600 DIN-Blättern sind Baustoffe, Arbeitsverfahren u. a. genormt worden. Nennen Sie Beispiele für die Anwendung der Baunormen und begründen Sie ihre Zweckmäßigkeit!

1.3. Ausbildung und Fortbildung in baugewerblichen Berufen

Berufsanforderungen. Ein Blick auf eine moderne Baustelle (6.2) zeigt, daß neuzeitliche Baustoffe und Bauverfahren neben der bewährten handwerklichen Verarbeitung von Ziegelsteinen, Natursteinen und Holz immer mehr an Bedeutung gewinnen. Stahlbetonbau, Leichtbauweisen, Montagebau mit Fertigbauteilen und Verbesserungen überlieferter Bauweisen durch stärkere Verwendung von Baumaschinen haben im letzten Jahrzehnt zu erheblichen Änderungen in den Berufsanforderungen für die verschiedenen Bauberufe geführt. Für die Ausbildung der Auszubildenden in den Bauberufen hat das seinen Niederschlag in den Berufsbildern gefunden, die vom Handwerk und der Industrie entwickelt wurden. Nach dem Berufsbildungsgesetz vom 16. 8. 1969 werden die Bundesministerien für Wirtschaft und für Arbeit Ausbildungsordnungen erlassen. Diese be-

6.2 Bau eines Berufsschulgebäudes in Stahlbeton und Ziegelmauerwerk

stehen u.a. aus Ausbildungsberufsbildern, die die zu erwerbenden Kenntnisse und Fertigkeiten enthalten, und Ausbildungsrahmenplänen, die den Ablauf der Vermittlung von Kenntnissen und Fertigkeiten festlegen.

Trotz der Spezialisierung der einzelnen Bauberufe, wie Maurer, Betonbauer, Fliesenleger und Zimmerer, sind allgemeine Grundkenntnisse vom Bauen für alle Bauhandwerker erforderlich. Nur so kann die für die einwandfreie Ausführung eines Bauwerks notwendige Zusammenarbeit aller am Bau tätigen Fachleute gesichert werden.

Die Auszubildenden werden heute noch überwiegend in der überlieferten Form ausgebildet. Diese umfaßt 3 Ausbildungsjahre bei wöchentlich 4 Tagen Betriebspraxis und 1 Tag Berufsschulunterricht. Überbetriebliche Lehrgänge auf Lehrbaustellen ergänzen die praktische Ausbildung.

Seit einigen Jahren kann man das 1. Lehrjahr auch in einem Berufsgrundschuljahr der Berufsschule ableisten. Hier sollen durch vermehrten Unterricht in allgemein- und berufsbildenden Fächern in Verbindung mit praktischer Ausbildung in Werkstätten der Berufsschule bessere Grundlagen für die weitere Berufsausbildung geschaffen werden.

Ein- und zweijährige Berufsfachschulen, in denen die Ausbildung nach dem Berufsbildungsgesetz auf die Lehrzeit anzurechnen ist, bestehen auch für das Baugewerbe.

Die Verordnung über Berufsausbildung in der Bauwirtschaft vom Mai 1974 sieht vor, von 1976 an stufenweise folgende Ausbildungsform einzuführen:

1. Ausbildungsjahr: 20 Wochen Berufsschulunterricht, 20 Wochen praktische Ausbildung auf überbetrieblichen Lehrbaustellen, 12 Wochen Betriebspraxis[1])

2. Ausbildungsjahr: 13 Wochen überbetriebliche praktische Ausbildung auf Lehrbaustellen, 39 Wochen berufliche Fachbildung im Baubetrieb einschließlich 1 Berufsschultag wöchentlich

3. Ausbildungsjahr: 9 Monate besondere berufliche Fachbildung einschließlich 1 Tag Berufsschule wöchentlich (davon 8 Monate Baubetrieb und 1 Monat Lehrbaustelle).

Fortbildung. Hilfspolier- und Hilfsschachtmeister-Lehrgänge, in der Regel halbjährig, werden von den Wirtschaftsverbänden der Bauindustrie und der I.G. Bau, Steine und Erden veranstaltet. Sie schließen mit einer Prüfung ab, die von einem aus Vertretern der Bauwirtschaft und der Gewerkschaft gebildeten Prüfungsausschuß durchgeführt wird.

Die Meisterprüfung in einem der Bauhandwerke kann der Bauhandwerker nach fünfjähriger Gesellentätigkeit vor dem Prüfungsausschuß einer Handwerkskammer ablegen. Zur Vorbereitung auf diese Prüfung ist der Besuch mehrerer Lehrgänge der Handwerkskammer oder einer einjährigen Meisterschule erforderlich. Bautechniker werden in Technikerschulen in 6 ··· 7semestrigen Abendlehrgängen oder in Vollzeitschulen mit einer Ausbildungszeit von 3 ··· 5 Semestern ausgebildet. Den Abschluß bildet hier die Staatliche Technikerprüfung.

Der Weg zum graduierten Bauingenieur ist für den Praktiker vom Bau schwieriger geworden. Voraussetzung für das Studium an einer Fachhochschule ist die Fachhochschulreife, die nach einem zweijährigen Besuch einer Fachoberschule oder eines Fachgymnasiums erworben wird. Voraussetzung für den Besuch dieser Schulen ist der Abschluß einer Realschule oder einer gleichwertigen Bildung. Der Hauptschüler muß zunächst diese Bildungsstufe während der Lehrzeit in Abendkursen oder nach bestandener Lehrabschlußprüfung in einer beruflichen Vollzeitschule erwerben.

[1]) Berufsgrundschuljahr und Berufsfachschulen bleiben weiterhin erhalten.

Graduierte Ingenieure können an einer Technischen Hochschule oder einer Universität den Grad eines Diplom-Ingenieurs und eines Dr.-Ing. erwerben.

Der Bauhandwerker muß nicht nur die alten handwerklichen Fertigkeiten beherrschen, sondern auch mit neuzeitlichen Bauweisen vertraut sein. Fertigen Sie eine Übersicht über die Ihnen bekannten Bauarbeiten an!

Die Ausbildung auf der Baustelle, auf Lehrbaustellen, in der Berufsschule und in Berufsfachschulen erfolgt auf der Grundlage des Berufsbildungsgesetzes von 1969 und auf der Verordnung über Berufsausbildung in der Bauwirtschaft vom Mai 1974. Weitere Berufsziele: Polier, Meister, Bautechniker, graduierter Ingenieur, Diplom-Ingenieur, Dr.-Ing. Beschreiben Sie diese Bildungsmöglichkeiten!

1.4. Berufsgefahren und Unfallverhütung bei Bauarbeiten

Die Zahl der angezeigten Arbeitsunfälle im Bereich Bau ist von 133 972 im Jahre 1950 auf 385 206 im Jahre 1973 gestiegen. Die Zahl der Unfälle – bezogen auf 1 000 Versicherte der Unfallversicherung – betrug 1973 in der Gruppe Bau 147 Personen bei vergleichsweise 183 im Bergbau, 148 in der Gruppe Eisen und Metall und 67 Personen für den Bereich Druck und Papier. Diese hohen Unfallzahlen im Baugewerbe sind darauf zurückzuführen, daß im Gegensatz zu ortsfesten Betrieben an der Baustelle die Betriebseinrichtungen erst erstellt werden und diese zum größten Teil behelfsmäßig eingerichtet sind.

Im Jahre 1974 wurden für Unfallrenten 3 186 516 000 DM ausgegeben, dazu kommen 974 637 000 DM für Heilbehandlungen, d.h., für Betriebsunfälle, Wegeunfälle (Wege von und zur Arbeitsstelle) und Berufskrankheiten mußten über 4 Milliarden DM aufgebracht werden. Nicht nur diese hohen finanziellen Belastungen, sondern auch das Leid, das den Verunglückten und seine Familie trifft, sollten dazu führen, daß alle am Bau Arbeitenden die Unfallverhütungsvorschriften kennen und auch beachten. Die Bau-Berufsgenossenschaften als Träger der Unfallversicherung geben nicht nur diese Vorschriften heraus, sondern sie wirken ebenso aufklärend und vorbeugend durch Wort und Bild (**9**.1). Sie lassen die Betriebe durch technische Aufsichtsbeamte überwachen und gehen bei Nichtbefolgung der Vorschriften mit empfindlichen Strafen gegen den Arbeitgeber vor. Aber auch Belegschaftsmitglieder, die gegen die Vorschriften verstoßen, können bestraft werden. Bei dennoch eintretenden Unfällen und Berufskrankheiten (Erkrankungen durch Gesteinsstaub und giftige Gase, Hautkrankheiten) gewähren die Berufsgenossenschaften Heilverfahren, Unfallrente, Berufsfürsorge und im Todesfalle Sterbegeld und Hinterbliebenenrente.

Gesundheit und Leben der Berufskameraden und Mitmenschen muß der Bauhandwerker ebenso hoch einschätzen wie seine eigenen. Deshalb muß er sich die in der Baubude aushängenden Unfallverhütungsvorschriften einprägen und sie immer befolgen. Er soll auch andere Kameraden, die aus Unachtsamkeit und Gleichgültigkeit unvorsichtig sind, an ihre Pflichten erinnern, damit niemandem ein Schaden geschieht. Bei dennoch vorkommenden Unfällen müssen die Verletzten nach den ebenfalls in der Baubude aushängenden Vorschriften für „Erste Hilfe" sachgemäß behandelt werden.

Die Berufsgenossenschaften bekämpfen die Unfallgefahren. Welche Maßnahmen ergreifen sie zum Schutz der Bauarbeiter?

9.1 Mit Plakaten bemüht sich die Bau-Berufsgenossenschaft um Sicherheit am Bau

Aufgaben

1. Beschreiben Sie geschichtlich bemerkenswerte Bauwerke Ihrer Heimat oder solche, die Sie auf Reisen kennengelernt haben.
2. Geben Sie einen Überblick auf die Organisation im Baugewerbe.
3. Nennen Sie Beispiele aus der Normung.
4. Stellen Sie an Hand des Berufsbildes die Berufsanforderungen Ihres Berufes zusammen.
5. Welche Fortbildungsmöglichkeiten gibt es für den Bauhandwerker?
6. Beschreiben Sie Unfallgefahren im Bauwesen und die damit in Verbindung stehenden Vorschriften für die Unfallverhütung.

2. Werkzeuge und Geräte für Bauarbeiten

2.1. Messen von Längen

Die international anerkannte Längeneinheit ist das Meter (m). 1 m ist ein Vielfaches der Wellenlänge der vom Edelgas Krypton ausgesendeten orange-roten Lichtstrahlung.

Weitere Längeneinheiten leitet man von dieser Einheit für die nächstgrößeren und nächstkleineren Einheiten ab, indem man sie mit 10 multipliziert bzw. durch 10 dividiert. Flächen- und Raumeinheiten entstehen unter Verwendung der Längeneinheiten (s. Übersicht).

Einheit	Teile der Einheit (Teilmaße)			
für Längen 1 m	= 10 dm =	100 cm =	1000 mm	
für Flächen 1 m^2	= 100 dm^2 =	10000 cm^2 =	1000000 mm^2	
für Körper 1 m^3	= 1000 dm^3 =	1000000 cm^3 =	1000000000 mm^3	

Der Meterstab (Zollstock) ist ein Gliedermaßstab mit gefederten Gelenken. Beide Seiten haben Zentimeter- und Millimeterteilung. Baumaßstäbe verfügen auch über Achtelmeter- und Schichtenteilung und erleichtern damit die Einhaltung normgerechter Baumaße. Auf dem Bau wird vorzugsweise der Zweimeterstab benutzt.

Schwer bewegbare Federgelenke sind oft die Ursache dafür, daß der Meterstab beim Öffnen oder Zusammenklappen abbricht. Rechtzeitiges Einölen der Gelenke erhält seine Lebensdauer. Bereits abgebrochene Meterstäbe sollten nicht mehr weiterbenutzt werden, weil dabei zu leicht Meßfehler entstehen.

Das Bandmaß (**13**.1) besteht aus Stahl- oder Leinenband. Es ist 20 ··· 50 m lang und eignet sich besonders für das Messen größerer Längen.

Maßungenauigkeiten entstehen, wenn das Bandmaß durchhängt oder – wie besonders das Leinenmaßband – sich beim Strammziehen ausdehnt. Deshalb benutzt man für genauere Messungen Meßlatten. Meßlatten sind 5 m lang. Sie bestehen aus Holz. An den Enden sind keilförmige Stahlschutzkappen aufgesetzt, die beim Messen kreuzweise gestoßen werden.

2.2. Feststellen waagerechter und lotrechter Richtungen

Das Lot (Senkel, Senkblei) benutzt man zum Prüfen der lotrechten Richtung. Es besteht aus einem zylindrischen Stahlkörper mit kegelförmiger Spitze und wiegt $\approx$ 500 g. Beim Messen hängt das Lot an einer gekordelten Schnur, die nach dem Einpendeln senkrecht steht (**132**.2)

Die Wasserwaage (**11**.1 und **133**.1) benutzt der Bauhandwerker zum Überprüfen der lotrechten und der waagerechten Richtung. Sie besteht aus Teakholz oder aus Leichtmetall. Die bevorzugte Länge beträgt 1 m.

Um die Lot- und Waagelibelle einwandfrei prüfen zu können, sind die Schutzgläser stets sauber zu halten. Häufiges Einreiben des Schaftes mit Firnisöl schützt diesen vor Verformung und vor frühzeitiger Abnutzung.

Wasserwaagen sollten sowohl beim Einkauf als auch von Zeit zu Zeit während der Arbeit auf ihre Genauigkeit hin überprüft werden.

Zur Prüfung der Lotlibelle zieht man mit Hilfe der Wasserwaage einen Lotriß an einer senkrechten Wand. Hält man die Wasserwaage umgeklappt an den Riß, muß die Luftblase wieder genau mittig stehen.

Zur Prüfung der Waagelibelle richtet man die Wasserwaage auf einer ebenen Unterlage genau auf Waage ein und markiert darauf ihre Lage mit dem Bleistift. Nach dem Umschlagen (Drehen des Schaftes um 180°) setzt man sie wieder auf die gleiche Stelle. Die Waagelibelle ist einwandfrei, wenn ihre Luftblase wieder mittig zwischen den Kennstrichen liegt.

11.1 Lotlibelle einer Wasserwaage. Sie steht im Lot, wenn die Luftblase genau in der Mitte zwischen den Teilstrichen ruht. Der Metallring hält die Schutzgläser; er muß für das Auswechseln zerbrochener Gläser leicht lösbar sein

Weitere Geräte sind im Besitz der Baubetriebe und werden von diesen auf der Baustelle bereitgestellt.

Mauerschnüre (Fluchtschnüre) aus Textilfaser oder Kunststoff sind besonders fest und widerstandsfähig. Sie ermöglichen die Herstellung fluchtgerechter Mauerschichten.

Richtscheite (Setzlatten, Waagscheite) sind geradlinige Bretter. Man benutzt sie als Hilfsmittel zur Überprüfung der Waagerechten. Sie verbinden Punkte, die mehr als einen Meter auseinanderliegen und deshalb mit der Wasserwaage nicht mehr erreichbar sind.

Bauwinkel aus Metall oder Holz erleichtern das Anlegen rechter Winkel.

Schichtmaßlatten erhalten eine genaue Einteilung der Mauerschichten. Sie ermöglichen dem Maurer ein genaues Einhalten der Höhen für Mauern und Maueröffnungen.

Schlauchwaagen (**11**.2 und **133**.2) liegt das physikalische Prinzip zugrunde, wonach in miteinander verbundenen Gefäßen die Höhe des Flüssigkeitsspiegels gleich ist. Diese Geräte eignen sich besonders gut zur Festlegung von Höhenpunkten über größere Entfernungen hinweg. Sie bestehen aus ≈ 10 m langen Gummi- oder Plastikschläuchen. An jedem Ende befindet sich ein durchsichtiges Röhrchen aus Glas oder Kunststoff, das sich mit einem Stopfen verschließen läßt.

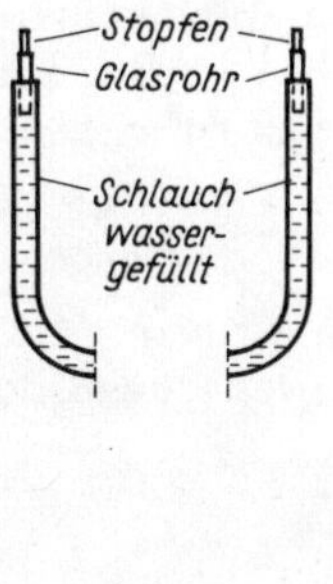

11.2 Schlauchwaage

2.3. Werkzeuge zum Mauern und Putzen

Die dreieckige Kelle (**13**.2) erhält meist den Vorzug gegenüber der Kelle mit viereckigem Blatt. Ihre Blattform und die Stellung des Griffes an einer geschwungenen Angel ermöglichen das Aufbringen, Verteilen und Abstreichen des Mörtels bei geringster Beanspruchung des Handgelenks. Eine einwandfreie Kelle erfüllt folgende Bedingungen (**13**.3):

Das Blatt besteht aus hochwertigem, glattem Stahl und läuft zur Mitte dünn aus. Es ist elastisch und federt deshalb nach wiederholtem Aufdrücken der Kellenspitze in seine Ausgangslage zurück. Beim Anschlagen auf Metall entsteht ein hoher, klarer Ton.

Die Griffachse zeigt zur Kellenspitze, und die obere Schleife der Angel ist so groß, daß beim schnellen Drehen die Fingerknöchel nicht anschlagen.

Hängt man die Kelle in der Angel auf, so steigt das Blatt zur Spitze 3 ··· 4 cm an.

Die viereckige Kelle (**13**.4) benutzt man in einigen Gebieten Deutschlands zum Putzen, teils auch zum Mauern. Ihre Blattlänge beträgt 18 oder 20 cm.

Die Griffachse (**13**.5) soll parallel zur Unterlage verlaufen, wenn Griff und Spitze aufliegen.

Maurerkellen sind bald nach Gebrauch gründlich zu säubern. Kellenblätter, die mit erhärteten Mörtelresten überzogen sind, beeinträchtigen Arbeitsleistung und Arbeitsfreude. Soll die Kelle längere Zeit nicht benutzt werden, empfiehlt es sich, sie durch Einölen bzw. Einfetten vor Rost zu schützen.

Der Maurerhammer (**13**.6 und 7) ist nach Art seiner Beschaffenheit besonders zum Schlagen von Teilsteinen geeignet. Dabei wird er zügig und bogenförmig aus dem Armgelenk heraus geführt. Hammerschneide und Hammerbahn sollen dabei so im Schlagbogen liegen, daß die Schneide rechtwinklig auf den Stein trifft.

Ein gut gebrauchsfähiger Hammer hat eine scharfe Schneide mit einem Schneidenwinkel von 60°. Das Gewicht des Maurerhammers soll für das Bearbeiten künstlicher Steine 600 ··· 750 g, für die Herstellung von Bruchsteinmauerwerk 750 ··· 1000 g betragen.

Wichtig ist vor allem ein rissefreier, gut eingepaßter und feststehender Stiel, damit die sichere Handhabung des Hammers gewährleistet ist.

Geräte und Werkzeuge, die im allgemeinen ebenfalls vom Betrieb gestellt werden, sind Maurerspaten, Schaufel, Plastikeimer, Stemmhammer (Fäustel), Meißel, Bürste (Quaste) und Mörtelkästen. Darüber hinaus verfügt ein Baubetrieb über spezielle Geräte für Vermessungs-, Erd-, Einschalungs- und Betonarbeiten, auf die später eingegangen wird.

Putzwerkzeuge werden vorwiegend von der Art des Putzes und von der Art seiner Herstellung bestimmt. Beides ist ebenso gebietsweise verschieden wie ein Teil der gebräuchlichen Putzgeräte und ihre Benennungen.

Viereckige und dreieckige Maurerkellen werden zum Anwerfen des Putzmörtels benutzt. Um möglichst schnell und rationell arbeiten zu können, wählt man für Putzarbeiten Kellen mit größerem Blatt. Bei umfangreichen Bauvorhaben werden zum Aufbringen von Wand- und Deckenputz auch Putzmaschinen verschiedener Arbeitsweisen benutzt.

Dünnscheiben (Tünchscheibe; **14**.1) gibt es in runder und in viereckiger Form. Sie nehmen mehrere Kellen Mörtel auf, der dann in einem Arbeitsgang angeworfen wird.

Holzaufzieher (Daluschen, Rauhhobel; **14**.2), ≈ 30 cm × 50 cm groß, erfüllen den gleichen Zweck wie die Dünnscheiben. Da vielfach die zweite Lage des Wand- und

Deckenputzes aufgezogen wird, dienen diese Werkzeuge außerdem zum Aufziehen und Verteilen des Mörtels. Häufig werden dazu auch Aufzieher mit Stahlplatte benutzt.

Reibebretter 14.3), 20 · · · 30 cm lang, dienen zum Glattreiben der aufgetragenen und begradigten Mörtelfläche.

Filzbretter (Filzscheiben, Filzhobel) sind Reibebretter mit dicker Filzauflage; man benutzt sie zum Glattreiben des Oberputzes bzw. zum Einreiben eines Feinputzes auf Grobputz.

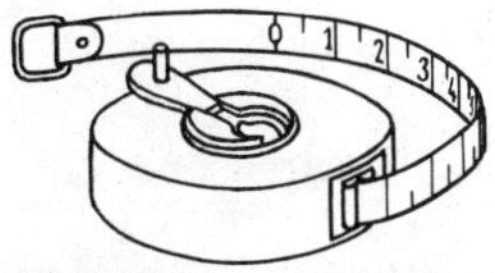

13.1 Bandmaß

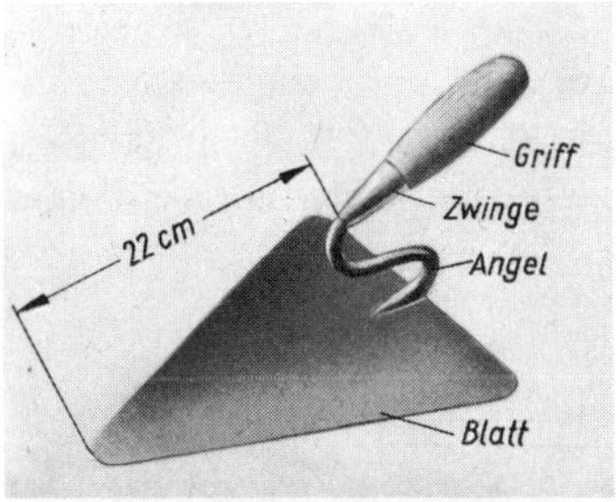

13.2
Die dreieckige Maurerkelle hat eine geschwungene Angel. Blattlängen gibt es in 20, 22 und 24 cm Länge. Zum Mauern wird die mittlere Länge bevorzugt

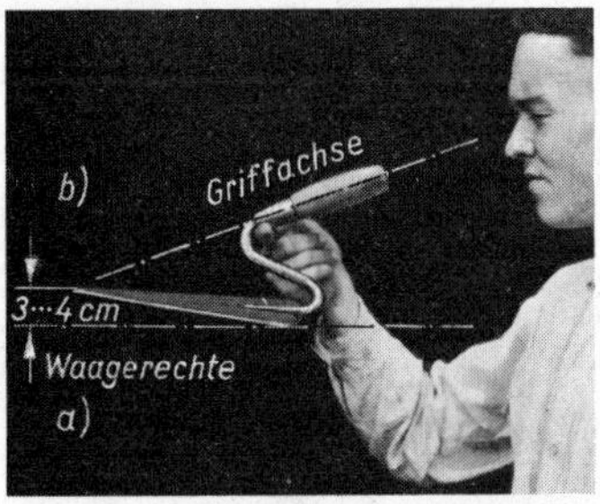

13.3
Die Griffachse zeigt zur Kellenspitze

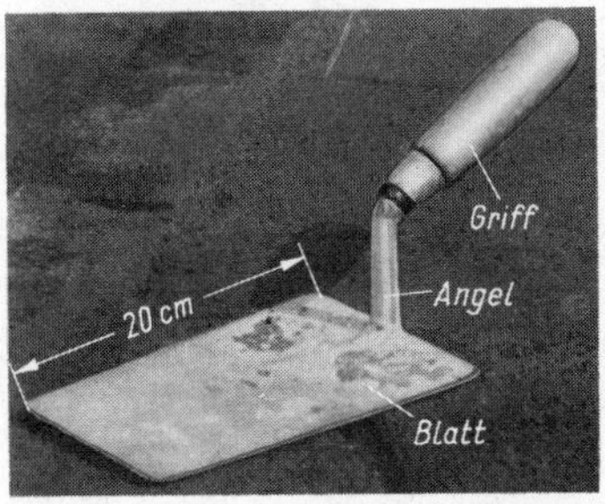

13.4
Die viereckige Maurerkelle hat eine gerade Angel. Blattlänge 18 oder 20 cm; zum Mauern benutzt man Kellen mit 20 cm langem Blatt

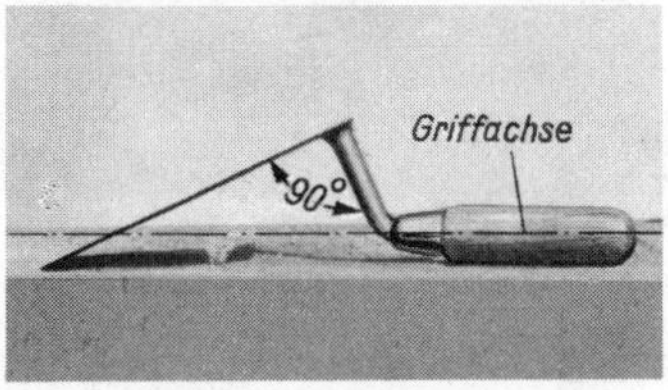

13.5 Die Angel steht rechtwinklig zum Blatt, der Griff liegt parallel zur Unterlage

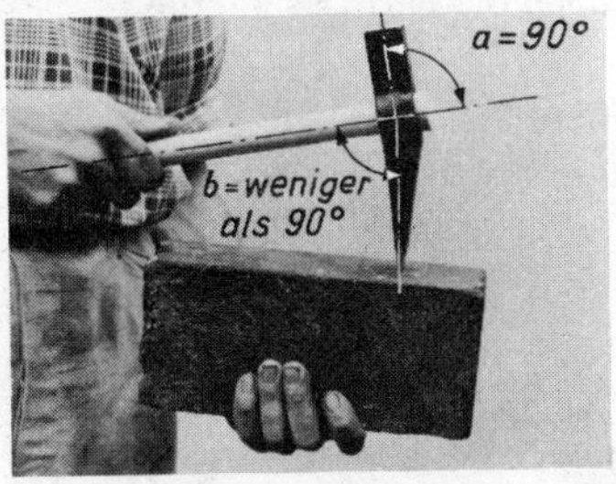

13.6
Richtige Stellung des Rheinischen Maurerhammers auf dem Stiel

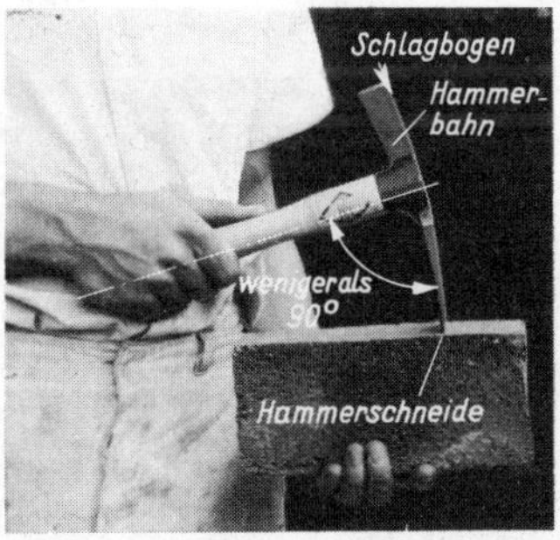

13.7 Der Berliner Maurerhammer

Kardätschen (**14.**4) dienen zum Verteilen und Begradigen des angeworfenen Mörtels. Sie sind ≈ 1,50 m lang und bestehen aus astfreiem, langfaserigem Kiefernholz mit senkrecht stehenden Ringen (Mittelbrett), so daß ein Werfen und Absplittern des Holzes weitgehend vermieden wird.

Glättkellen (Glättspan, Traufel; **14.**5) eignen sich mit ihren rechteckigen Blättern aus federndem Stahl zum Glätten des Feinputzes.

Spitzkellen (Zuputzkellen, Schmiermännchen; **14.**6) werden mit ihren kleinen, spitzen Blättern zum Ausputzen von Ecken u. ä. benutzt. Ähnliche Verwendung finden Zungenkellen, Simskellen, Ausstecher u. a.

Eckenkellen (**14.**7) verwendet man in verschiedenen Formen zum Ausrunden von vor- oder zurückspringenden Ecken.

Putzlatten (Lehrlatten) werden mit Mauerhaken an Mauerecken, Fenstern und Türöffnungen befestigt, sie dienen als Putzlehre.

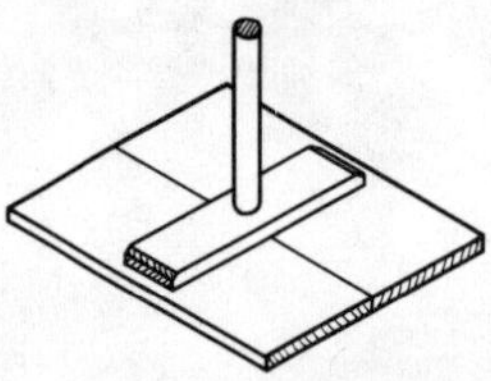

14.1 Tünchscheibe

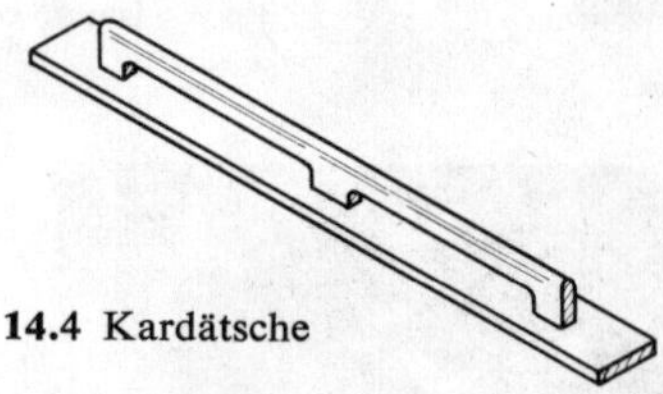

14.4 Kardätsche

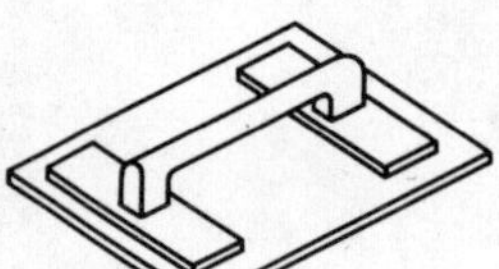

14.2 Holzaufzieher

14.5 Glättkelle

14.6 Spitzkelle

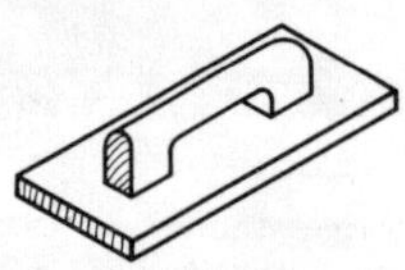

14.3 Reibebrett

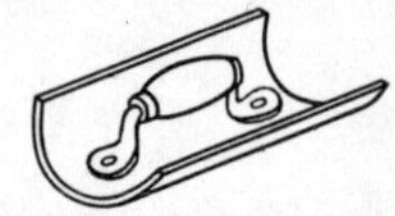

14.7 Eckenkelle

2.4. Werkzeuge zum Verlegen von Fliesen und Platten

Wasserwaage, Richtscheite, Senkel und Maurerhammer sind Werkzeuge, die auch der Fliesenleger benutzt.

Herzkellen (**15.**1) gebraucht der Fliesenleger zum Aufbringen des Mörtels auf die Fliese. Mit dem Holzgriff wird die Fliese angeklopft.

Im Vergleich zu Maurerkellen haben Herzkellen kleinere herzförmige Blätter und längere Griffe (≈ 25 cm), die annähernd rechtwinklig auf der Angel stehen.

Schnurstifte (Schnurdorne **15.**2) mit ≈ 15 cm Länge und aus Metall dienen zur Befestigung der Fluchtschnur.

Fliesenhammer (**15.**3) sind klein, leicht und haben lange Stiele, die eine gute Führung erlauben. Es gibt Hämmer, die spitz und solche, die keilförmig auslaufen. Beide benutzt man zum Behauen von Fliesen oder als Schlagwerkzeug bei der Verwendung des Meißels.

Fliesenzangen (15.4) benutzt man zum Abbrechen kleinerer Fliesenstücke. Ihre langen Griffe ermöglichen bei Beachtung des Hebelgesetzes eine mühelose Handhabung.

Habichtsschnabelzangen (15.5) eignen sich besonders für das Erweitern beliebiger Fliesenausschnitte. Zur Herstellung runder Ausschnitte bevorzugt man speziell entwickelte Fliesenlochzangen.

Anschlagwinkel (15.6) erleichtern das Anreißen rechtwinkliger Fliesenabschnitte. Dazu benutzt der Fliesenleger Glasschneider oder Stifte mit Widia- oder Aluminiumspitzen.

Hauschienen (15.7) dienen ebenfalls zum Anreißen von Teilstrichen. Das Einstellen der erforderlichen Abstände wird durch die vorhandene Längenskala erleichtert.

Plattenschneidemaschinen erfordern den geringsten Arbeitsaufwand zum Anreißen und Zerteilen von Platten. Sie sind in verschiedenen Ausführungen im Handel.

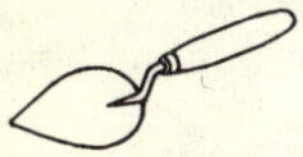

15.1 Herzkelle

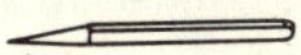

15.2 Schnurstift

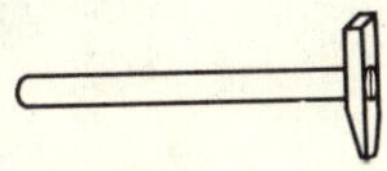

15.3 Fliesenhammer

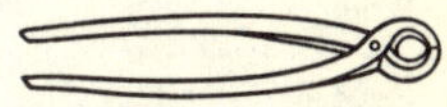

15.4 Fliesenzange

15.5 Habichtsschnabelzange

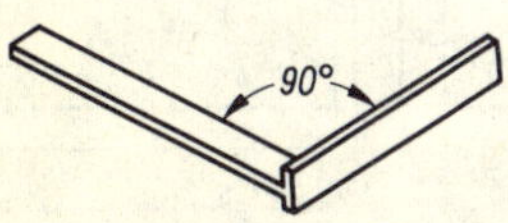

15.6 Anschlagwinkel

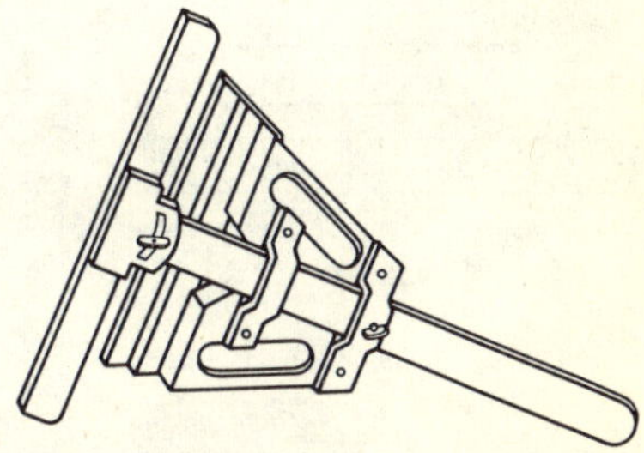

15.7 Hauschiene

Zum Messen dienen Meterstab und Bandmaß. Welche Abmessungen haben diese?

Maurer und Fliesenleger arbeiten gern mit eigenem Werkzeug. Welche Werkzeuge sind das?

Dreieckige Kellen sind zum Mauern vorteilhafter als viereckige. Warum?

Der Maurerhammer muß richtig auf dem Stiel sitzen; und zwar wie?

Die Wasserwaage ist in der Lot- und Waagerichtung zu prüfen. Auf welche Weise geschieht das?

Aufgaben

1. Ein Maurerlehrling kauft einen Maurerhammer zu 14,20 DM, eine Maurerkelle zu 20,90 DM, ein Lot zu 2,00 DM, eine Wasserwaage zu 17,80 DM und einen Maßstab zu 2,20 DM. a) Wieviel DM kostet das Werkzeug? Wieviel % der ersten monatlichen Erziehungsbeihilfe sind das?
2. Schreiben Sie betriebseigenes Werkzeug mit ortsüblichen Namen auf.
3. Beschreiben Sie, wie das Werkzeug des Bauhandwerkers zu pflegen und zu behandeln ist.

3. Bindemittel und Mörtel

3.1. Aufbau des Mauermörtels

Angemachter Mörtel ist ein Gemenge aus Bindemittel, Zuschlägen und Wasser. Je nach Verwendungszweck sind Mischungsverhältnis, Art der Bindemittel und der Zuschläge verschieden. Für Mörtel mit besonderen Eigenschaften werden beim Mischen Zusatzmittel (z. B. Dichtungsmittel, Plastifizierungsmittel), Leichtzuschläge oder Faserstoffe zugesetzt.

Das tragende Gerüst des Mörtels stellen die Sandkörner. Der in Verbindung mit dem Wasser entstandene Bindemittelbrei umschließt die einzelnen Körner und füllt die vorhandenen Hohlräume. Durch chemische Vorgänge verfestigt sich das Bindemittel und verbindet die Zuschläge zu einem festen Gefüge.

Die Fähigkeit des Mörtels, fest am Stein zu haften, ermöglicht die Verbindung von Steinen zu Mauerwerk (**16**.1).

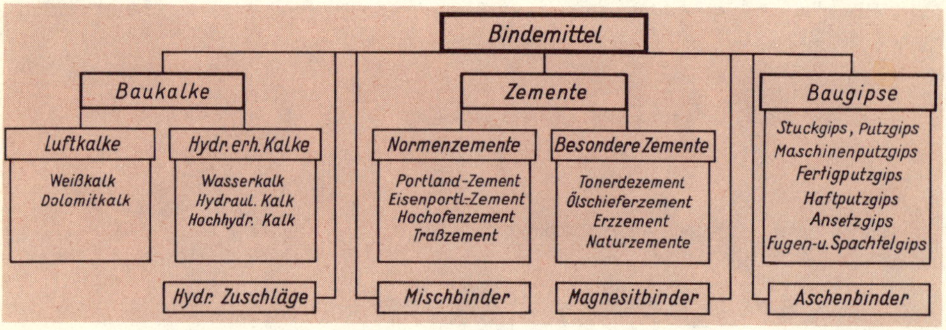

16.1 Bindemittel für Mauer- und Putzmörtel

3.2. Kalk: Arten, Eigenschaften, Handelsformen, Löschen

Baukalke sind Bindemittel, die DIN 1060 entsprechen. Sie entstehen durch Brennen von aufbereitetem Kalkgestein (kohlensaurer Kalk, Kalziumkarbonat) bei Temperaturen, die unterhalb der Sintergrenze liegen. Beim Durchglühen des Gesteins entweicht Kohlendioxid[1]). Es entsteht stückiger Branntkalk, der in dieser Form nur noch selten auf Baustellen verarbeitet wird. Auch Kalkteig ist als Handelsform von untergeordneter Bedeutung. Kalkteig ist mit Wasserüberschuß gelöschter und eingesumpfter Kalk.

Feingemahlener Branntkalk ist unter der Bezeichnung Feinkalk (ungelöscht) vielfach noch im Handel.

Kalkhydrat (Kalziumhydroxid) ist der am häufigsten verwendete Baukalk. Er entsteht durch Trockenlöschen des Stückkalkes, der dabei in Pulverform zerfällt (**17**.1).

---

[1]) Man schreibt Oxygenium und Oxydation, jedoch Oxid, Kalziumoxid, Kohlendioxid usw. (Verbindungen des Sauerstoffs mit anderen Grundstoffen), weil die Endung „id“ eine bestimmte Gruppe von Verbindungen (Chloride, Sulfide u. a.) kennzeichnet.

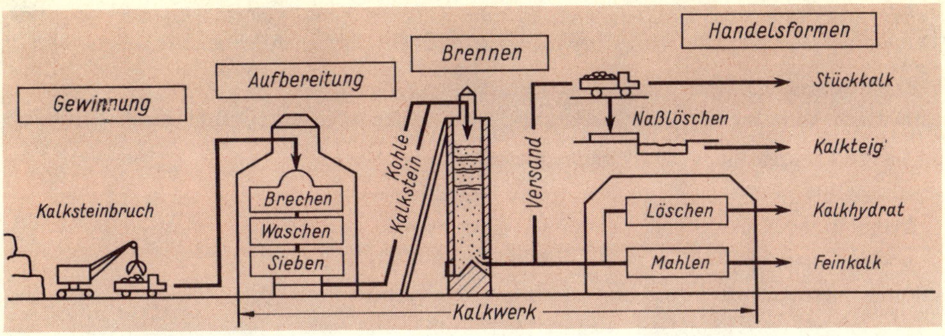

17.1 Werdegang der Baukalke

Versuch 1. Ein flaches, trockenes Kalksteinstückchen wird gewogen, über einer Gasflamme etwa eine Viertelstunde glühend gebrannt und nach dem Abkühlen erneut gewogen. Es wird weiß, verliert an Größe und Gewicht und zerbröckelt leicht. Im Wasser ist es im Gegensatz zum ungebrannten Kalkstein nicht beständig (**17**.2).

Versuch 2. Frischer Stückkalk in Faustgröße wird in einer Porzellanschale mit so viel Wasser langsam übergossen, wie die Poren des Kalkes aufsaugen können. In kurzer Zeit zeigt der Stückkalk unter Hitze- und Dampfentwicklung Formveränderungen. Er platzt und zerfällt allmählich zu Pulver. Bei weiterem Wasserzusatz entsteht unter Umrühren Kalkmilch. Allmählich bildet sich am Boden Kalkteig, darüber klares Kalkwasser (Kalklauge, Lackmusprobe; **17**.3).

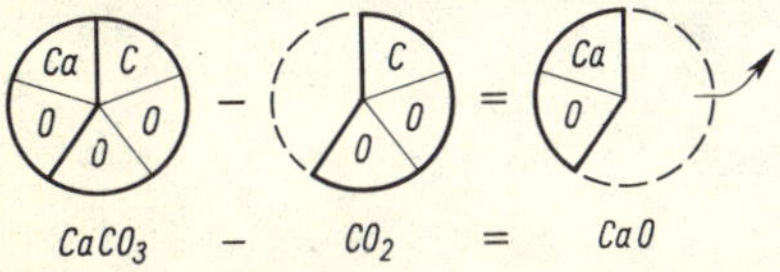

17.2 Brennvorgang:
Kalkstein minus Kohlendioxid = Branntkalk

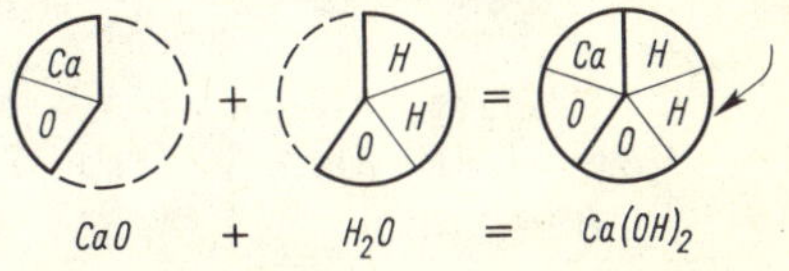

17.3 Löschvorgang:
Branntkalk plus Wasser = Löschkalk

Tafel **17**.4 **Handelsformen der Baukalke**

Stückkalk	stückig	ungelöscht (vor Verarbeitung löschen)	Weiß-, Dolomit- und Wasserstückkalk
Feinkalk	pulverförmig		Weiß-, Dolomit- und Wasserfeinkalk
Kalkteig	teigig	gelöscht (ohne Löschen verarbeiten)	Weiß-, Dolomit- und Karbidkalkteig
Kalkhydrat	pulverförmig		Weiß-, Dolomit- und Wasserkalkhydrat
pulverförmig gelöscht sind ferner			hydraulischer, hochhydr. und Romankalk

Artbestimmend für die unter den beschriebenen Handelsformen hergestellten Kalke ist die Zusammensetzung ihrer Ausgangsstoffe bzw. die sich daraus ergebenden Unterschiede beim Erhärtungsvorgang. Danach unterscheidet man

Luftkalke Weißkalk
Dolomitkalk

hydraulisch erhärtende Kalke Wasserkalk
hydraulischer Kalk
hochhydraulischer Kalk

Außer Stückkalk und Kalkteig werden alle Kalkarten in Papiersäcken oder in Silofahrzeugen geliefert. Die Säcke bzw. die Lieferscheine haben folgende Angaben (**18.1**):

Handelsform (z. B. Kalkhydrat, Weißfeinkalk)	Gewicht
Normenüberwachung und Gütezeichen	Herstellerwerk, Ort, Markenbezeichnung

Besondere Kennzeichnung bei hydraulisch erhärtenden Kalken

Wasserkalk	1 schwarzer Streifen
hydraulischer Kalk	2 schwarze Streifen
hochhydraulischer Kalk	3 schwarze Streifen

Verarbeitungsvorschrift. Anzugeben ist je nach Kalkart:

„Im Anlieferungszustand verarbeitbar“ (z. B. Kalkhydrat)

„Frühestens nach ... Std Einsumpfdauer zu verarbeiten“ bzw. „Frühestens nach ... Std Mörtelliegezeit verarbeitbar“ (z. B. Feinkalk)

„Spätestens nach ... Std (Tagen) zu verarbeiten“ (z. B. hochhydraulischer Kalk)

18.1 Kennzeichnung der Kalke durch Sackaufdruck

Einsumpfdauer ist der Zeitraum, den der Kalk nach dem Anrühren mit Wasser (Einsumpfen) noch zum Ablöschen benötigt, bevor er weiterverarbeitet werden kann.

Von *Mörtelliegezeit* spricht man, wenn der mit Sand und Wasser gemischte Kalk erst nach einer bestimmten Liegezeit verarbeitet werden darf.

Eigenschaften. Baukalke ergeben sehr geschmeidigen Mörtel, der sich gut verarbeiten läßt (besonders die Luftkalke). Sie bleiben auch nach ihrer Erhärtung verhältnismäßig elastisch und neigen deshalb weniger zu Rissebildungen.

Die DIN 1060 verlangt von allen mit dem Gütesiegel versehenen Baukalkarten bestimmte Güteanforderungen.

Diese enthalten genaue Vorschriften über

chemische Zusammensetzung	Kornfeinheit	Schüttdichte (Litergewicht)
Ergiebigkeit (s. S. 20)	Raumbeständigkeit	Verarbeitbarkeit

Tafel 19.1 **Übersicht für Baukalke**

Name	Zusammensetzung	Lieferform	Eigenschaften	Verwendung
Luftkalke	(nur an der Luft erhärtend)			
Weißkalk	aus möglichst reinem Kalkstein; nach dem Brennen mindestens 80 % Kalk- u. Magnesiumoxid, höchstens 10 % Magnesiumoxid u. 5 % Kohlendioxid	Stückkalk, Feinkalk, Kalkteig, Kalkhydrat	meistens weiß; schnelles Löschen; naß und trocken; sehr ergiebig (mind. 2,4fach); mäßig fest; geschmeidig; Dichte $\leqq$ 0,5 kg/dm³	aufgehendes Mauerwerk; nicht für dichte Steine; Innenputz, Anstriche; Zusatz zu Zementmörtel
Dolomitkalk	dolomitischer (magnesiahaltiger) Kalk; sonst wie Weißkalk	Stückkalk, Feinkalk, Kalkteig, Kalkhydrat	weiß oder leicht getönt; unterschiedlich kräftiges Löschen; sonst wie Weißkalk	wie Weißkalk
hydraulisch erhärtende Kalke (auch im Wasser erhärtend)				
Wasserkalk	mergeliger (toniger) Kalkstein mit hydraulischen Stoffen; mindestens 7 % Kohlendioxid bei der Lieferung vom Kalkwerk	Stückkalk, Feinkalk, Kalkhydrat. Säcke: ein schwarzer Streifen	löscht träger als Luftkalke, zerfällt aber zu Pulver; Ergiebigkeit mindestens 1,8fach. Schwach hydraulisch; nach 7 Tagen Luftlagerung wasserlagerungsfähig; nach 28 Tagen mindestens 1 MN/m² Druckfestigkeit [1])	Mauerwerk aus Kalksandsteinen und Leichtbetonsteinen, Kellermauern, Innen- und Außenputz
Hydraulischer Kalk	Kalksteinmergel mit hydraulischen Stoffen oder Luftkalke mit hydraulischen Zusätzen; höchstens 12 % Kohlendioxid	pulverförmig gelöscht; Säcke: zwei schwarze Streifen	zerfällt beim Löschen nicht vollständig, deshalb in Kalkwerken nach Löschen gemahlen; nach 5 Tagen wasserlagerungsfähig; Druckfestigkeit mindestens 2 MN/m²	wie Wasserkalk; Grundmauern, Natursteinmauern, Putz in Ställen und Waschküchen, Außenputz
Hochhydraulischer Kalk	Kalksteinmergel mit hohem Anteil an hydraulischen Stoffen; höchstens 15 % Kohlendioxid	pulverförmig gelöscht; Säcke: drei Streifen	wie hydraulischer Kalk, doch nach 3 Tagen wasserlagerungsfähig; mindestens 5 MN/m² Druckfestigkeit	Grundmauern, Pfeiler, Bögen, Schornsteine, Außenputz

[1]) Bei einer Druckprüfung nach DIN 1060 und 1164 müssen Probekörper aus Wasserkalk und Normensand je cm² gedrückter Fläche 100 N Druck aushalten.

Die Vorschrift über die chemische Zusammensetzung bestimmt den Anteil der bindefähigen und begrenzt den Anteil der nicht bindefähigen Bestandteile.

Sinn dieser Bestimmung ist es, einen einwandfreien Erhärtungsprozeß zu gewährleisten.

Die Ergiebigkeit des Kalkes gibt Aufschluß über die Kornfeinheit. Je feiner das Einzelkorn, um so größer die beim Löschen gewonnene Kalkmenge und um so geringer die Schüttdichte. Mit der Verringerung der Korngröße wächst die Geschmeidigkeit des Kalkes. Somit gibt das Maß der Ergiebigkeit auch Aufschluß über die Verarbeitbarkeit des Mörtels.

Vorschriften über die Kornfeinheit sind wichtig, weil Körner über 0,6 mm Größe oft nachlöschen und Aussprengungen (Kalkmännchen) verursachen.

Blasenförmige Abblätterungen können hervorgerufen werden, wenn der Anteil feinerer Bestandteile (2/100 · · · 9/100 mm) mehr als 10 % beträgt.

Nicht raumbeständige Bindemittel führen zu Rissebildungen im Bauwerk. Deshalb gehört die Raumbeständigkeit zu den wichtigsten Güteanforderungen.

Die Schüttdichte des Kalkes hängt wesentlich von seiner Kornfeinheit ab und läßt ebenfalls Rückschlüsse auf die Verarbeitungseigenschaften zu. Sehr feinkörnige Kalke liegen weniger dicht und weisen einen größeren Hohlraumgehalt auf. Sie sind deshalb leichter und geschmeidiger. Sie sind auch wirtschaftlicher, weil Kalk nach Gewichtsteilen gekauft, aber nach Raumteilen gemischt wird.

Für die Bestimmung der Verarbeitbarkeit von Kalken sind neue Prüfverfahren entwickelt worden, die gegenwärtig noch erprobt werden.

Mit hydraulischen Zusatzstoffen (Traß, Hochofenschlacke, Silikatstoffe) kann man Luftkalken hydraulische Eigenschaften verleihen. Diese Zusatzstoffe gehören nicht zu den Bindemitteln. Sie erhärten nur zusammen mit einem Anreger (z. B. Kalk, Zement). Beim Mischen dürfen sie deshalb nicht den Bindemitteln, sondern müssen stets den Zuschlägen zugerechnet werden.

Tafel **20.1** **Hydraulische Zusatzstoffe** (nur mit Kalk oder Zement erhärtend)

Name	Zusammensetzung	Lieferform	Eigenschaften	Verwendung
Traß	fein gemahlener Tuffstein aus Eifelvulkanen; hoher Gehalt an hydraulischen Stoffen	gemahlen	macht Luftkalke hydraulisch und verbessert Wirkung hydraulischer Kalke und Zemente; Mörtel wird geschmeidig, dicht und widerstandsfähig gegen Säuren und Salze; verlangsamt das Erstarren und Erhärten	Abwasserkanäle, Ufermauern, Talsperren; nicht bei baldiger Belastung und Frostwetter
Hochofenschlacke	in glühendflüssigem Zustand durch Einlassen in Wasser gekörnt, dann gemahlen	gemahlen	ähnlich wie Traß	ähnlich wie Traß
Silikatstoff	Abfallstoff der Alaun- u. Tonerdeherstellung	gemahlen		

Das Löschen des Branntkalkes ist – wie auch das anfangs beschriebene Brennen des Kalksteins – ein chemischer Vorgang, weil dabei stoffliche Umwandlungen erfolgen.

Im Unterschied zum Branntkalk, der durch Wärmezufuhr entsteht (exothermer Vorgang), erfolgt die Umwandlung von Branntkalk zu Kalkhydrat unter Wärmeentwicklung (endothermer Vorgang).

Versuch 3. Füllen Sie in vier weite, hitzebeständige Versuchsgläser (evtl. Blechdosen) je eine flache Schicht Branntkalkstückchen. Gießen Sie kaltes Wasser hinzu, und zwar in das erste Glas ebensoviel Wasser wie Kalk, in das zweite das Vierfache, in das dritte nur ein Drittel der Kalkmenge.
Beobachten und begründen Sie die sehr verschiedenen Löschvorgänge.

Gießen Sie in das vierte Glas die vierfache Menge heißen Wassers auf den Kalk. Begründen Sie, weshalb jetzt der Kalk nicht „ersäuft", vielmehr sehr schnell und vollkommen löscht.

Das Trockenlöschen des Kalkes geschieht fast ausschließlich im Kalkwerk. Dabei kommt es besonders darauf an, die zugegebene Wassermenge so zu dosieren, daß weder ungelöschte Rückstände noch Überschußwasser verbleiben.

Beim Ablöschen „gedeiht" der Branntkalk, d.h., er quillt und zerfällt in Pulver. Dabei vergrößert er sein Volumen um das 1,8 · · · 2,4fache.

Nach dem Ausmaß der Volumenzunahme beurteilt man die Ergiebigkeit eines Kalkes. Je nach gelöschter Kalkmenge spricht man von geringer oder großer Ergiebigkeit.

Beispiel. Ein m^3 Stückkalk wiegt etwa 1250 kg. Wieviel l Kalkteig erhält man bei 2,9facher Ergiebigkeit?

Lösung. Man erhält 2,9 l/kg · 1250 kg = **3625 l** Kalkteig.

Naßlöschen. Feinkalk wird auch heute noch auf der Baustelle gelöscht. Die auf der Verpackung bzw. bei Siloanfuhr auf dem Lieferschein vermerkten Löschvorschriften sind sorgfältig einzuhalten, wenn Kalkhydrat in einwandfreier Qualität erzielt werden soll.

Beim Einsumpfen ist zu beachten, daß der Feinkalk unter Verrühren in Wasser eingestreut wird und nicht umgekehrt. Auf 50 kg Feinkalk kommen allgemein 150 Liter Löschwasser. Flache Löschgefäße sind zu bevorzugen, damit alle Kalkteilchen gut durchfeuchtet werden können. Bei Regen oder Frost deckt man das Löschgefäß ab.

Zuviel und zu wenig Löschwasser mindern Güte und Ergiebigkeit des Kalkes. Im ersten Fall „ersäuft" der Kalk, weil das Wasser nicht die zum Löschen erforderliche Temperatur erreicht; der Kalk löscht unvollständig, wird körnig und gedeiht unzureichend. Im zweiten Fall „verbrennt" der Kalk. Übermäßige Hitze- und Dampfentwicklung beeinträchtigen den Löschvorgang und mindern die Löschbarkeit des Kalkes.

Aus 150 kg Feinkalk lassen sich je nach Kalkart 130 · · · 190 Liter Kalkteig herstellen.

Beispiel. Wie hoch ist eine Kalkpfanne von 1,50 m · 2,40 m Grundfläche mit Wasser zu füllen, wenn 3 Sack (150 kg) Feinkalk gelöscht werden sollen?

Lösung. 150 kg Feinkalk erfordern 150 kg · 3 = 450 kg bzw. 450 kg · 1 l/kg = 450 l = 0,450 m^3 Wasser. Die Grundfläche der Pfanne beträgt 1,50 m · 2,40 m = 3,60 m^2. Höhe der Füllung = 0,45 m^3 : 3,6 m^2 = 0,125 m = **12,5 cm.**

Branntkalk oder Stückkalk (CaO) entsteht durch Brennen von Kalkstein ($CaCO_3$).

Feinkalk ist zu Pulver gemahlener Stückkalk.

Kalkhydrat $Ca(OH)_2$ entsteht durch Trockenlöschen, Kalkteig durch Naßlöschen von Branntkalk.

Luftkalke erhärten nur an der Luft (Karbonaterhärtung) durch Aufnahme von Kohlendioxid (CO_2). Arten, Eigenschaften?

Hydraulisch erhärtende Kalke erhärten auch unter Wasser durch Einwirkung von Hydraulefaktoren (Kieselsäure, Eisenoxid, Aluminiumoxid). Arten, Eigenschaften?

Hydraulische Zuschläge sind keine Bindemittel. Sie erhärten nur im Zusammenwirken mit Kalk oder Zement. Arten, Eigenschaften, Verwendung?

Feinkalk wird noch in Kalkpfannen auf der Baustelle gelöscht. Beschreiben Sie Arbeits- und Löschvorgang!

3.3. Zement: Arten, Festigkeitsklassen

Zemente sind hydraulische Bindemittel, die unter Verbrauch von Wasser zu Zementstein von hoher Festigkeit erhärten.

Bei der Herstellung ist der Ausgangsstoff ein zusammengesetztes Gemisch nach genau bemessenen Anteilen aus Kalkstein und Ton. Im Gegensatz zur Kalkherstellung wird das Rohmaterial vor dem Brennen gemahlen. Im Drehrohrofen wird dann das Rohmehl (Trockenverfahren) bzw. der unter Wasserzusatz entstandene Dickschlamm (Naßverfahren) bei Temperaturen bis zur Sintergrenze ($\approx$ 1 500 °C) zu Zementklinkern gebrannt. Es entstehen hierbei chemische Verbindungen zwischen dem Kalkstein und den tonigen Bestandteilen (Kieselsäure, Tonerde, Eisenoxid = Hydraulefaktoren). Der Kalk verliert dabei seine Löschfähigkeit. Gleichzeitig bewirkt der Brennvorgang ein Aufschließen der Hydraulefaktoren. Diese werden dadurch chemisch reaktionsfähig und ermöglichen später die Erhärtung des Zements. Das Zermahlen der Zementklinker erfolgt unter Zusatz von Gipsstein (bis zu 3 %), der zur Regelung des Erstarrungsbeginns erforderlich ist. In Papiersäcken oder Silowagen kommt der mehlfein gemahlene Zement in den Handel.

Normenzemente müssen in Zusammensetzung und Eigenschaften den Güteanforderungen der DIN 1164 entsprechen.

Zu den Normenzementen gehören Portlandzement (PZ), Eisenportlandzement (EPZ), Hochofenzement (HOZ), Traßzement (TrZ)

Tafel **22.1** **Zusammensetzung der Normenzemente**

Arten	Bestandteile in Gewichtsprozent		
	Portlandzementklinker	Hüttensand[1])	Traß
Portlandzement PZ	100	—	—
Eisenportlandzement EPZ	$\geqq$ 65	$\leqq$ 35	—
Hochofenzement	64 · · · 15	36 · · · 85	—
Traßzement TrZ	80 · · · 60	—	20 · · · 40

[1]) Hüttensand = durch schnelles Kühlen granulierte Hochofenschlacke

Die Festigkeitsklasse des Zements ist ein Kennwert für seine Mindestfestigkeit nach 28 Tagen. Sie entspricht dem 10-fachen Wert der Spannung in MN/m^2.

DIN 1164 unterscheidet 4 Festigkeitsklassen: Z 250 Z 350 Z 450 Z 550

Zemente der Festigkeitsklassen 250, 350 und 450 dürfen eine vorgeschriebene Höchstfestigkeit nicht überschreiten. Sie liegt jeweils $20 MN/m^2$ über der geforderten Mindestfestigkeit (Tafel **23.1**).

Tafel **23.1** **Festigkeitsklassen der Normenzemente und deren Kennfarben**

Klassen		Druckfestigkeit in MN/m^2 nach Tagen				Kennfarben	
		2	7	28		Sack bzw. Siloanheftblatt	Aufdruck
		≧		≧	≦		
250		—	10	25	45	Violett	Schwarz
350	L	—	17,5	35	55	Hellbraun	Schwarz
	F	10	—				Rot
450	L	10	—	45	65	Grün	Schwarz
	F	20	—				Rot
550		30	—	55	—	Rot	Schwarz

Die höheren Festigkeiten der Zemente werden ermöglicht:

durch sorgfältige Auswahl und Aufbereitung der Rohstoffe,

durch schärferes Brennen, wodurch die Hydraulefaktoren besser aufgeschlossen werden,

besonders aber durch feinere Mahlung. Das feinere Korn kann chemisch schneller reagieren. Es bewirkt einen beschleunigten und intensiveren Erhärtungsvorgang, der zu höheren Anfangs- und Endfestigkeiten führt.

Anforderungen an Zemente. Die Vielfalt der aus Beton hergestellten Baukonstruktionen erfordert Zemente mit unterschiedlichen Eigenschaften.

Für Betonfertigteile beispielsweise sind aus Rationalisierungsgründen Zemente mit hoher Anfangs- und Endfestigkeit erwünscht. Für Beton in aggressiver Umgebung braucht man entsprechend widerstandsfähige Zemente. Massenbeton (z. B. im Schleusenbau) erfordert Zemente mit geringer Abbindewärme (Hydratationswärme), um Wärmespannungen und damit die Gefahr von Rissebildungen möglichst gering zu halten. Beim Betonieren in kühler Witterung begünstigen hohe Abbindetemperaturen den Erhärtungsvorgang. Hierfür eignet sich besonders der hochwertige Portlandzement.

Allgemein läßt sich sagen, daß Zemente der höheren Festigkeitsklassen höhere Abbindetemperaturen entwickeln, ebenso Zemente mit hohem Kalkgehalt (bzw. hohem Anteil an Portlandzementklinkern). Zemente mit geringerem Kalkgehalt zeigen neben niedrigeren Abbindetemperaturen eine erhöhte Widerstandsfähigkeit gegen aggressive Einflüsse.

Den unterschiedlichen Anforderungen an Zemente hat die z. Z. geltende DIN 1164 erstmals Rechnung getragen. Besondere Eigenschaften der Zemente werden durch nachstehend erläuterte Kennbuchstaben deutlich gemacht.

24.1 Aufdruck für Zementtüte eines Z 350F

NW = Zemente mit niedriger Hydratationswärme (Wärme, die beim Erhärten des Zementes frei wird)
HS = Zemente mit hohem Sulfatwiderstand[1])
L = Zemente mit langsamer Anfangserhärtung
F = Zemente mit höherer Anfangsfestigkeit
NA = Zemente mit niedrigem wirksamen Alkaligehalt[2])

Die Festigkeitsklasse Z 250 ist für Zemente NW und Zemente HS vorgesehen. NA-Zemente dürfen ebenfalls als Z 250 hergestellt werden.

Zemente L und Zemente F werden in den Festigkeitsklassen 350 sowie 450 hergestellt.

Zur besseren und schnelleren Unterscheidung der Zementarten sind für die Zementsäcke und deren Aufdruck sowie für Lieferscheine bei Siloanfuhr bestimmte Kennfarben eingeführt (Tafel **23**.1 und Bild **24**.1).

Bezeichnung von Zement nach DIN 1164, z.B. Portlandzement (PZ) mit 28 Tage-Druckfestigkeit $\geqq 35$ MN/m² und $\leqq 55$ MN/m² sowie einer Mindestfestigkeit von $\geqq 10$ MN/m² nach 2 Tagen (F) = **Zement PZ 350 F DIN 1164.**

Sonderzemente

Außer den bereits besprochenen sind noch weitere, nicht genormte Zemente zugelassen.

Weißer Portlandzement entsteht, wenn bei der Herstellung von Portlandzementklinikern die dunklen Bestandteile (z.B. Eisenoxid) ferngehalten werden. Bei der Herstellung von weißem Kunststein und weißem Putz findet dieser Zement die häufigste Verwendung.

Ölschieferzement enthält neben Portlandzement 30 % Ölschiefermineralien (Schwelkoks). Er entspricht der Festigkeitsklasse 350 und ist von der Bauaufsicht zugelassen. Auf Grund des verminderten Anteils an Portlandzement entwickelt er größere Widerstandsfähigkeit gegen aggressive Einflüsse und zeigt geringere Wärmetönung. Er eignet sich deshalb besonders für Massenbeton und Beton im Wasserbau.

Tonerdezement (Schmelzzement) enthält über 30 % Tonerde, dafür weniger Kalk und Eisenverbindungen. Bei hoher Wärmeentwicklung verfestigt er sich schnell. Für Stahl- und Spannbeton ist Tonerdezement verboten. Man verwendet ihn vorwiegend für die Herstellung von feuerfestem Beton. Mit anderen Zementen vermischt, bindet Tonerdezement in sehr kurzer Zeit ab (wie Schnellbinder).

Portlandzement wird aus kalk- und tonhaltigen Gesteinen im Trocken- oder Naßverfahren gewonnen. Die Masse wird bis zur Sinterung gebrannt und sehr fein gemahlen. Beschreiben Sie den Werdegang des Portlandzements nach Bild **25**.1!

---

[1]) PZ mit u.a. $\leqq 5$ Gewichtsprozent Tonerde (Al_2O_3) und HOZ mit $\geqq 70$ Gewichtsprozent Hüttensand.

[2]) Verwendung im norddeutschen Raum, wo es reaktionsfähige Zuschläge gibt, die zusammen mit alkalireichen Zementen betonzerstörend wirken.

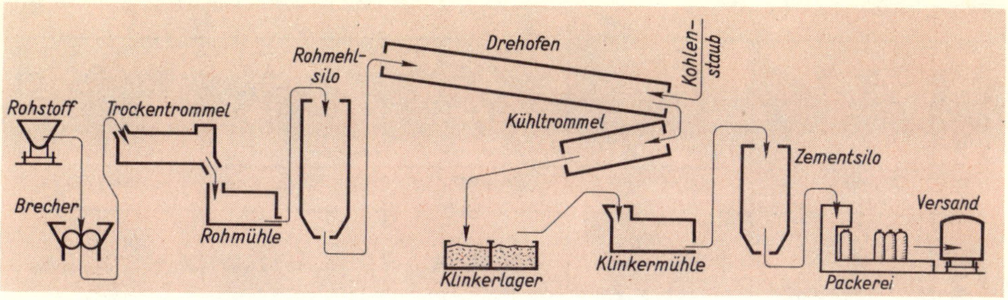

25.1 Werdegang des Portlandzements im Trockenverfahren mit Drehofen

Bei Normenzementen sind die geforderten Eigenschaften durch Güteüberwachung gesichert; sie sind deshalb ohne Nachweis für Zementmörtel, Beton- und Stahlbetonarbeiten zugelassen. Nennen Sie die Normenzemente, ihre Zusammensetzung und Eigenschaften!

Besondere Zemente werden für bestimmte Bauaufgaben verwendet. Beispiele?

Die Güteklassen der Normenzemente sind: Z 250, Z 350, Z 450, Z 550. Sackfarbe und Aufdruck?

Erläutern Sie die Kennbuchstaben L, F, HS, NW, NA!

Erläutern Sie die Bezeichnung Zement HOZ 250 HS DIN 1164!

3.4. Zuschläge für Mauermörtel

Die Herstellung gebrauchsfähiger Mörtel mit geringen Bindemittel- und höheren Zuschlaganteilen ist nicht allein aus Kostengründen erstrebenswert, sondern auch durch bauphysikalische Erfahrungen begründet.

Kalk und Zement, ohne Zuschläge angemacht, schwinden während des Erhärtens (das Material schrumpft, zieht sich etwas zusammen). Dabei entstehen Spannungen, die Risse verursachen. Zuschläge schwinden nicht. Beim Mischen wird der Bindemittelbrei durch die Zuschläge vielfach unterbrochen und damit sehr fein zwischen den einzelnen Sandkörnern verteilt. Dadurch verringern sich die Auswirkungen des Schwindens. Zuschläge sind somit als Magerungsmittel für die Herstellung des Mörtels unentbehrlich, denn sie gewährleisten seine Raumbeständigkeit.

Arten des Mauersandes

Die DIN 4226 unterscheidet nach der Korngröße Feinst-, Fein- und Grobsand. Wie Bild **26**.1 zeigt, gelten Zuschläge im Korngrößenbereich zwischen 0 und 4 mm als Sand. Als Zuschläge für Mauermörtel eignet sich erfahrungsgemäß Sand mit einem Größtkorn bis 3 mm.

Man unterscheidet ferner nach der Entstehung ungebrochene (natürliche) und gebrochene (künstlich zerkleinerte) Zuschläge (**26**.2). Beide gliedern sich wieder in leichte (mit porigem Gefüge) und schwere (dichte) Zuschläge.

Natursande sind Verwitterungsprodukte unserer Gebirge, die durch Abschwemmen in Flußläufe und Täler gelangt sind. Ihre unregelmäßige, gerundete Form entstand durch die stetige Einwirkung des Wassers und durch Aneinanderreiben der Steine.

Natürliche schwere Mörtelsande werden aus Flußläufen und Kiesgruben abgebaut.

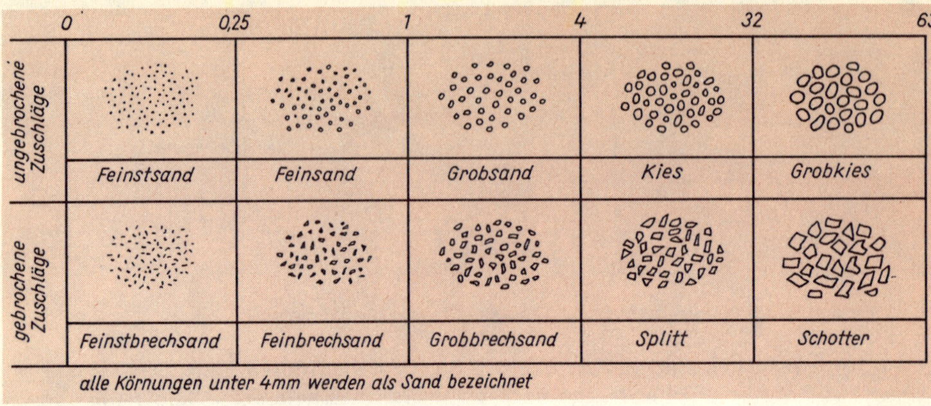

26.1 Natürliche Zuschläge nach DIN 4226

26.2 Verschiedene Kornformen der ungebrochenen und gebrochenen Zuschläge

Brechsande sind künstlich zerkleinerte schwere Zuschläge aus Natursteinen (z. B. Granit, Basalt, Kalkstein, Sandstein). Man erkennt sie an ihrer scharfkantigen Kornform.

Zu den natürlichen leichten Zuschlägen gehören Naturbims, poröse Lavaschlacke und Tuffgesteine.

Künstlich hergestellte schwere Zuschläge gewinnt man aus Hochofen- und Kesselschlacken.

Künstlich hergestellte leichte Zuschläge sind u. a. poröse Hochofenschlacke, Hüttenbims und poröse Kesselschlacke.

Die Eigenschaften des Sandes sind für die Qualität des Mörtels ebenso wichtig wie die Güte der Bindemittel. Seine Eigenfestigkeit muß mindestens der Festigkeit der Bindemittel entsprechen. Gleiches gilt für die Frostbeständigkeit des Sandes und seine Widerstandsfähigkeit unter aggressiven Bedingungen.

Gemischtkörnige Mörtelsande weisen den geringsten Hohlraumgehalt auf (25 · · · 35 Gewichtsprozent), weil hier größere Hohlräume durch kleinere und kleinste Kornanteile ausgefüllt werden (**26.3**; s. Versuch 4).

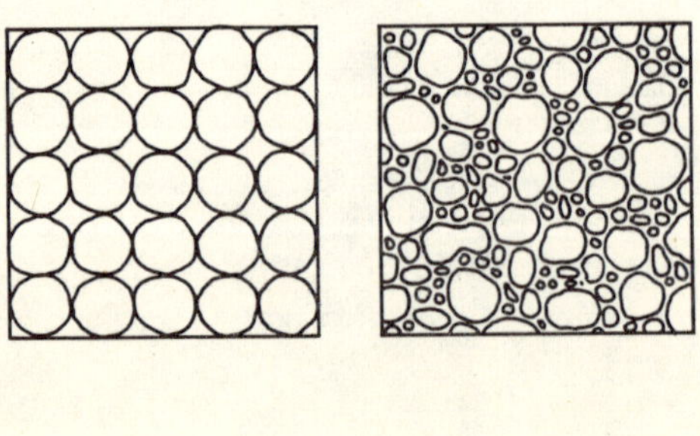

26.3 Körnung des Sandes
links: gleiche Körnung = viel Hohlraum
rechts: ungleiche Körnung = wenig Hohlraum

Solche Zuschläge sind für die Mörtelbereitung am besten geeignet, weil sie mit dem geringsten Bindemittelverbrauch dichte und feste Mörtel ergeben.

Ein Feinstsandanteil (< ⌀ 0,25 mm) von 10 ··· 25 Gewichtsprozent verbessert neben seiner Eigenschaft als Magerungsmittel die Verarbeitbarkeit (Geschmeidigkeit) des Mörtels. Der Anteil des Größtkornes soll mindestens 10 Gewichtsprozent betragen.

Sande, die zu viel feines oder zu viel grobes Material enthalten, verbrauchen mehr Bindemittel und begünstigen das Auftreten von Schwindrissen.

Sand aus scharfkantigem Material gibt dem Mörtel ein festeres Gefüge als weicher (schlapper, stumpfer) Sand. Scharfe Sande sind Fluß- und Grubensande; weich sind Rundsande feiner Körnung (z.B. Dünensande) und tonige Sande (s. Versuch 5).

Verunreinigungen der Zuschläge können später zu erheblichen Bauschäden führen.

Tonige und lehmige Bestandteile sind besonders schädlich, wenn sie als Kruste an der Oberfläche der Sandkörner haften, weil dadurch eine innige Verbindung der Körner untereinander verhindert wird. Außerdem vermehren sie den Wasserverbrauch und fördern damit das Schwinden des Mörtels (s. Versuch 6). Korngruppen von 0/1, 0/2 und 0/4 mm dürfen höchstens 4 Gewichtsprozente, Korngruppen von 1/2, 1/4 oder 2/4 dürfen bis 3 Gewichtsprozente Abschlämmbestandteile enthalten.

Tonknollen und Kohleteilchen quellen bei Wasseraufnahme und können dadurch kraterförmige Aussprengungen verursachen. Salzhaltige Zuschläge führen zu Ausblühungen. Organische Verunreinigungen beeinträchtigen den Erhärtungsprozeß (besonders bei hydraulischer Erhärtung).

Versuch 4. In ein weites Standglas mit eingesetztem Glasrohr füllt man 500 cm^3 Sand und gießt aus einem Meßzylinder Wasser, bis es die Oberfläche des Sandes erreicht (s. Skizze). Nötigenfalls wird gerüttelt oder mit einem dünnen Stab gestochert, bis der Sand gleichmäßig durchfeuchtet ist.

Die zugeführte Wassermenge (in cm^3 bzw. in g) gibt den Hohlraumgehalt an.

Er beträgt z.B. bei 160 cm^3 Wasserverbrauch

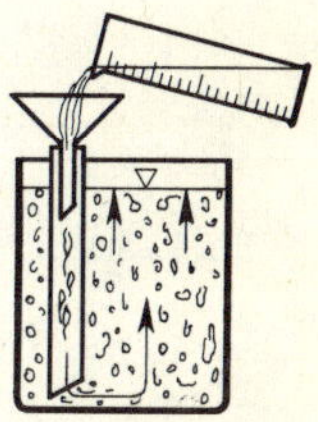

$$\frac{160 \cdot 100}{500} = \mathbf{32\%}$$

Versuch 5. Reiben Sie eine Probe Mauersand zwischen den Fingern und stellen Sie fest, ob sich der Sand scharf oder weich anfühlt. Gelbliche Verschmutzung der Finger deutet Tongehalt (Lehm) an.

Versuch 6. In ein Meßglas von 1000 cm^3 Inhalt füllt man 500 g Sand. Anschließend gießt man bis zur Meßmarke von ≈ 750 cm^3 Wasser ein und schüttelt den Inhalt kräftig durch. Nach 20 und nach 40 Minuten wird nochmals durchgeschüttelt. Das Glas wird dann für 1 Stunde an einem erschütterungsfreien Ort abgestellt. Danach liest man die Schichtdicke der abgeschlämmten Bestandteile ab (I = Schlammenge in cm^3).

Das Trockengewicht der abschlämmbaren Bestandteile beträgt ≈ 0,6 g/cm^3. So ergibt sich für

$$\text{abschlämmbare Bestandteile in Gew.-\%} = \frac{0{,}6 \cdot 100}{500} \cdot I = \mathbf{0{,}12 \cdot I}$$

Zuschläge sind als Magerungsmittel für Mörtel notwendig. Warum?
Man gliedert Zuschläge in Sand (0 ··· 4 mm Korngröße) und Kies (4 ··· 63 mm Korngröße). Weitere Unterteilung?

Zuschläge beurteilt man vor allem nach Kornform, Kornzusammensetzung und Oberflächenbeschaffenheit. Ihr Einfluß auf Qualität und Verarbeitbarkeit des Mörtels?

Schwankungen im Feuchtigkeitsgehalt des Sandes beeinflussen in hohem Maße sein Litergewicht. Begründung und Folgerungen?

Verunreinigte Zuschläge führen oft zu Bauschäden. Beispiele?

3.5. Mörtelgruppen und Mischungsverhältnisse

Die aus Mörtel hergestellte Mauerfuge hat nicht allein die Aufgabe, Mauersteine durch gute Haftung fest miteinander zu verbinden. Sie soll darüber hinaus Unebenheiten der Steine ausgleichen, damit sich die anfallenden Belastungen gleichmäßig im Mauerwerk verteilen können.

Im Vergleich zur Festigkeit der meisten Mauersteine fällt die Eigenfestigkeit des Mörtels deutlich ab. Die Mauerwerksfestigkeit richtet sich deshalb in erster Linie nach der Festigkeit des Mörtels, die wiederum vorwiegend von der Art des Bindemittels, vom Kornaufbau der Zuschläge und vom Mischungsverhältnis abhängt.

Die DIN 1053 unterscheidet für Mauerwerk die Mörtelgruppen I, II, IIa und III[1]). Sie bestimmt u.a. deren Mischungsverhältnis und Mindestfestigkeit.

Tafel **28.1** **Mörtelgruppen nach DIN 1053** (Mischungsverhältnis in Raumteilen[2])

Mörtelgruppe	Bindemittel					Zuschlag	mittlere Druckfestigkeit in MN/m²
	Luftkalk u. Wasserkalk		hydraulischer Kalk	hochhydr. Kalk, Putz- und Mauerbinder	Zement	Sand (lagerfeucht)	
	Kalkteig	Kalkhydrat					
	1,3 kg/dm³	0,6 kg/dm³	0,8 kg/dm³	1,0 kg/dm³	1,2 kg/dm³	1,3 kg/dm³	
I	1					4	keine Festigkeitsanforderung
		1				3	
			1			3	
				1		4,5	
II	1,5				1	8	2,5 MN/m²
		2			1	8	
				1		3	
IIa		1			1	6	5 MN/m²
				2	1	8	
III					1	4	10 MN/m²

[1]) DIN 18550 für Putzmörtel enthält außerdem die Mörtelgruppe IV (Gipsmörtel) und die Mörtelgruppe V (Anhydritmörtel). – [2]) Für dm³ kann auch l geschrieben werden.

Mörtel der Mörtelgruppe I sind für unbelastete Wände uneingeschränkt verwendbar. Tragende Wände bis zu 2 Vollgeschossen dürfen erstellt werden, wenn die Wanddicke $\geqq$ 24 cm beträgt. Für Kellermauerwerk, Gewölbe und bewehrtes Mauerwerk ist Mörtelgruppe I nicht zulässig.

Die Mörtelgruppen II und IIa dürfen nicht zusammen auf der Baustelle verarbeitet werden, weil man sie farblich leicht verwechseln kann. Sie erlauben höhere Mauerwerksfestigkeiten und dürfen mit Ausnahme von Gewölben und bewehrtem Mauerwerk für alle tragenden Bauteile aus Mauerwerk verwendet werden.

Die Mörtelgruppe III unterliegt in der Anwendung keinen Beschränkungen. Sie eignet sich besonders für sehr stark belastetes und für bewehrtes Mauerwerk. Zusätze zur Verbesserung der Verarbeitbarkeit und des Wasserrückhaltevermögens sind erlaubt und zu empfehlen (Ausnahme: werkmäßig hergestellter Mörtel).

Als Mischungsverhältnis bezeichnet man das Mengenverhältnis Bindemittel zu Sand in Raumteilen. Das Verhältnis 1:3 besagt z.B., daß 1 Raumteil Bindemittel und 3 Raumteile Zuschlag zu mischen sind. Gut gebrauchsfähige Mörtel erzielt man unter Berücksichtigung von Kornaufbau und Feuchtigkeitsgehalt des Sandes mit Mischungsverhältnissen 1:3 ··· 1:4. Zu hohe Bindemittelanteile ergeben zu „fette" Mörtel. Die Sandkörnchen stoßen nicht mehr aneinander; Schwindrisse und Festigkeitsabfall sind die Folge.

Bei zu wenig Bindemittelanteilen spricht man von „mageren" Mörteln. Die Sandkörnchen können nicht genügend miteinander „verkittet" werden. Der Mörtel sandet, ist wenig druckfest und witterungsunbeständig.

Versuch 7. Mischen Sie Mörtelproben aus Weißkalkteig und Sand in den Mischungsverhältnissen 1:1, 1:4 und 1:8. Je 100 cm^3 Mörtel werden auf leicht geölten Glasplatten von 15 cm × 15 cm Größe durch mehrmaliges Aufstoßen zu einem Kuchen von etwa 10 cm Durchmesser ausgebreitet und eine Woche in der Luft gelagert. Prüfen Sie die Beschaffenheit der drei Mörtelproben durch Beschauen von der Unterseite, durch Reiben und Zerbröckeln.

Mauermörtel werden in vier Mörtelgruppen unterschieden und im Mischungsverhältnis 1:3 ... 1:4 verarbeitet. Nachteile von zu fett und zu mager angemachten Mörteln?

3.6. Mörtelherstellung

Bindemittel und Zuschläge sind für die Mörtelgruppen II, IIa und III mit Waagen oder Zumeßbehältern abzumessen und mit Hilfe von Mischmaschinen unter Zugabe von Wasser sorgfältig zu mischen. Alle Mörtelgruppen dürfen auch fertiggemischt (vom trockenen bis zum kellengerechten Zustand) oder als Vormörtel[1]) bezogen werden.

Die Zugabe der Mörtelgrundstoffe nach Raumteilen kann trotz Einhaltung der in DIN 1053 und DIN 18550 vorgeschriebenen Mischungsverhältnisse Mörtel minderer Güte ergeben, wenn der Feuchtigkeitsgehalt des Sandes nicht berücksichtigt wird.

Der Feuchtigkeitsgrad des Sandes kann unabhängig vom Kornaufbau den Hohlraumanteil wesentlich verändern. Ein Feuchtigkeitsgehalt von etwa 3 %, der auch den genormten Mischungsverhältnissen zugrunde liegt und einem baufeuchten Sand entspricht, bewirkt erfahrungsgemäß die größte Hohlraumerweiterung. Die leicht angefeuchteten Feinststoffe verkleben untereinander zu größeren Stoffteilchen und drängen die

---

[1]) Vormörtel kommen in trockenem Zustand auf die Baustelle, wo ihnen außer Anmachwasser noch ein bestimmter Anteil Zement zugegeben werden muß.

gröberen Sandteile auseinander. Mit dem so erweiterten Hohlraumanteil vergrößert sich das Volumen (s. Versuch 8). Die Schüttdichte fällt. Trocknet der Sand aus, rutschen die nun wieder lose gewordenen Feinstanteile in die Hohlräume. Entsprechend fällt der Sand in sich zusammen. Seine Schüttdichte steigt. Die gleiche Wirkung tritt ein, wenn sich durch weitere Zugabe von Wasser die verklebten Feinststoffe auflösen und die vorhandenen Hohlräume füllen. Daraus folgt, daß trockene und nasse Zuschläge dichter sind als feuchte. Die Zugabe des Sandes nach Raumteilen ist deshalb nicht genau. Einheitliche Mischungen lassen sich nur durch gewichtsmäßige Zuteilung der Zuschläge erzielen.

Versuch 8. Zwei Schalen werden mit je 100 cm^3 trockenem Sand gleicher Kornzusammensetzung gefüllt. Eine der Sandproben wird anschließend mit 5 g, die andere mit 10 g Wasser benetzt und durch gleichmäßiges Umrühren durchfeuchtet. Jede der Proben wird wieder in ein Meßglas gefüllt. Stellen Sie fest, welchen Raum die abgemessenen Sandmengen jetzt einnehmen.

Berücksichtigt man die Angaben in Bild **30.1**, so können die von der Sandfeuchtigkeit bedingten Ungenauigkeiten weitgehend ausgeglichen werden. Das erfordert aber eine laufende Kontrolle der Sandfeuchtigkeit. Meist genügt es, sehr trockene und sehr nasse Sande etwas fetter anzumischen als die Norm vorsieht, z.B. 1:3 statt 1:3,5.

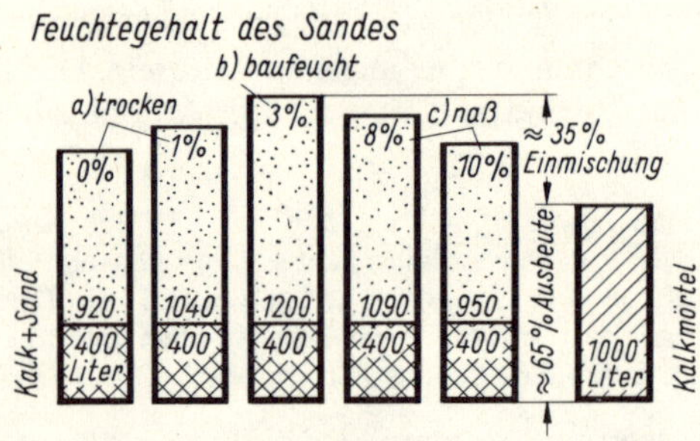

30.1 Bedarf an Kalkteig und Sand für 1000 l Kalkmörtel 1:3 bei
a) trockenem
b) baufeuchtem Sand
c) nassem Sand

Die Mörtelausbeute ist zu beachten, um Bindemittel und Zuschläge für bestimmte Mörtelmengen richtig bestimmen zu können. Das Volumen des fertig angerührten Mörtels ist immer geringer als das des trockenen Gemisches, weil die vom Anmachwasser gleitfähig gewordenen Mörtelstoffe in sich zusammenrutschen und dadurch die vorhandenen Hohlräume fast vollständig vom Bindemittelbrei und den feineren Kornanteilen ausgefüllt werden.

Die Mörtelausbeute gibt an, wieviel Prozent von der Literzahl des Trockengemisches die fertige Mörtelmenge beträgt.

Beispiel. Bei einer Mischprobe 1:4 von 4 l Kalkteig und 16 l erdfeuchtem Sand (1 + 4 = 5 Teile) wurden 13 l Mörtel gewonnen. a) Wie groß ist die Ausbeute in %? b) Wie ist das Verhältnis Mörtel zu loser Masse? c) Wieviel l Kalkteig und Sand sind für 1000 l Mörtel nötig?

Lösung. a) 20 l lose Masse ergeben 13 l Mörtel

100 l lose Masse ergeben $\frac{13 \cdot 100}{20} = 65$ l Mörtel $=$ **65** % Mörtelausbeute

b) $13:20 = 1:\frac{20}{13} = \mathbf{1:1{,}54}$

c) 1000 l Mörtel erfordern 1000 l · 1,54 = 1540 l lose Masse

Kalk $= \frac{1540\ \text{l}}{5} =$ **308 l**; Sand = 308 l · 4 = **1232 l**

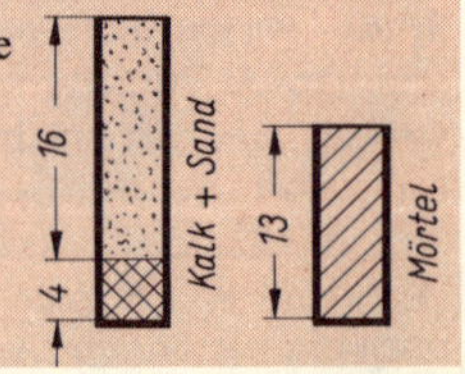

Mörtelausbeute ist das prozentuale Verhältnis der Mörtelmasse zur losen Masse der Mörtelstoffe. Sie beträgt bei Kalkmörteln mit baufeuchtem Sand etwa 65 %, bei trockenem oder nassem Sand etwa 75 % der losen Masse.

Die lose Masse der Mörtelgrundstoffe beträgt bei baufeuchtem Sand etwa das 1,55fache der fertigen Mörtelmenge. Wieviel bei trockenem oder nassem Sand?

3.6.1. Kalkmörtel

Werkgemischter Kalkmörtel

Im Zuge der Rationalisierung und Spezialisierung im Bauwesen hat neben dem baustellenmäßig hergestellten Mörtel der werkgemischte Kalkmörtel zunehmend Verbreitung gefunden. Diese Entwicklung ist zu begrüßen, weil stationäre Mörtelwerke die besten Voraussetzungen für die Herstellung einwandfreier Mörtel bieten. Selbsttätig arbeitende Dosierungsvorrichtungen gewährleisten hier die genaue Einhaltung des Mischungsverhältnisses durch genaue Zugabe der Mörtelstoffe nach Gewichtsteilen. Zwangsmischer sorgen für intensive Durcharbeitung der Mörtelmischungen.

Zweckmäßige Lagervorrichtungen schützen Bindemittel und Zuschläge vor Verunreinigungen. Außerdem werden die Mörtelgrundstoffe laufend von Fachleuten auf ihre Eignung hin überprüft. Fehler bei der Mörtelherstellung sind damit weitgehend ausgeschlossen. Werkgemischte Mörtel zeichnen sich besonders durch Gleichmäßigkeit in der Zusammensetzung, gute Geschmeidigkeit und höhere Festigkeit aus.

Verunreinigungen des Mörtels auf der Baustelle werden vermieden, wenn er auf saubere Unterlagen aus Holz oder Blech entladen wird. Starker Regen kann die Bindemittel teilweise auswaschen. Der Mörtel ist deshalb durch Abdecken entsprechend zu schützen. Da der Kalkmörtel ständig Kohlensäure aus der Luft aufnehmen kann, beginnt er – zunächst an der Oberfläche – bald zu erhärten. Dieser Vorgang läßt sich etwas hinauszögern, wenn man die Oberfläche des Mörtelhaufens mit dem Schaufelrücken anklopft. In jedem Fall sollte jedoch eine baldige Verarbeitung des angelieferten Mörtels angestrebt werden.

Auf der Baustelle von Hand gemischte Mörtel sind für Mauermörtel nur noch in Ausnahmen zugelassen. Für deren Herstellung ist zu beachten:

Das Abmessen der Mörtelstoffe für kleinere Mengen sollte mit Baueimern, für größere Mengen mit Karren, besser mit Meßkästen vorgenommen werden (**31.1**). Bei der Zumessung mit Schaufeln ist zu beachten, daß bei trockenem Sand weniger, bei nassem Sand mehr auf eine Schaufel geht.

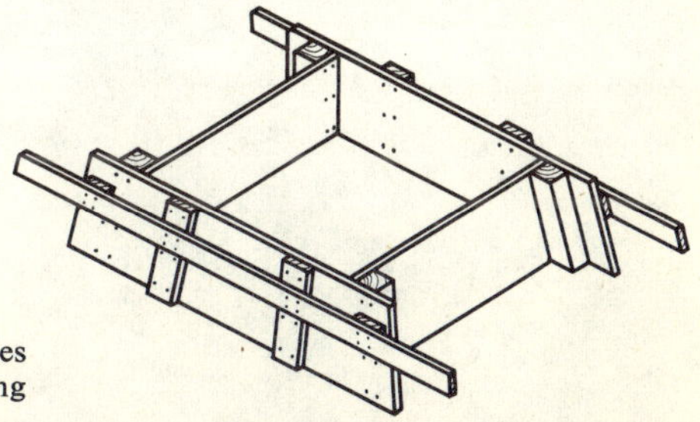

31.1 Meßkasten ohne Boden zum Abmessen des Mörtelsandes. Durch Griffe und Verengung nach oben wird das Abheben erleichtert

Beispiel. Ein quadratischer Meßkasten hat eine obere lichte Weite von 0,95 m, eine untere von 1,05 m und 0,35 m Höhe. Wieviel l Sand faßt er?

Lösung. Mittlere Grundfläche $= 1{,}0\,\text{m} \cdot 1{,}0\,\text{m} = 1{,}0\,\text{m}^2$.
Volumen $= 1{,}0\,\text{m}^2 \cdot 0{,}35\,\text{m} = 0{,}35\,\text{m}^3 =$ **350 l.**

Zweckmäßig ist es, Bindemittel in ganzen Säcken zuzugeben und die dafür erforderliche Sandmenge entsprechend dem Mischungsverhältnis festzustellen.

Tafel **32.1** **Mischungsverhältnisse**

Bindemittel	höchste Schüttdichte	Sackinhalt		Sandbedarf zu einem Sack Kalk für Mörtel 1:3		für Mörtel 1:3,5	
	kg/dm^3	kg	l	l	Karren	l	Karren
Weiß- und Dolomitkalkhydrat	0,5	40	80	240	3	280	$3^1/_2$
Wasserkalkhydrat	0,7	50	71	213	$2^5/_8$	248	3
hydraulischer Kalk	0,8	50	62	186	$2^1/_3$	217	$2^3/_4$
hochhydraul. und Romankalk	1,0	50	50	150	$1^7/_8$	175	$2^1/_4$

Beim Vermischen von Kalkpulver und Sand (Taf. **32.**1) ist für eine saubere Unterlage zu sorgen. Unter gleichzeitigem Durchharken ist das Gemisch mindestens zweimal umzusetzen. Vielfach wird es unter Zugabe von Wasser noch einmal erdfeucht durchgearbeitet, bevor es vom Maurer mit Hilfe des Weichmachers zu kellengerechter Steife aufgerührt wird.

Wird Kalkteig als Bindemittel verwendet, rührt man diesen in der Mörtelpfanne unter Wasserzugabe zunächst zu Kalkmilch und streut dann den Sand ein; anschließend wird so lange durchgemischt, bis der Mörtel keine Kalkstreifen mehr zeigt.

Der Einsatz von kleinen Mischmaschinen zwischen 75 und 200 l Trommelinhalt hat sich für die Mörtelbereitung auf der Baustelle immer weiter durchgesetzt. Diese Methode ist selbst für kleine Baustellen sehr viel rationeller und deshalb der Handmischung entschieden vorzuziehen. Die Mischmaschine liefert nach 2 ··· 3 Minuten Mischzeit einen gleichmäßig und intensiv durchgemischten kellengerechten Mörtel. Die Beschickung der Trommel geschieht in der Reihenfolge Wasser – Kalkhydrat – Sand. Bei Verwendung von Kalkteig sind zunächst ein paar Schaufeln Sand in die Trommel zu füllen, weil sich dadurch der Kalkteig schneller im Wasser verdünnt und während des Mischvorgangs gleichmäßiger im Mörtel verteilt (**32.**2 und 3).

32.2 Mörtelmischer

32.3 Baukarre mit Pendelbühne trägt viereckigen Mörtelkübel, der unmittelbar aus der Mischtrommel beschickt und zum Verarbeitungsplatz gefahren wird

Auf der Baustelle wird vorwiegend fertiger, werkgemischter Kalkmörtel verarbeitet. Vorteile?

Zum Abmessen des Sandes dient zweckmäßig ein Meßkasten. Warum? Beschreiben und begründen Sie die Form des Meßkastens.

Der fertige Mörtel muß gleichmäßig gefärbt und kellengerecht sein.

Man soll nicht unmittelbar auf der Erde mischen. Nennen Sie die Nachteile!

Das Mischen mit Maschinen bietet Vorteile. Welche?

3.6.2. Kalkzementmörtel

Dieser wird überwiegend als Mörtel der Gruppe II hergestellt. Sein Mischungsverhältnis besteht aus drei Verhältniszahlen, z.B. 2:1:9. Die Zahl 1 bezieht sich immer auf den Zementgehalt. Sie steht in der Regel in der Mitte der Zahlenreihe. Die erste Zahl gibt den Kalkanteil, die dritte Zahl den Sandanteil an.

Kalk und Zement zusammen machen $\approx {}^1/_3 \cdots {}^1/_4$ der Sandmenge aus, was einem Verhältnis 1:3 ··· 1:4 entspricht (Mischungsverhältnisse und Baustoffbedarf s. Tafel **34.1**). Es ist unzulässig, Mörtel der Gruppe I als Vormörtel für die Mörtelgruppen II und IIa zu verwenden.

Beim Herstellen werden Wasser, Bindemittel und Zuschläge in der genannten Reihenfolge in die Maschinentrommel gefüllt und zu kellenfertigem Mörtel durchgemischt. Wird Kalk in Form von Kalkteig verarbeitet, ist wieder zu berücksichtigen, daß der Mischer vor der Kalkzugabe mit ein paar Schaufeln Sand bedient werden sollte. Dadurch wird eine bessere Verteilung des Kalkteiges ermöglicht. Bei Handmischung – für Mauermörtel nur noch in Ausnahmen erlaubt – verwendet man gleiche Methoden, wie sie bei der Kalkmörtelherstellung bereits beschrieben wurden. Manchmal wird auch so verfahren, daß Kalk und Sand bzw. Zement und Sand zunächst trocken vermischt werden und anschließend, dem Mischungsverhältnis entsprechend, Zementschlämme dem Kalkmörtel bzw. Kalkschlämme dem Zementmörtel beigemischt wird.

Kalkzementmörtel werden aus Luft- oder Wasserkalk, Zement und Sand gemischt. Sie gehören wie Mörtel aus hochhydraulischem Kalk zur Mörtelgruppe II und IIa.

Mit steigendem Zementanteil verbessern sich Druckfestigkeit und hydraulische Wirkung des Mörtels, mit steigendem Kalkanteil seine Geschmeidigkeit und Verarbeitbarkeit. Verwendung?

3.6.3. Zementmörtel

Als Mauermörtel der Gruppe III wird Zementmörtel weniger auf der Baustelle gebraucht, weil er nur bei außergewöhnlich stark belasteten Bauteilen Verwendung findet. Das Mischungsverhältnis beträgt 1:4 (Putzmörtel 1:3) (s. Tafel **34.1**).

Mit genügender Genauigkeit kann der Inhalt eines Zementsackes mit 40 l angenommen werden. Bei einem Mischungsverhältnis 1:4 sind somit 160 l Sand erforderlich, was etwa dem Inhalt von zwei Baukarren entspricht. Für das Mischen mit Maschinen gelten die beschriebenen Arbeitsverfahren. Mischen von Hand ist für Mauermörtel unzulässig.

Zementmörtel läßt sich wegen mangelnder Geschmeidigkeit schlecht verarbeiten. Durch

Kalkzusatz bis 20 % des Zementgewichts oder Zugabe von Plastifizierungsmitteln kann dieser Mangel zum Teil ausgeglichen werden. Besonders geeignet sind Luftporenbildner, die außerdem die Mörtelausbeute bis zu 10 % erhöhen.

Kalkzementmörtel, Zementmörtel und Mörtel aus hydraulischen Kalken sollen möglichst innerhalb eines Tages verarbeitet werden, weil ihre Erhärtung früher einsetzt und schneller fortschreitet als die Karbonaterhärtung der Luftkalke.

Bereits erstarrte Mörtel sollen nicht unter Wasserzugabe wieder weich gemacht werden, weil mit einem Abfall ihrer Festigkeit gerechnet werden muß. Es ist deshalb nur so viel Mörtel anzumachen, wie an einem Tag verarbeitet werden kann. Mörtelwerke beschränken sich auch aus diesen Gründen weitgehend auf die Produktion von Luftkalkmörteln.

Das Mischungsverhältnis richtet sich nach der Verwendung des Zementmörtels. Nennen Sie Beispiele für die Verwendung der verschiedenen Zementarten!

Die Mörtelausbeute beträgt bei Zementmörteln etwa 70 %, die lose Masse (Zement und Sand) etwa das 1,45fache der fertigen Mörtelmenge.

Erstarrender Mörtel darf nicht mehr verarbeitet werden. Er wird nach erneutem Durcharbeiten mit Wasserzugabe nicht mehr genügend fest. Warum?

Luftkalkmörtel bleiben durch Feuchthalten längere Zeit gebrauchsfähig, hydraulisch erhärtende Kalkmörtel nicht. Erläutern Sie die unterschiedliche Erhärtung!

Tafel 34.1 **Mischungsverhältnisse**

1000 l Mörtel (I a) aus Kalkteig und Sand erfordern (nach Kalktaschenbuch 1976)

Mischungsverhältnis	Kalkteig (Dichte 1,25 kg/dm³)		Sand (3 % Feuchte) (Dichte 1,3 kg/dm³)		Ausbeute nach Raumteilen
	kg	l	kg	l	%
1:3	500	400	1560	1200	62,5
1:3,5	430	345	1575	1210	64,3
1:4	380	305	1585	1220	65,6
1:4,5	340	272	1600	1230	66,5

Bedarf an pulverförmigen Kalken und Sand für 1000 l Mörtel (nach Kalktaschenbuch 1976)

Mischungsverhältnis	Mörtel aus Kalkhydraten (I a)			Ausbeute	Mörtel aus hydr. Kalken (I b u. II)			
	Kalk	Sand (3 % Feuchte)			Kalk	Sand (3 % Feuchte)		Ausbeute
	l[1])	kg	l	%	l[1])	kg	l	%
1:3	400	1560	1200	62,5	390	1520	1170	64,1
1:3,5	345	1575	1210	64,3	340	1545	1190	65,4
1:4	305	1585	1220	65,6	300	1560	1200	66,7
1:4,5	272	1600	1230	66,5	—	—	—	—

1000 l Zementmörtel erfordern ungefähr (nach Betonkalender II 1975)

Mischungsverhältnis	Zement			erlaubter Kalkzusatz l	Sand (3 % Feuchte)		Ausbeute
	kg	l	Säcke		kg	l	%
1:3	455	380	9	76	1405	1080	68,5
1:3,5	400	330	8	66	1440	1110	69,4
1:4	370	310	7²/₅	62	1520	1170	67,6

Tafel **34**.1 (Fortsetzung)

1000 l Kalkzementmörtel (II) erfordern ungefähr (nach Kalktaschenbuch 1976)						
Mischungsverhältnis K:Z:S	Kalkhydrat l[1])	Bindemittel Kalkteig l	Zement kg	l	Sand (3 % Feuchte) l	Ausbeute %
2:1:8	280	—	168	140	1120	64,9
2:1:9	260		156	130	1170	64,5
2:1:10	240		144	120	1200	64,1
2:1:11	226		136	113	1240	63,5
1,5:1:8	—	220	180	150	1180	64,5
1,5:1:9		203	165	138	1205	64,7
1,5:1:10		185	150	125	1230	64,9
1,5:1:11		170	140	115	1250	65,1

[1]) Zur Feststellung des Kalkanteils in kg wird der Kalkbedarf in l mit der Schüttdichte in kg/dm³ (bei Kalkhydrat) oder mit der Dichte in kg/dm³ (bei Kalkteig) der zur Verwendung kommenden Kalksorte vervielfacht.

Beispiel. Wieviel kg Weißkalkhydrat mit einer Schüttdichte von 0,45 kg/dm³ sind für 1000 l Kalkmörtel 1:3,5 notwendig?
Lösung. Der Kalkbedarf nach Taf. **34**.1 beträgt 345 l, also 345 dm³·0,45 kg/dm³ = **155 kg.**

3.7. Erhärtung

Den Übergang des Mörtels vom breiigen zum festen Zustand nennt man Erstarren, den Vorgang der Festigkeitszunahme Erhärten (**35**.1, Versuch 11, S. 37). Davon zu unterscheiden ist das Antrocknen des Mörtels infolge Wasserabgabe an den Mauerstein. (Der Mörtel „zieht an".) Die Art des Erhärtungsvorgangs bestimmt das jeweils verwendete Bindemittel. Danach unterscheidet man Mörtel, die nur an der Luft erhärten, und solche, die nach bestimmter Luftlagerung auch unter Wasser bzw. unter Luftabschluß erhärten.

Mörtel aus Luftkalken erhärten nur an der Luft. Wie in Bild **35**.2 und **36**.1 dargestellt, nimmt das Bindemittel des Luftkalkmörtels während der Erhärtung Kohlendioxid auf,

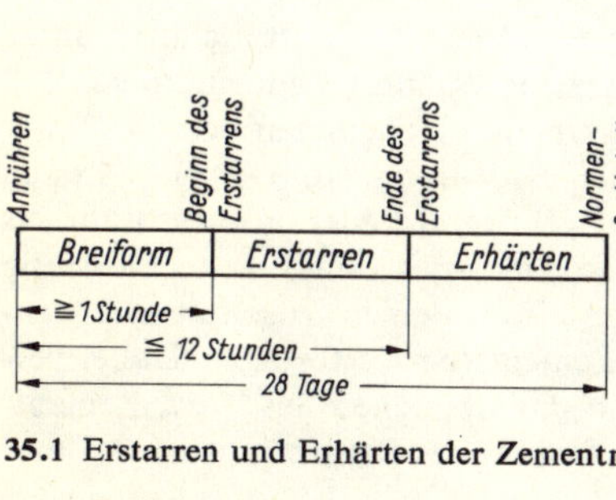

35.1 Erstarren und Erhärten der Zementmörtel

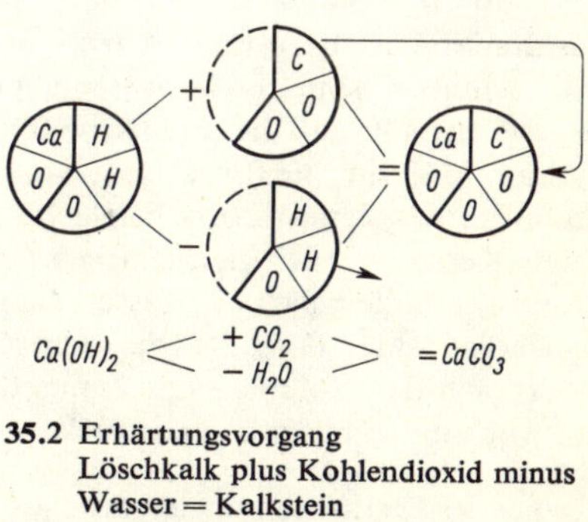

35.2 Erhärtungsvorgang
Löschkalk plus Kohlendioxid minus Wasser = Kalkstein

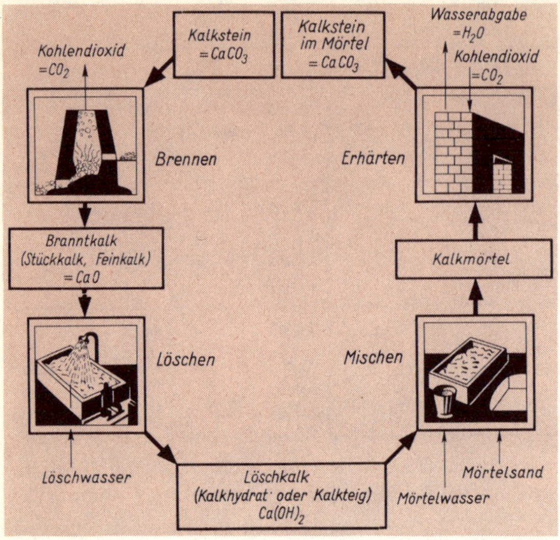

das während des Brennvorgangs ausgetrieben worden ist (**17.1** u. 2). Gleichzeitig wird das beim Löschen gebundene Wasser wieder frei. Nach Abschluß des Erhärtungsvorgangs hat sich das Kalkhydrat wieder zu Kalkstein (Kalziumkarbonat[1]), dem Ausgangsstoff der Kalkgewinnung, zurückverwandelt (**36.1**).

36.1 Kreislauf des an der Luft erhärtenden Weißkalkes

Bei Luftabschluß kann der Austausch des chemisch gebundenen Wassers gegen Kohlendioxid nicht erfolgen. Deshalb kann auch eine Erhärtung unter solchen Umständen nicht eintreten (Versuch 11).

Hydraulisch erhärtende Mörtel erreichen ihre Festigkeit zum Teil durch Karbonaterhärtung wie die Luftkalkmörtel, zum Teil auch durch chemische Verbindungen der Hydraulefaktoren mit dem Kalkhydrat. Hydraulefaktoren sind Stoffe, die in Verbindung mit Wasser selber Säuren bilden, z.B. Kieselsäure. Sie ersetzen damit das Kohlendioxid der Luft und ermöglichen deshalb eine Erhärtung unter Luftabschluß bzw. unter Wasser. So verfestigen sich z.B. Kalkhydrat [$Ca(OH)_2$] mit Kieselsäure (H_2SiO_2) zu Kalziumsilikat ($CaSiO_3$).

Da ein Teil des Mörtels nur durch Aufnahme von Kohlendioxid erhärtet, ist eine bestimmte Luftlagerungszeit vorgeschrieben, bevor er unter Wasser weitererhärten kann. Mit Zunahme der Hydraulefaktoren verkürzt sich dieser Zeitraum. Gleichzeitig steigt auch die Mörtelfestigkeit.

Die hydraulische Erhärtung bedarf ausreichender Feuchtigkeit. Notfalls müssen entsprechende Maßnahmen für Zufuhr oder Erhaltung der Feuchtigkeit getroffen werden.

Zementmörtel erhärten unter Verbrauch von Wasser sowohl an der Luft als auch unter Luftabschluß. Chemische Reaktionen ergeben neue, wasserbeständige Verbindungen.

Als gesichert gilt, daß die chemische Bindung des Wassers durch die feinen Zementkörner (Hydratation) für die Erhärtung von entscheidender Bedeutung ist. Dieser Vorgang beginnt an der Zementkornoberfläche und dringt bei genügend Feuchtigkeitszufuhr bis in den Kern vor. Bei gleichzeitigem Abbau des Zementkornes bildet sich eine stetig dichter werdende gelartige Masse (Zementgel). Sie besteht aus einem zusammenhängenden Gerüst feiner Kristalle, die sich schließlich zu Zementstein verfestigen. Dabei vergrößert sich das Volumen des Zementkorns um etwa das doppelte. Gel- bzw. Zementstein wachsen somit in den vom Wasser gefüllten Stoffraum des Betons hinein.

[1]) Daher der Begriff Karbonaterhärtung

Jeder vorzeitige Entzug der Mörtelfeuchtigkeit unterbricht den Erhärtungsvorgang des Zementmörtels und muß deshalb verhindert werden.

Sehr fein gemahlene Zemente bieten besonders gute Voraussetzungen für schnelle Erhärtung und hohe Festigkeiten. Sie enthalten bei gleicher Gewichtsmenge eine größere Zahl von Zementkörnchen als grob gemahlene Zemente. Neben einer feineren Verteilung im Mörtel bieten sie für die Benetzung mit Wasser eine größere Gesamtoberfläche. Gel- und Zementsteinbildung werden dadurch beschleunigt. Die besonders feine Mahlung ermöglicht ferner eine schnelle und vollständige Aufschließung des einzelnen Zementkorns zu Zementgel. In grobgemahlenen Zementen verbleibt im Zementkorn meist ein trockener, unhydratisierter Kern. Dies erklärt, warum die höherwertigen Zemente Z 450 und Z 550 feiner gemahlen sind und höhere Anfangs- und Endfestigkeiten erreichen, als Zemente der Festigkeitsklassen Z 250 und Z 350.

Das durch den Hydratationsvorgang gebundene Wasser[1]) verbleibt als fester Bestandteil im Zementstein und ist weder durch Verdunsten noch Verdampfen zu entfernen.

Wo eine schnelle Verfestigung des Zementes erforderlich ist (z. B. bei Wasserandrang), können sehr vorteilhaft Erstarrungsbeschleuniger eingesetzt werden.

Versuch 9. Kneten Sie 200 g Zement mit 46 · · · 60 g Wasser bei 18 · · · 21 °C 3 Minuten zu einem steifen Brei. Bringen Sie diesen je zur Hälfte auf 2 leicht geölte Spiegelglasplatten und rütteln Sie bis Kuchen von ⌀ 10 cm entstanden sind. Schützen Sie sie vor dem Austrocknen durch Überdecken mit einem Teller oder dgl. Drücken Sie nach 55 Minuten einen Stab in Form einer Bleistifthülse im Abstand von 1,5 cm vom Rand in den Kuchen und wiederholen Sie den Versuch nach Bedarf alle 5 Minuten. Das Erstarren hat begonnen, wenn beim Eindrücken Kantenrisse entstehen (**37**.1). Es ist beendet, wenn der Stab oder ein Fingernagel beim Druck auf den Zementkuchen keinen Eindruck mehr hinterläßt.

Dies ist kein Normversuch. Genauere Prüfungen werden in Prüfanstalten mit normgemäßem Nadelgerät durchgeführt.

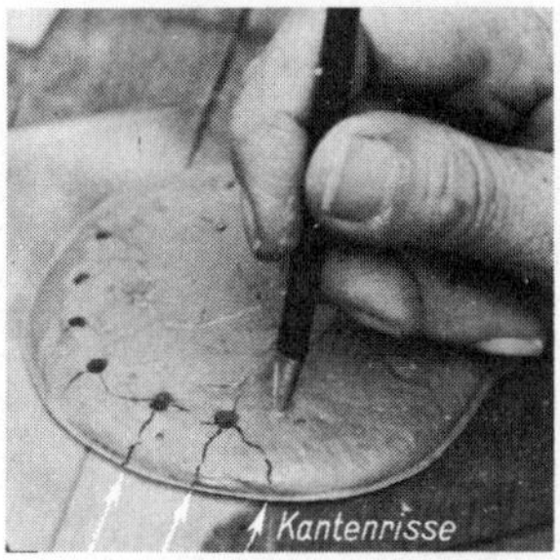

37.1 Prüfen des Erstarrens an einem Zementkuchen. Das Erstarren hat begonnen, wenn der Eindruck einer Bleistifthülse Kantenrisse verursacht

Versuch 10. Die Zementkuchen werden wie für den Eindrückversuch (**37**.1) hergestellt, 24 Stunden in einem abgedeckten Gefäß (**38**.1) in sehr feuchter Luft zum Erstarren gebracht und dann vorsichtig von den Glasplatten gelöst. Ein Kuchen wird – mit der glatten Fläche nach oben – in einen Topf mit kaltem Wasser gelegt, das in 15 Minuten zum Sieden gebracht wird und 2 Stunden kochen muß. Der Kuchen muß dann noch scharfkantig, rißfrei und nicht stark verkrümmt sein. Die Wölbung der Bodenfläche darf einen Stich bis zu 2 mm haben.

Versuch 11. Legen Sie je einen Kuchen aus Weißkalkteig und Zement sofort nach Beginn des Erstarrens in ein flach mit Wasser gefülltes Gefäß. Betupfen Sie beide Kuchen von Zeit zu Zeit. Weißkalk bleibt unter Wasser weich, Zement erhärtet.

Versuch 12. Legen Sie je einen Zementkuchen auf die Heizung, in die Sonnenhitze oder Zugluft und in feuchte Luft (**38**.3). Hitze oder Zugluft verursachen Schwindrisse (**38**.1 und 2), während die Kuchen in feuchter Luft und unter Wasser rißfrei bleiben.

[1]) Die chemisch gebundene Wassermenge macht etwa 25% des Zementgewichts aus.

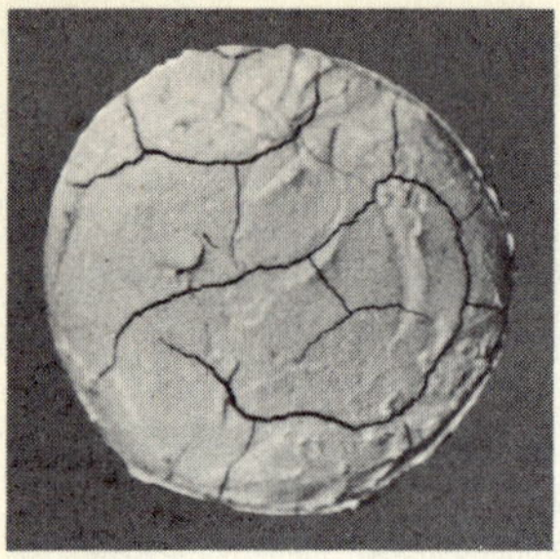

38.1 Zementkuchen mit Schwindrissen, Oberseite

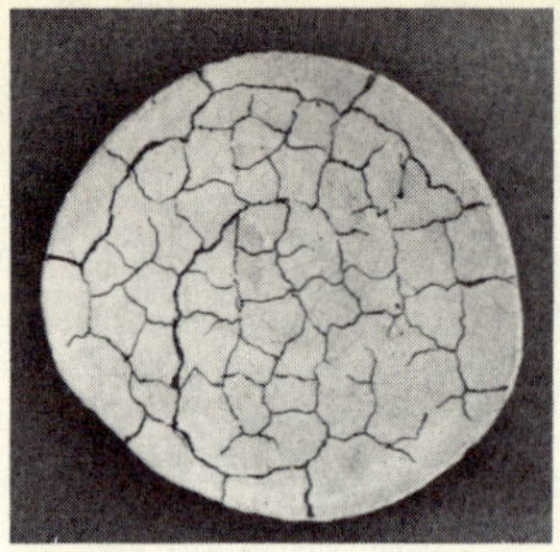

38.2 Zementkuchen mit Treibrissen, Unterseite

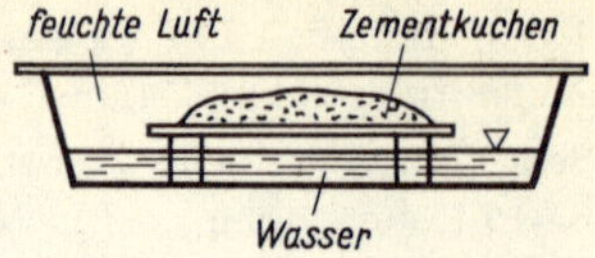

38.3 Anordnung zu Versuch 12

Erstarren des Mörtels ist der Übergang vom breiigen zum festen Zustand. Erhärten ist der Vorgang der Festigkeitszunahme.

Mörtel aus Luftkalken erhärten nur an der Luft. Hydraulische Mörtel erhärten auch unter Luftabschluß bzw. unter Wasser.

Zementmörtel erhärten unter Verbrauch von Wasser sowohl an der Luft, als auch unter Wasser.

3.8. Baugips: Arten, Eigenschaften, Anmachen von Stuckgips

Baugipse nach DIN 1168 werden vorwiegend aus Gipsstein[1)] gewonnen. Gipsstein ist kristallwasserhaltiger, schwefelsaurer Kalk (Kaliumsulfat-Dihydrat = $CaSO_4 \cdot 2\,H_2O$), eine Verbindung, die aus zwei Stoffteilchen Wasser und einem Stoffteilchen schwefelsaurem Kalk besteht.

Bei der Herstellung von Baugipsen wird dem Gipsstein durch Wärmezufuhr das Kristallwasser teilweise oder – je nach Gipsart – ganz entzogen. Die erzeugte Temperaturhöhe hat entscheidenden Einfluß auf die späteren Eigenschaften des Baugipses. Sie liegt zwischen 100 und 600 °C.

Bei geringen Temperaturen (bis etwa 190 °C) werden etwa $^3/_4$ des Kristallwassers ausgetrieben. Es entsteht Stuckgips (Kalziumsulfathalbhydrat = $CaSO_4 \cdot 1/2\,H_2O$).

Bei Temperaturen um 300 °C entsteht kristallwasserfreier Gips oder Anhydrid ($CaSO_4$ = Kalziumsulfat).

Längere Brenndauer bei Temperaturen über 300 °C erzeugt „totgebrannten" Gips, der ohne Anreger (s. Anhydridbinder) nicht bindefähig ist.

Mit zunehmender Brenntemperatur verlängern sich Erstarrungs- und Erhärtungszeit der Baugipse. In gleichem Maße steigt ihre Festigkeit.

Anhydritbinder nach DIN 4208 werden aus Anhydrit gewonnen, der als Naturanhydrit in Steinbrüchen abgebaut oder als synthetischer Anhydrit durch chemische Verfahren erzeugt wird. Bei beiden Arten kann die Bindekraft nicht durch Brennen (Entweichen von Wasser), sondern nur durch Zusatz eines Anregers (Baukalk, Portland-

[1)] Dieser fällt auch als Nebenprodukt bei der Herstellung von Phosphorsäure an.

zement, Sulfate u.a.) erzielt werden, der mit dem Anhydrit vermahlen und nach dem Anmachen mit Wasser wirksam wird.

Eigenschaften. Baugipse werden allgemein als Gipspulver in Papiersäcken zu 50 oder 40 kg geliefert, neuerdings auch in Silowagen. Sie sind von weißlich-grauer, gelblich-weißer oder rötlich-weißer Farbe. Versteifungsbeginn und Versteifungsende sowie die erreichte Festigkeit sind wesentliche Unterscheidungsmerkmale der einzelnen Gipssorten.

Versteifungsbeginn ist der Zeitpunkt, in dem die Ränder eines durch den Gipsbrei geführten Messerschnittes nicht mehr zusammenfließen. Als Versteifungsende gilt der Zeitpunkt, in dem während des Fingerdruckes auf einem Gipskuchen kein Wasser mehr an der Eindruckstelle erscheint.

Versuch 13. Stellen Sie unter Beachtung der richtigen Einstreumenge einen Gipsbrei her (s. S. 40). Gießen Sie dann auf saubere Glasplatten mehrere Gipskuchen von ⌀ 10 ··· 12 cm und $\approx 1/2$ cm Dicke. Vom Beginn des Einstreuens ab werden Versteifungsbeginn und -ende bestimmt.

a) Versteifungsbeginn. Führen Sie in Abständen von $1/2$ Minute mit einem Messer Prüfschnitte an dem Kuchen durch. Der Versteifungsbeginn ist erreicht, wenn die Schnittränder auch am Kuchenrand nicht mehr zusammenfließen.

b) Versteifungsende. Drücken Sie mit dem Endglied des Zeigefingers auf die Kuchen (etwa 5 kp Druck). Das Versteifungsende ist erreicht, wenn während des Eindrückens bei 2 Eindruckstellen hintereinander kein Wasser mehr am Eindruckrand erscheint.

Gipsmörtel sind nicht wasserbeständig. Sie eignen sich daher nicht für Bauteile, die ständiger Wassereinwirkung ausgesetzt sind. Andererseits wirken sie ausgleichend auf die anfallende Luftfeuchtigkeit besonders dann, wenn sie ohne Zuschläge verarbeitet wurden. Gipsputze können infolge ihres mikroporigen Gefüges anfallende Feuchtigkeit schnell aufnehmen und weiterleiten und bei schnell sinkender Luftfeuchtigkeit auch sehr bald wieder abgeben. Sie eignen sich für Wohnräume und – entgegen vielfach gegenteiliger Behauptung – ebenso für Küchen und Bäder im Wohnungsbau. Der erwähnte mikroporige Aufbau verleiht dem Gipsmörtel eine vorzügliche Atmungsfähigkeit.

Gips schwindet nicht. Im Vergleich zu den Bindemitteln Kalk und Zement zeigt der Gips keinerlei Schwinderscheinungen. Beim Erstarren und Erhärten ist sogar eine geringe Volumenvergrößerung festzustellen. Gips braucht deshalb im Gegensatz zu Kalk und Zement nicht durch Sand gemagert zu werden. Dieser Umstand ermöglicht die Herstellung besonders glatter Putze, die bei Auswahl geeigneter Gipssorten sehr fest und hart werden können (bis $\approx 30\ MN/m^2$).

Die erwähnte Volumenvergrößerung beim Erhärten bewirkt, daß Dübellöcher und Aussparungen durch Gipsmörtel fest ausgepreßt werden. Haken, Anker und Dübel erhalten so einen festen Sitz. Allerdings sollten nur rostfreie oder rostgeschützte Metallteile mit Gips ummantelt werden, weil hier eine rostschützende Wirkung wie beispielsweise beim Zementmörtel nicht besteht.

Versuch 14. Stecken Sie saubere Nägel in Zementkuchen und Gipskuchen und bewahren Sie sie mehrere Wochen in sehr feuchter Luft oder in Wasser auf. Beim Zerbrechen der Kuchen ist festzustellen, daß die Nägel im Innern der Zementkuchen blank geblieben sind, daß hingegen die Gipskuchen Rostflecken zeigen und die Nägel auch im Innern der Kuchen angerostet sind.

Gips ist haftfähig. Im Vergleich zu den bisher besprochenen Bindemitteln zeichnen sich Gipse durch besonders gute Haftfähigkeit aus, was bei Putzarbeiten auf glattem, schlechtsaugendem Untergrund verarbeitungstechnische Vorteile bietet.

Gips ist ein bevorzugter Baustoff für die Herstellung feuerhemmender und feuerbeständiger Bauteile. Ohne Nachweis gilt beispielsweise 1,5 cm dicker Gipsputz als feuerhemmend. Ausschlaggebend dafür ist sein gutes Wärmedämmvermögen und das bei Hitzeeinwirkung austretende Kristallwasser, das einen schützenden Dampfschleier bildet.

Verarbeitung. Gips ist grundsätzlich nach den jeweils gegebenen Anweisungen der Herstellerfirma zu verarbeiten (besonders Haft- und Maschinenputzgips). Das Mischen mit Zement ist unzulässig, weil dies Treiberscheinungen zur Folge hat.

Gipskalk- und Kalkgipsmörtel lassen sich unter Verwendung werkgemischter Kalkmörtel herstellen. Das Mischen mit anderen Gipssorten ist untersagt.

Anmachen von Stuckgips. Als wichtigste Regel gilt, daß der Gips immer in das Anmachwasser eingestreut wird. Verfährt man umgekehrt, bilden sich beim Verrühren Gipsknollen, welche die Verarbeitbarkeit des Mörtels stark beeinträchtigen.

Das richtige Verhältnis zwischen Wasser und Gips kann durch die Ermittlung der Einstreumenge genau festgestellt werden (**40**.1).

Die Einstreumenge ist erreicht, wenn beim Einstreuen des Gipspulvers etwa $^3/_4$ der Wasseroberfläche für kurze Zeit mit trockenen Gipsinseln bedeckt ist. Anschließend wird so lange umgerührt, bis ein Gipsbrei von gleichmäßiger Konsistenz entsteht.

Beim Einstreuen soll man das Gipspulver so gleichmäßig und fein verteilt auf die Wasseroberfläche bringen, daß eine vollständige Durchfeuchtung des Gipspulvers gewährleistet ist.

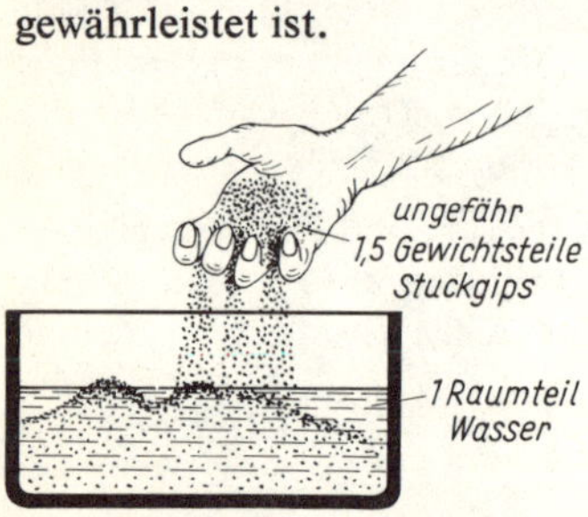

40.1 Anmachen von Stuckgips
Das Gipspulver wird gleichmäßig eingestreut, bis kleine Inseln an der Wasseroberfläche erscheinen, die etwa $^3/_4$ der Fläche einnehmen

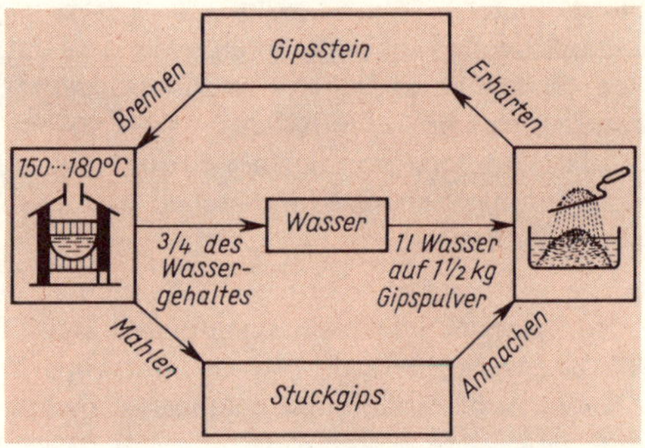

40.2 Erhärten von Stuckgips
Kreislauf des Stuckgipses. Aus Gipsstein entsteht durch Wasserabgabe beim Brennen und durch feines Mahlen Stuckgips. Nach dem Anmachen entsteht daraus durch Wiederaufnahme von Wasser wieder Gipsstein in der ursprünglichen Beschaffenheit

Der Erhärtungsvorgang des Stuckgipses ist chemisch gesehen eine Rückverwandlung des Baugipses in den Ausgangsstoff Gipsstein (**40**.2).

Dabei nimmt der Gips die ihm bei der Herstellung entzogene Kristallwassermenge wieder auf. Aus dem Halbhydrat Stuckgips ($CaSO_4 \cdot {}^1/_2\ H_2O$) entsteht unter Wärmeentwicklung wieder das Doppelhydrat Gipsstein ($CaSO_4 \cdot 2\ H_2O$).

Die physikalischen Vorgänge der Gipsverfestigung lassen sich schon unter einem Mikroskop mit etwa 500facher Vergrößerung erkennen. Deutlich werden dabei nadelförmig entstehende Kristalle sichtbar, die sich ständig vermehren und zu einem festen Gefüge miteinander verkrallen und verkeilen. Die Erhärtung des Gipses besteht somit im Auskristallisieren einer übersättigten Lösung. Dies erklärt auch seine gute Haftfähigkeit. Bereits erstarrte Gipsmörtelreste beschleunigen den Erhärtungsverlauf. Vor dem Anmachen des Gipsmörtels sollten deshalb die Mörtelbehälter von solchen Resten gesäubert werden.

Die Erhärtungszeit des Gipsmörtels hängt maßgeblich von den Bedingungen seiner Trocknung ab und kann zwischen einer und mehreren Wochen betragen. Bei Gipskalkmörteln ist die Karbonaterhärtung des Kalkanteils zu berücksichtigen.

Genormte Baugipse bestehen zu mindestens 50% aus dem durch Wärmezufuhr teilweise oder ganz entwässerten Gips (Stuckgips und/oder Putzgips), dem werkseitig Zusätze beigegeben sein können.

Solche Zusätze sind Stellmittel oder Füllstoffe.

Stellmittel beeinflussen bestimmte Verarbeitungseigenschaften der Baugipse wie z.B. Konsistenz, Haftung oder Versteifungszeit.

Füllstoffe sind Perlite und Sand.

Man unterscheidet

Baugipse ohne werkseitig beigegebene Zusätze: Stuckgips, Putzgips

Baugipse mit werkseitig beigegebenen Zusätzen:

Maschinenputzgips, Fertigputzgips, Haftputzgips

Ansetzgips, Fugengips, Spachtelgips

Tafel **41.1** **Übersicht: Gipsarten**

	Bezeichnung	Herstellung	Eigenschaften	Verwendung
Baugipse ohne werkseitig beigegebene Zusätze	**Stuckgips**	Brennen im Drehofen oder im Großkocher bei 120···190 °C; $^3/_4$ des Kristallwassers werden entzogen (Halbhydrat)	Versteifungsbeginn nach 8···25 Minuten; Versteifungsende nach ≈ 20···60 Minuten	Innenputz aus Gips- und Gipskalkmörtel; Stuck-, Form- und Rabitzarbeiten
	Putzgips	Brennen im Kammerofen und Kocher oder auf Rostband bis 600 °C; Halbhydrat mit löslichem Anhydrit	Versteifungsbeginn frühestens nach 3 Minuten, Versteifungsende frühestens nach 7 Minuten; Anhydritanteil erlaubt an Putzflächen längere Verarbeitungsdauer als Stuckgips	Innenputze Rabitzarbeiten

Tafel **41**.1 (Fortsetzung)

	Bezeichnung	Herstellung	Eigenschaften	Verwendung
Baugipse mit werkseitig beigegebenen Zusätzen	**Fertigputzgips**	Bindefähige Ausgangsstoffe aus überwiegend Stuckgips und/oder Putzgips werden unter Zugabe bestimmter Stellmittel gemischt. Zugabe von Füllstoffen (Perlite, Sand) ist möglich. Außer Wasser dürfen auf der Baustelle keine weiteren Stoffe zugegeben werden.	langsame Versteifung	Innenputze
	Haftputzgips		besonders gute Haftfähigkeit	für einlagige Innenputze auf schwierigem Putzgrund
	Maschinenputzgips		besonders gut für stetige Verarbeitung mit Maschinen geeignet	Innenputzarbeiten mit Putzmaschinen
	Ansetzgips		langsame Versteifung, erhöhtes Wasserrückhaltevermögen; haftet gut auf Gipskartonplatten	Ansetzmörtel für Gipskartonplatten (Trockenputz)
	Fugengips		langsame Versteifung, höheres Wasserrückhaltevermögen	zur Verbindung von Gipsbauplatten
	Spachtelgips		gutes Wasserrückhaltevermögen; versteift etwas rascher als Fugengips	Verspachteln von Wänden aus Gipsbauplatten und ebenen Flächen aus z.B. Gas- oder Schwerbeton

Nicht genormte Gipse sind z.B. Estrichgips, Marmorgips.

Baugipse werden aus kristallwasserhaltigem Gipsstein (Kalziumsulfat-Doppelhydrat) gewonnen. Ihre Bindekraft erhalten sie durch teilweises oder völliges Austreiben des Wassers beim Brennen und dessen Wiederaufnahme nach dem Anmachen mit Wasser. Arten, Eigenschaften und Verwendung?

Anhydritbinder werden aus wasserfreiem Gipsstein (Anhydrit) gewonnen. Weshalb werden sie nicht gebrannt, vielmehr mit einem Anreger vermahlen?

Baugipse eignen sich im Gegensatz zu Kalk und Zement auch ohne Sandzusatz zum Putzen. Aus welchem Grunde?

Baugipse sind nicht wasserbeständig und bieten keinen Rostschutz. Folgerung für die Verwendung?

Der erhärtete Stuckgips gleicht in seiner Zusammensetzung dem rohen Gipsstein. Beschreiben Sie die chemischen Vorgänge beim Brennen und Erhärten!

Stuckgips versteift und erhärtet schnell. Er dehnt sich etwas aus. Folgerungen für die Verwendung?

Aufgaben

1. Welchen Zweck sollen Bindemittel und Zuschläge als Mörtelbestandteile erfüllen?
2. Wie entstehen Stückkalk, Feinkalk, Kalkhydrat und Kalkteig?
3. Nennen Sie Luftkalke und hydraulisch erhärtende Kalke.

4. Erläutern Sie die Begriffe Einsumpfdauer und Mörtelliegezeit.
5. Wodurch unterscheiden sich Luftkalke von hydraulisch erhärtenden Kalken (Zusammensetzung, Eigenschaften, Erhärtungsvorgang)?
6. Was bedeuten zwei schwarze Streifen auf der Kalktüte?
7. Erläutern Sie die Wirkung von hydraulischen Zusätzen.
8. Wodurch unterscheiden sich Weißkalk und Feinkalk?
9. Beschreiben Sie die Herstellung des Portlandzements.
10. Nennen Sie die 4 Normenzemente und deren Kurzzeichen.
11. Welche Festigkeitsklassen sind für Normenzemente vorgesehen?
12. Erläutern Sie die Kennbuchstaben NW, HS, L, NA und F.
13. Für welche Zement-Festigkeitsklassen sind Mindest- und Höchstwerte vorgeschrieben?
14. Welche Beziehung besteht a) zwischen Zementfestigkeit und Hydratationswärme; b) zwischen dem Kalkgehalt des Zements und seiner Widerstandsfähigkeit gegen chemischen Angriff?
15. Woran erkennt man die Festigkeitsklasse von Zementen?
16. Nennen Sie besondere Zemente und deren Anwendungsgebiete.
17. Wie unterscheiden sich Kies und Sand nach DIN 4226?
18. Welche Anforderungen stellt man an die Kornzusammensetzung guter Mörtelsande?
19. Welchen Einfluß hat der Feuchtigkeitsgehalt des Mörtelsandes auf sein Litergewicht? Begründung?
20. Welche Schäden können durch Verwenden verunreinigter Mörtelsande auftreten?
21. Wodurch unterscheiden sich die Mörtelgruppen I, II und III nach DIN 1053 (Zusammensetzung, Festigkeit)?
22. Nennen Sie Anwendungsbeispiele der Mörtelgruppen nach DIN 1053.
23. Mit welchen Folgen ist zu rechnen, wenn zu „fette" oder zu „magere" Mörtel verarbeitet wurden?
24. Was versteht man unter Mörtelausbeute?
25. Wie verteilen sich die Bestandteile eines Kalkzementmörtels bei einem Mischungsverhältnis von 2:1:8?
26. Wie kann Mauermörtel auf der Baustelle rationell gemischt und angemacht werden?
27. Was versteht man unter den Begriffen Erstarren und Erhärten?
28. Erklären und vergleichen Sie die Erhärtung der Mörtelgruppen I, II und III.
29. Vergleichen Sie die Rohstoffe von Kalk und Gips.
30. Wie werden Baugipse hergestellt?
31. Welche Bedeutung haben Versteifungsbeginn und Versteifungsende für die Verarbeitung von Baugipsen?
32. Beschreiben Sie das Anmachen von Gipsmörtel.
33. Wie bestimmt man die Einstreumenge von Gips?
Erläutern Sie den Erhärtungsvorgang von Gipsmörteln.
34. Was ist ein Anhydritbinder?
35. Nennen Sie Gipsarten und deren Anwendungsgebiete.

4. Beton

Beton ist ein künstliches Gestein, das aus Zement und Zuschlägen unter Zugabe von Wasser hergestellt wird. DIN 1045 gilt für die Herstellung, DIN 1048 für die Prüfung von Beton.

4.1. Betonarten

Eine Einteilung der Betone nach der Rohdichte enthält nachstehende Tafel:

Tafel **44.1** **Betonarten**

Betonart	Rohdichte	Zuschläge
Schwerbeton	$>2{,}8\ \text{kg/dm}^3$	Schwerspat, Stahlsand, Stahlschrot
(Normal-)Beton	$2{,}8 \cdots 2\ \text{kg/dm}^3$	Sand, Kies, Splitt, Hochofenschlacke
Leichtbeton	$\cdots 2\ \text{kg/dm}^3$	Blähschiefer, Blähton, Hüttenbims, Naturbims

Bezeichnungen für Beton

Nach Alter und Erhärtungszustand unterscheidet man Frischbeton und Festbeton. Frischbeton befindet sich noch im verarbeitbaren, nicht erstarrten Zustand. Festbeton ist erhärteter Beton.

Transportbeton und Baustellenbeton unterscheiden sich durch den Ort ihrer Herstellung. Beim Baustellenbeton erfolgen Herstellung und Einbau unmittelbar auf der Baustelle. Transportbeton ist werk- bzw. fahrzeuggemischter Beton, der als einbaufertiger Frischbeton von einem stationären Betonwerk aus zur Baustelle transportiert wird.

Als Ortbeton werden solche Betone bezeichnet, die man unmittelbar am Einbauort verarbeitet, während Betonfertigteile, Betonwaren und Betonwerksteine als Festbeton zur Baustelle transportiert und dort eingebaut bzw. montiert werden. Betonfertigteile können auch auf der Baustelle gefertigt sein; entscheidend ist, daß sie nach dem Erhärten bewegt werden müssen.

Nach dem Tragverhalten unterscheidet man bewehrten und unbewehrten Beton. Bewehrter Beton ist mit Stahleinlagen versehener Stahlbeton (auch Spannbeton). Die Bewehrungsstäbe erlauben die Herstellung biegefester Betonbauteile. Unbewehrter Beton darf in der Regel nur auf Druck beansprucht werden.

Betonfertigteile mit Bewehrung für den Transport und die Montage gelten nicht als Stahlbeton.

Die Bezeichnungen Stampfbeton, Gußbeton, Pumpbeton, Preßbeton, Schleuderbeton, Spritzbeton, Prepakt- und Colcrete-Beton, Schockbeton und Saugbeton kennzeichnen Transportart, Herstellungs-, Verarbeitungs- und Verdichtungsverfahren verschiedener Betone.

Beton ist ein künstliches Gestein. Bestandteile?
Genauere Bezeichnungen für Beton richten sich nach seiner Rohdichte, nach Alter und Erhärtungszustand, nach dem Ort der Herstellung und des Einbaues, nach dem Tragverhalten, nach Transportart, Herstellungs-, Verarbeitungs- und Verdichtungsverfahren. Beispiele?

4.2. Betongruppen und Festigkeitsklassen

Die Druckfestigkeit ist die wichtigste Eigenschaft des Betons. Sie wird an einem 28 Tage alten, feuchtgelagerten Würfel von 20 cm Kantenlänge festgestellt[1]. Dabei wird der Würfel unter einer hydraulischen Presse bis zum Bruch beansprucht. Die ermittelte Bruchspannung entspricht der Betonfestigkeit.

Beispiel. Festgestellte Kraft 1 MN = 1000 kN = 1000000 N

$$\text{Betonfestigkeit (Bruchspannung)} = \frac{\text{Kraft}}{\text{Belastungsfläche}}$$

$$\text{Betonfestigkeit (Bruchspannung)} = \frac{1000000\ \text{N}}{400\ \text{cm}^2} = 2500\ \text{N/cm}^2 = \mathbf{25\ MN/m^2}$$

In der Baupraxis werden je nach Abmessungen und Beanspruchung von Betonbauteilen sehr unterschiedliche Mindestfestigkeiten gefordert. Deshalb gliedert die DIN 1045 den Beton in die Gruppen **B I** und **B II** und in Festigkeitsklassen von **Bn 50** bis **Bn 550.**

Tafel **45.**1 **Beton-Festigkeitsklassen**

Betongruppe	Beton B I				Beton B II		
Festigkeitsklasse	Bn 50	Bn 100	Bn 150	Bn 250	Bn 350	Bn 450	Bn 550

Beispielsweise gilt die Festigkeitsklasse Bn 250 als erreicht, wenn alle Betonwürfel einer Prüfserie die Druckfestigkeit von $\geqq 25$ MN/m² erbringen. Vorschriften über Nenn- und Serienfestigkeit s. S. 46.

Betone der Gruppe B I (Bn 50 bis Bn 250) können ohne besondere Eignungsprüfungen rezeptmäßig (daher auch „Rezeptbeton") nach bestimmten Vorschriften der DIN 1045 von jedem Baubetrieb hergestellt werden.

Beton B II wird in jedem Fall auf Grund von Eignungsprüfungen und unter Berücksichtigung bestimmter Mindestanforderungen zusammengesetzt. Baustellen für Beton B II dürfen nur von solchen Firmen betrieben werden, die über eine eigene Betonprüfstelle (Betonprüfstelle E) und eigens dafür ausgebildete Fachkräfte verfügen. Solche Betriebe dürfen auch Beton B I auf Grund von Eignungsprüfungen herstellen, wodurch eine spürbare Senkung der Materialkosten durch Zementeinsparung möglich ist. Allerdings muß hierbei die Durchschnittsfestigkeit der Probewürfel für Bn 50 um 6 MN/m², für die weiteren Festigkeitsklassen bis Bn 250 um 10 MN/m² höher ausfallen als die geforderte

---

[1]) Unter Berücksichtigung von Umrechnungsfaktoren können auch Würfel von 10 und 20 cm Kantenlänge und zylindrische Prüfkörper von 15 und 30 cm Durchmesser verwendet werden (s. DIN 1048).

Normenfestigkeit. Danach muß beispielsweise für einen Beton Bn 150 die mittlere Druckfestigkeit aus 3 Probewürfeln $\geqq 25$ MN/m² betragen. Neben dem Begriff Betonfestigkeitsklasse (Bn) unterscheidet die DIN 1045 die Begriffe Nennfestigkeit β_{wN} (gesprochen Beta – w – N) und Serienfestigkeit β_{wS} (gesprochen Beta – w – S).

Die Nennfestigkeit β_{wN} gibt an, wieviel Druckfestigkeit jeder Prüfwürfel einer Würfelserie nach 28 Tagen mindestens aufweisen muß, um einer bestimmten Festigkeitsklasse zugeordnet werden zu können. Die Nennfestigkeit entspricht somit der Festigkeitsklasse. Beispielsweise muß jeder Prüfwürfel[1]) einer Serie für Beton Bn 250 mindestens 25 MN/m² als Nennfestigkeit erbringen. Damit soll erreicht werden, daß ein Betonbauteil in seiner Gesamtheit der geforderten Festigkeitsklasse entspricht und seine Standsicherheit nicht durch schwache Stellen gefährdet wird.

Die Serienfestigkeit β_{wS} ist eine Mindestgröße für die mittlere Druckfestigkeit (Durchschnittswert) einer Würfelserie. Sie soll für Bn 50 um 3 MN/m², für die weiteren Festigkeitsklassen um 5 MN/m² über der geforderten Nennfestigkeit liegen. Diese Vorhaltemaße ergeben eine zusätzliche Sicherheit für die Standfestigkeit der Betonbauteile.

Beispiel. 3 Prüfwürfel ergeben Druckfestigkeiten von 26, 32 und 34 MN/m².

$$\text{Serienfestigkeit } \beta_{wN} = \frac{26 + 32 + 34}{3} = \mathbf{30{,}66\ MN/m^2}$$

In diesem Beispiel hat der Beton die Anforderungen an einen Bn 250 erreicht; denn die Nennfestigkeit von 25 MN/m² wurde von jedem Würfel der Serie erreicht bzw. überschritten, und die Serienfestigkeit liegt über dem Mindestwert von 25+ 5= 30 MN/m²

Tafel **46.1** **Festigkeitsklassen des Betons und ihre Anwendung** (nach DIN 1045)

Betongruppe	Betonfestigkeitsklasse	Nennfestigkeit β_{wN} in MN/m² (Mindestwert für die Druckfestigkeit β_{w28} jedes Würfels)	Serienfestigkeit β_{wS} in MN/m² (Mindestwert für die mittlere Druckfestigkeit β_{w28} jeder Würfelserie)	Herstellung nach	Anwendung
Beton B I	Bn 50	5	8	Abschnitt 6.5.5 der DIN 1045	nur für unbewehrten Beton
	Bn 100	10	15		
	Bn 150	15	20		
	Bn 250	25	30		
Beton B II	Bn 350	35	40	Abschnitt 6.5.6 der DIN 1045	für unbewehrten und für bewehrten Beton
	Bn 450	45	50		
	Bn 550	55	60		

[1]) Werden für Beton gleicher Zusammensetzung und Herstellung zahlreiche Würfel geprüft, so darf jeweils einer von 9 aufeinanderfolgenden Würfeln die Nennfestigkeit um höchstens 20 % unterschreiten. Dabei muß jeder mögliche Mittelwert von 3 aufeinanderfolgenden Würfeln mindestens die Serienfestigkeit (Taf. **46.1**) haben.

Für Stahlbetonbauarbeiten zugelassen sind alle Festigkeitsklassen der Betongruppe B II, Betone der Gruppe B I jedoch nur in den Festigkeitsklassen Bn 150 und Bn 250.

Die Druckfestigkeit ist das wichtigste Unterscheidungsmerkmal für Beton. Betongruppen und Festigkeitsklassen?

Beton B I wird in der Regel nach genormten Vorschriften, Beton B II auf Grund von Eignungsprüfungen hergestellt. Bedingungen an den Baubetrieb? Ausnahmen für B I?

Bei der Festigkeitsprüfung von Beton müssen Anforderungen an die Nennfestigkeit und an die Serienfestigkeit erfüllt werden. Beispiel?

4.3. Zuschläge und ihre Prüfung

Die Einteilung der Zuschläge nach DIN 4226 und ihre Benennung ist dem Abschnitt **3.4** zu entnehmen.

Aus wirtschaftlichen und technischen Gründen ist anzustreben, Beton jeder Festigkeitsklasse mit möglichst geringem Zementanteil herzustellen. Dies verringert die Materialkosten, mindert das Schwindmaß und damit die Gefahr der Schwindrißbildung.

Der Zementverbrauch für die Herstellung eines dichten Betongefüges hängt entscheidend ab von der Kornzusammensetzung der Zuschläge. Dabei erfordern gemischtkörnige Zuschläge den geringsten Zementbedarf. Der Einfluß der Kornzusammensetzung auf die Betonfestigkeit verliert jedoch an Bedeutung, je mehr der Frischbeton durch Wasser verflüssigt wird.

Die Korngruppen geeigneter Zuschläge sind so aufeinander abgestimmt, daß beim Verdichten die durch gröbere Körner gebildeten Hohlräume weitgehend von kleineren Kornanteilen ausgefüllt werden. Der so verringerte Hohlraumgehalt vermindert in gleichem Maße den erforderlichen Zementleimanspruch zur Ausfüllung der noch vorhandenen Hohlräume. Mit Zunahme der gröberen Kornanteile verringert sich die Gesamtfläche der mit Zementleim zu umhüllenden Zuschlagkörner, wodurch ebenfalls Zementleim eingespart wird.

Beispiel. 1 Würfel von 1 dm Kantenlänge hat den gleichen Rauminhalt wie 1000 Würfel von 1 cm Kantenlänge. Wieviel mal größer ist die Gesamtoberfläche der kleineren Würfel?

Lösung. Oberfläche des großen Würfels: $6 \cdot 10\,\text{cm} \cdot 10\,\text{cm} = \mathbf{600\,cm^2}$. Gesamtoberfläche der kleinen Würfel: $6\,\text{cm}^2 \cdot 1000 = \mathbf{6000\,cm^2}$, also 10mal größer. Das gleiche Verhältnis gilt für kugelförmige Körnungen.

Zuschlaggemische, die dem Wunsch nach geringer Hohlräumigkeit und kleiner Gesamtoberfläche nahekommen, sind in DIN 1045 entsprechend ihrer Kornzusammensetzung als Sieblinien dargestellt. Die Abstufung der Kornbereiche entspricht den Korngrößen für Feinst-, Fein- und Grobsand, Kies- und Grobkies, dazu noch einige Zwischengrößen[1]) (**48.**1 bis 4).

[1]) Für die Korngröße 0,5 ist die Durchgangszahl in den Normensieblinien nicht genau festgelegt, da die in Deutschland vorkommenden Sande gerade in diesem Bereich sehr schwanken.

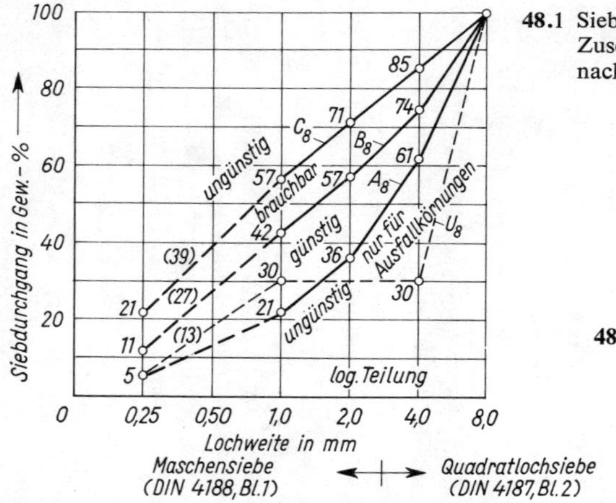

48.1 Sieblinienbereiche für Zuschlaggemische 0/8 nach DIN 1045

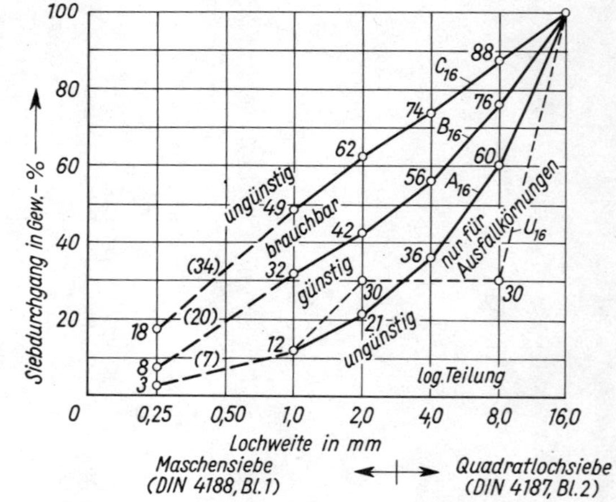

48.2 Sieblinienbereiche für Zuschlaggemische 0/16 nach DIN 1045

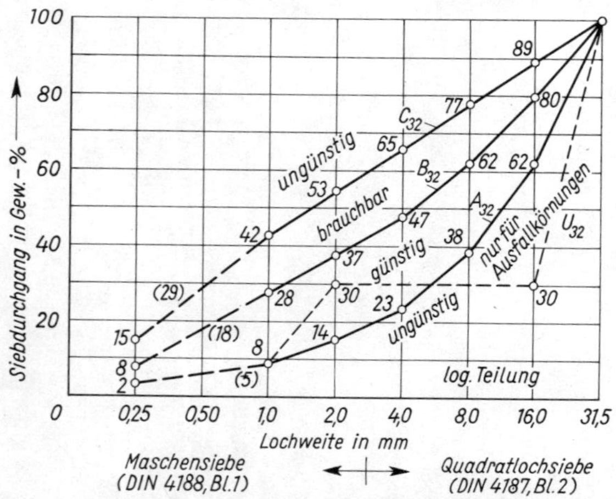

48.3 Sieblinienbereiche für Zuschlaggemische 0/32 nach DIN 1045

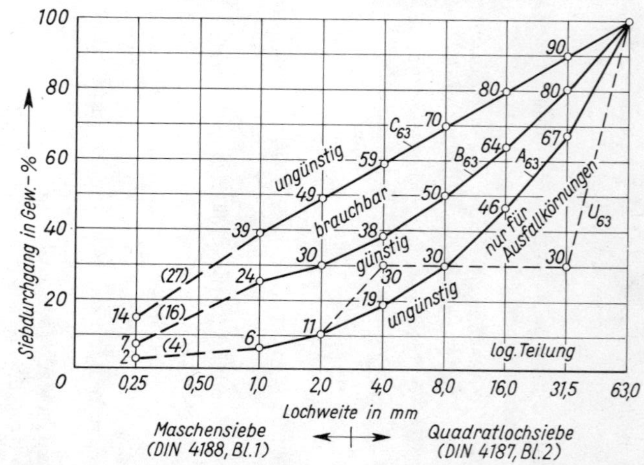

48.4 Sieblinienbereiche für Zuschlaggemische 0/63 nach DIN 1045

Mit Hilfe von genormten Prüfsieben (s. Siebversuch) läßt sich die Kornzusammensetzung der Betonzuschläge genau ermitteln. Solche Siebsätze bestehen aus Maschen- und Quadratlochsieben. Ihre Öffnungsweiten entsprechen der Kornabstufung der Regelsieblinien. Die ausgesiebten Durchgänge eines Prüfgemisches lassen sich somit nach dem Muster der Regelsieblinien graphisch auftragen. Durch Vergleich mit dem Verlauf der Regelsieblinie ist dann eine genügend sichere Beurteilung des Korngemisches möglich.

Die jeweils erforderliche Mindestprüfmenge, gestaffelt nach dem Größtkorn, zeigt Tafel **49**.1.

Tafel **49**.1 **Prüfmenge je Siebgut**

Größtkorn ≦ mm	2	8	10	32	63
Prüfmenge je Siebung ≧ g	500	2000	3500	5000	10000

Gestaffelt nach dem Größtkorn gibt es Sieblinienbereiche von 0 ··· 8 mm, 0 ··· 16 mm, 0 ··· 31,5 mm[1)] und 0 ··· 63 mm.

Zuschläge mit dem Größtkorn 8 oder 16 mm wählt man für feingliedrige Betonbauteile. Hier darf das Größtkorn (Nenngröße) $^1/_3$ der kleinsten Bauteilabmessung nicht überschreiten. Für Stahlbetonkonstruktionen ist ein Kiessandgemisch zu wählen, dessen Kornanteile überwiegend kleiner sind als der Abstand der Stahleinlagen und auch überwiegend kleiner als die geforderte Betondeckung. Zuschläge mit dem Kornbereich 0/63 sind vornehmlich der Herstellung von Massenbeton vorbehalten.

Wie aus den dargestellten Normensieblinien hervorgeht (Bild **48**.1 bis **48**.4), gibt es stetig aufgebaute Korngemische (s. Sieblinien A, B, C) und Gemische mit unregelmäßigem Sieblinienverlauf (s. Sieblinie U). Stetig aufgebaute Zuschläge enthalten alle in der Sieblinie vorgesehenen Kornanteile. Unstetig verlaufende Sieblinien ergeben sich, wenn ein oder mehrere Kornbereiche fehlen (Ausfallkörnungen).

Die Regelsieblinien A, B und C grenzen jeweils brauchbare, günstige und ungünstige Siebbereiche ab. Sie werden nach dem Größtkorn unterschieden. A_{32} kennzeichnet beispielsweise die Sieblinie A eines Zuschlags mit dem Größtkorn ⌀ 32 mm[1)].

An den Siebdurchgangszahlen ist erkennbar, daß der Sandanteil von A nach B und von B nach C zunimmt. Ein Korngemisch nach Sieblinie A ist somit gröber (und damit auch schwerer verarbeitbar) als Zuschläge im Sieblinienbereich B bis C.

Die unstetig aufgebauten Zuschläge müssen aus mindestens 2 Korngruppen zusammengesetzt sein; davon soll eine im Bereich 0 ··· 2 mm liegen. Als allgemeine Regel gilt, daß das Kleinstkorn der gröberen Korngruppe 3 ··· 4mal größer sein soll als das Größtkorn der feineren Anteile.

Die Sieblinie U markiert jeweils die untere Begrenzung für unstetige Sieblinien. Für den Anteil des gröberen Gemisches bedeutet dies eine Höchstmenge von 70 %, für den feineren Anteil eine Mindestmenge von 30 %. Beispielsweise könnte ein Zuschlaggemisch 0/32 mit Ausfallkörnung aus 36 % der Korngruppe 0/2 und 64 % der Korngruppe 8/32 bestehen.

Für unstetig aufgebaute Zuschläge im Bereich 0/63 können auch 3 Korngruppen entsprechender Abstufung vorteilhaft sein.

---

1) Zur Siebweite 31,5 mm gehört eine Nenngröße des Korns von 32 mm.

Zuschläge mit unstetigen Sieblinien sind allgemein dann wirtschaftlich, wenn bestimmte Korngruppen nur unter hohem Aufwand zu beschaffen sind. Gut aufeinander abgestimmte Korngruppen erlauben dabei u. U. Einsparungen im Zementverbrauch.

Zuschläge mit Ausfallkörnungen mögen in Betonstein- und Betonfertigteilwerken mit guten Verarbeitungs- und Einbaubedingungen wirtschaftlich anwendbar sein. Für Ortbetonbaustellen ist zu bedenken, daß Beton aus Zuschlägen mit unstetigem Aufbau sich leichter entmischt und daß Veränderungen im Sand- und Wassergehalt sich verhältnismäßig stark auf die Verarbeitbarkeit des Frischbetons auswirken.

Versuch 15. Siebversuch; Beispiel für ein Zuschlaggemisch 0/32

Man schüttet die Prüfmenge von 5 kg des getrockneten Zuschlags auf das obere Sieb. Anschließend wird der ganze Siebsatz so lange durchgerüttelt, bis der Durchgang beendet ist. Nun stellt man das Gewicht des über jedem Sieb verbliebenen Gesamtrückstandes fest. Dieser ergibt sich aus dem Rückstand des Einzelsiebes und der Summe der darüber verbliebenen Rückstände. Der Gesamtdurchgang eines Siebes ist dann die Differenz aus der Gesamtmenge (5 kg) und dem jeweiligen Gesamtrückstand. Die in Prozent von 5 kg umgerechneten Gesamtdurchgänge lassen sich als Siebkurve nach dem Muster der Normensieblinien auftragen. Die Lage der Sieblinie im brauchbaren, günstigen oder ungünstigen Bereich entscheidet über die Verwendbarkeit des geprüften Zuschlags.

Tafel **50.1** **Zuschlaggemisch 0/32**

Siebweite in mm	31,5	16	8	4	2	1	(0,5)[1]	0,25
Rückstand in g	0	900	1750	2400	3050	3500	(—)	4550
Durchgang in g	5000	4100	3250	2600	1950	1500	(—)	450
Durchgang in %	100	82	65	52	39	30	$\frac{30+9}{2} \approx 20$	9
Rückstand in %	0	18	35	48	61	70	(80)	91

Körnungsziffer $k = (18 + 35 + 48 + 61 + 70 + 80 + 91) : 100 = 4{,}03$

Die in diesem Beispiel berechnete Sieblinie liegt noch im brauchbaren Bereich zwischen B_{32} und C_{32}. Um Fehlbeurteilungen des Zuschlags zu vermeiden, werden die Mittelwerte aus drei Siebversuchen für die Sieblinie zugrunde gelegt.

Die Körnungsziffer *k* ist ein Kennwert für den Wasseranspruch eines Zuschlags. Die erforderliche Wassermenge je m^3 Beton läßt sich unter Berücksichtigung der gewünschten Konsistenz nach Tafel **60.1** abschätzen. Die Körnungsziffer eines Zuschlags kann mit Hilfe der Ergebnisse aus dem Siebversuch wie folgt errechnet werden

$$\text{Körnungsziffer } k = \frac{\text{Summe der Gesamtrückstände in \%}}{100}$$

Ist der Rückstand für die Lochweite 0,5 mm – wie im obigen Versuch – nicht ermittelt worden, so legt man dafür den Durchschnittswert aus den Rückständen der Siebe 0,25 mm und 1 mm zugrunde.

Je größer das Größtkorn des Zuschlags und je geringer sein Sandanteil ist, um so größer ist die Körnungsziffer.

---

[1]) Die ( ) um die Siebweite 0,5 bedeutet, daß dieses Sieb beim Versuch nicht benutzt wurde.

Für das oben durchgerechnete Beispiel einer Sieblinie ergibt sich eine Körnungsziffer von $k = 4{,}03$.

Soll mit der Konsistenz K 3 gearbeitet werden, so liegt der Wasseranspruch nach Tafel **60.1** zwischen 194 und 221 l/m³. Er kann auf etwa 200 l/m³ genügend genau eingeschätzt werden.

Anforderungen an Betonzuschläge

Der Einfluß der Kornzusammensetzung auf die Betonfestigkeit findet in DIN 1045 mehrfach Berücksichtigung. Beispielsweise muß die Zugabe der Zuschläge bei der Herstellung von Beton Bn 150 und Bn 250 in mindestens 2 getrennten Korngruppen (0/4 mm und größer als 4 mm) erfolgen (s. Tafel **51.1**).

Tafel **51.1** **Erforderliche Korntrennung für Beton B I**

Betonfestigkeitsklasse	Korntrennung[1])	vorgeschrieben
Bn 50 Bn 100	keine Festlegung	
Bn 150 Bn 250	mindestens zweifach	0/4 mm oder 0/2 mm [2])

[1]) Verwendung von werkgemischtem Betonzuschlag möglich für 0/8 u. 0/16

[2]) Zum Beispiel 0/4+ 4/32 (4/8+ 8/32) oder 0/4+ 4/16 (4/8+ 8/16)

Tafel **55.1** zeigt, daß der Mindestzementgehalt für Beton B I bei Verwendung von Zuschlägen im günstigen Bereich um $20 \cdots 40$ kg/m³ geringer ist als bei Zuschlägen im brauchbaren Bereich. Ferner ist hier erkennbar, daß Zuschläge im brauchbaren Bereich auch für Stahlbeton verwendbar sind.

Verunreinigte Zuschläge stören die Betonerhärtung, mindern die Betonfestigkeit und verursachen oft Risse und Aussprengungen. Tonige und lehmige Feinstanteile, die die Kornoberfläche mit einer feinen Kruste überziehen, verhindern die einwandfreie Verkittung zwischen Zementstein und Zuschlagkorn.

Stark saugende Zuschläge erweisen sich in der Regel als nicht frostbeständig.

Eine kurze Prüfung nach Augenschein gibt oft schon Anhaltspunkte zur Beurteilung von Kornform, Kornoberfläche, Farbton, mögliche Verunreinigungen, Verwitterungszustand und Wassersaugvermögen der Zuschläge.

Werden nach dem Verreiben von Zuschlagproben zwischen den Handflächen deutlich sichtbare Verunreinigungen an den Handflächen festgestellt, so ist eine genauere Untersuchung zu empfehlen (s. Versuch 4, S. 27). Die abschlämmbaren Bestandteile dürfen für den Kornbereich $0 \cdots 4$ nicht mehr als 4 Gewichtsprozent ausmachen.

Mit Hilfe eines auf die Kornoberfläche aufgebrachten Wassertropfens läßt sich das Saugvermögen der Zuschlagkörner, mit Hilfe eines Messers oder kleinen Hammers lassen sich Festigkeit und Verwitterungszustand beurteilen.

Zu den schädlichen Bestandteilen zählen vor allem größere Mengen Gesteinsstaub, Ton und Lehm, organische (humusartige und faulige) Stoffe, Kohle und hier insbesondere Braunkohle sowie Schwefelverbindungen (z.B. Gips).

Runde bis würfelförmige Kornformen mit mäßig rauher Oberfläche sind vorteilhafter als glattflächige, platte oder splitterförmige Zuschläge. Sie zeichnen sich bei der Betonverarbeitung durch bessere Verdichtungswilligkeit und besseres Wasserrückhaltevermögen aus.

Geben die Prüfungen nach Augenschein zu Bedenken Anlaß, so sind normgerechte Untersuchungen nach DIN 4226 Bl. 3 vorzunehmen. Um das Risiko der Verarbeitung minderwertiger Zuschläge zu mindern, werden von vielen Betrieben zunehmend gütegesicherte Zuschläge bevorzugt.

Versuch 16. Füllen Sie eine weithalsige Flasche oder einen Glaszylinder zu $^2/_3$ mit dem zu prüfenden Zuschlag, gießen Sie dreiprozentige Natronlauge darüber, bis diese 3 cm über dem Zuschlag steht, und schütteln Sie das geschlossene Glas kräftig. Die Zuschläge sind in Ordnung, wenn die Lauge nicht braun, sondern nur gelblich verfärbt oder farblos ist.

Die Kornzusammensetzung der Zuschläge beeinflußt die Betonfestigkeit. Warum?

Sieblinien bieten Vergleichsmöglichkeiten für die Beurteilung von Zuschlägen. Unterscheidung der Sieblinien? Sieblinienbereiche?

Es gibt stetig und unstetig aufgebaute Zuschläge. Unterschied?

Jeder Zuschlag läßt sich durch Siebversuch als Sieblinie darstellen. Untersuchungs- und Berechnungsverfahren?

Bestimmte Eigenschaften der Zuschläge lassen sich nach Augenschein einschätzen. Beispiele?

4.4. Wasser, Zement, *W/Z*-Wert

Die für Mörtel und Beton zugelassenen Zemente nach DIN 1164 sind in Abschnitt 3.3 behandelt. Ihre Eigenschaften bezüglich Anfangserhärtung, Normenfestigkeit, Hydratationswärme (Abbindewärme) und chemische Widerstandsfähigkeit beeinflussen die Eigenschaften des Festbetons entsprechend. Beispielsweise erreicht ein mit F-Zement hergestellter Beton höhere Anfangsfestigkeiten als Beton aus L-Zement. Ebenso ist eine Steigerung der Betonfestigkeit zu erwarten, wenn Zement höherer Festigkeitsklassen verwendet wird. Auch vermehrter Zementverbrauch ergibt größere Betonfestigkeiten.

Als Anmachwasser können alle in der Natur vorkommenden Wässer (auch Meerwasser, nicht aber für Stahlbeton) verwendet werden. Sie dürfen keine Verunreinigungen enthalten, welche die Betonerhärtung beeinträchtigen. Dies sind vornehmlich Humusstoffe, fett- und säurehaltige Fabrikabwässer, faulende Substanzen u.a. Im Zweifelsfalle ist die Eignung des Wassers durch Beton-Eignungsprüfungen bzw. durch chemische Untersuchungen nachzuweisen.

Von besonderer Bedeutung für die Festigkeitsentwicklung des Betons ist die Menge des Zugabewassers im Verhältnis zum Zementgehalt. Da die Zuschläge im allgemeinen fester und widerstandsfähiger sind als der Zementstein, hängt die Betonfestigkeit bei vollständiger Frischbetonverdichtung fast ausschließlich von der Zementsteinfestigkeit ab. Unter der Voraussetzung, daß in einem gut verdichteten Frischbeton der Zementleim alle vorhandenen Hohlräume dicht ausfüllt und jedes Zuschlagkorn vollständig umhüllt, entscheidet in erster Linie die Zementleimqualität über die zu erwartende Betonfestigkeit.

Zahlreiche Untersuchungen und Erfahrungen haben ergeben, daß zwischen der Betonfestigkeit und dem Mischungsverhältnis von Zement und Wasser zuverlässige und sehr beachtenswerte Abhängigkeiten bestehen (s. Bild **53.1**).

Zur Kennzeichnung des Verhältnisses von Wasser zu Zement benutzt man den Wasserzementfaktor oder Wasserzementwert ($= w$ oder W/Z-Wert). Er errechnet sich aus der Division von Wassergewicht : Zementgewicht und wird als unbenannte Dezimalzahl angegeben (z. B. $w = 0{,}65$).

Der W/Z-Wert ist ein Maßstab für die Qualität des Zementleims.

Beispiel

1 m^3 Frischbeton enthält 280 kg Zement und 154 l ($\triangleq$ 154 kg) Wasser.

$$\text{Wasserzementwert } w = \frac{\text{Wassermenge in kg}^{1)}}{\text{Zementmenge in kg}} = \frac{154}{280} = \mathbf{0{,}55}$$

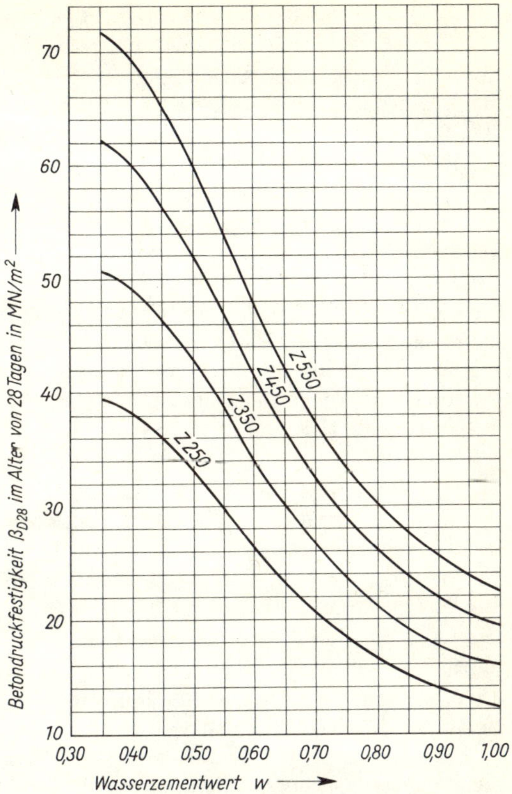

53.1 Abhängigkeit der Würfelfestigkeit β_{D28} des Betons vom Wasserzementwert und von der Festigkeitsklasse des Zements nach DIN 1164 (nach: Walz, Beton 11/1970. S. 499 ff.)

Um die chemischen und physikalischen Reaktionen bei der Zementerhärtung einzuleiten und vollständig abzuschließen, verbraucht der Zement eine Wassermenge, die etwa 40% seines Eigengewichtes entspricht (davon werden etwa 25% chemisch und bis zu 15% physikalisch gebunden). Dies entspricht einem W/Z-Wert von 0,4. Jeder Beton mit größerem W/Z-Wert als 0,4 enthält somit einen Wasserüberschuß, der vom Zement nicht mehr gebunden werden kann und daher für die Zementsteinbildung ohne Bedeutung ist.

Das Überschußwasser verdunstet und hinterläßt vielfach verzweigte, stark saugende Poren. Diese schwächen das Betongefüge und im gleichen Maße auch die Betonfestigkeit.

Da mit vermehrtem Porenraum die Festleimdichte (Dichte des Zementsteins) abnimmt, kann auch gesagt werden, daß die Betonfestigkeit bei vollständiger Frischbetonverdichtung unmittelbar von der Zementsteindichte und von der Zementnormenfestigkeit bestimmt wird. Die Kornzusammensetzung bleibt dann ohne Einfluß.

Jede Verdünnung des Zementleims durch Wasser hat immer den Abfall der Betonfestigkeit zur Folge (Verdünnungsabfall)[2)].

[1)] Als Wassermenge gilt die Summe aus Zugabewasser und Eigenfeuchtigkeit der Zuschläge; die Eigenfeuchtigkeit muß bei der Festlegung des Zugabewassers berücksichtigt werden.

[2)] Bei Beton B II ist der W/Z-Wert bei Verwendung von Zement Z 250 auf $\leqq 0{,}65$, bei Verwendung von Zement ab Z 350 auf $\leqq 0{,}75$ begrenzt.

Für die Baupraxis ist zu merken, daß der *W/Z*-Wert nie größer gewählt werden sollte, als dies für die Herstellung eines gut verarbeitungsfähigen Frischbetons erforderlich ist.

Wird aus bestimmten Gründen (z.B. engliegende Bewehrung) ein besonders weicher Beton gewünscht, sollte niemals Wasser allein, sondern immer Zementleim entsprechender Zusammensetzung zur Verdünnung des Betongemisches zugegeben werden.

Bei der Herstellung von Baustellenbeton ist auf die Eigenfeuchtigkeit der Zuschläge besonders Rücksicht zu nehmen. Ein Feuchtigkeitsgehalt von 5 % bedeutet bei Zuschlägen mit einem Raumgewicht von 1 800 kg/m^3 eine bereits vorhandene Wassermenge von 90 l/m^3. Die noch erlaubte Ungenauigkeit beim Abmessen der Betonbestandteile ist deshalb auf 3 % beschränkt worden.

Neben dem erwähnten Festigkeitsabfall beeinflußt ein überhöhter Wasserzementwert noch andere Betoneigenschaften. So begünstigt der nach Verdunsten des Überschußwassers verbliebene Porenraum die Wasserdurchlässigkeit des Betons, mindert seine Witterungsbeständigkeit und seine Widerstandsfähigkeit gegen chemischen Angriff. Porenreicher Beton trocknet schneller aus und schwindet deshalb stärker. Höhere Schwindspannungen erhöhen wiederum die Gefahr der Rissebildung.

Wasserreicher Frischbeton neigt auch leichter zum „Bluten" (Absondern von Anmachwasser, Sedimentation). Ständiges Entmischen kann dabei seine Verarbeitbarkeit stark beeinträchtigen. Nach dem Ausschalen zeigt ein solcher Beton oft sandige Oberflächen.

Im Stahlbetonbau übernimmt der Zementleim den Rostschutz der Bewehrungsstähle. Mit steigendem *W/Z*-Wert verringert sich jedoch die Rostschutzwirkung des Zementleims. Bei einem Wasserzementwert von $\geqq 0{,}75$ ist eine ausreichende Rostschutzwirkung allgemein nicht mehr gewährleistet.

Die Erkenntnisse über die Beziehungen zwischen *W/Z*-Wert und Betoneigenschaften finden in den Betonnormen vielfache Beachtung. Je nach gewünschter Festigkeit und Zweckbestimmung des Betons sind *W/Z*-Werte zwischen 0,5 und 0,75 vorgeschrieben. Aus Sicherheitsgründen wird empfohlen, den *W/Z*-Wert jeweils um 0,05 niedriger einzustellen.

Der Wasser-Zementfaktor ist ein Kennwert für die Zementleimqualität. Sein Einfluß auf die Betonfestigkeit?

Außer der Betonfestigkeit werden noch weitere Betoneigenschaften durch den *W/Z*-Wert beeinflußt. Welche?

4.5. Betonmischungen: Betonzusammensetzungen und Betonherstellung

4.5.1. Betonzusammensetzungen

Das Mischungsverhältnis gibt an, zu welchen Anteilen Zement, Zuschläge und Wasser im Frischbeton enthalten sind. Die Angaben beziehen sich auf 1 m^3 fertig verdichteten Beton bzw. auf eine Mischerfüllung. Mischungsverhältnisse werden mit Hilfe von betontechnischen Berechnungen in Verbindung mit Eignungsprüfungen ermittelt.

Für Beton der Gruppe B I darf das Mischungsverhältnis außerdem auch nach Tafel 5 der DIN 1045 (Taf. **55.1**) zusammengestellt werden, wenn keine Zusatzmittel und Zusatzstoffe dabei Verwendung finden.

Die genaue Einhaltung des Mischungsverhältnisses gewährleistet weitgehend gleichmäßige Zusammensetzung, geforderte Festigkeit und gewünschte Eigenschaften des Betons. Bei der Herstellung von Baustellenbeton ist deshalb eine deutlich lesbare Mischtafel auszuhängen, die neben Angaben über Betonfestigkeitsklasse, Frischbetonrohdichte, Konsistenzmaß, Art und Festigkeitsklasse des Zements auch die Stoffmengen für Zement, Wasser und Zuschläge (getrennt nach Korngruppen) sowohl für 1 m³ Frischbeton als auch für eine Mischerfüllung enthält. Für Baustellenbeton B II sind darüber hinaus noch *W/Z*-Wert und Gesamtwassermenge je m³ anzugeben.

Das Abmessen der Betonbestandteile nach Gewichtsteilen ist für Beton B I empfohlen, für Beton B II vorgeschrieben. Eine Zumessung nach Raumteilen ist deshalb ungenau, weil das Litergewicht von Zement und Zuschlag infolge unterschiedlicher Lagerungsdichte Schwankungen unterworfen ist. Der Einfluß der Eigenfeuchtigkeit auf das Raumgewicht wirkt sich besonders bei Sand stark aus. Mit zunehmender Feuchtigkeit bis etwa 4 % verringert sich sein Litergewicht, weil das hinzutretende Wasser in Verbindung mit Staubteilchen die Zuschlagkörner auseinanderdrückt. Steigt die Feuchtigkeitsmenge über 4 %, nimmt das Litergewicht wieder zu, weil sich die vorhandenen Hohlräume mit Wasser füllen. Bei voller Wassersättigung ist das Höchstgewicht des Zuschlags erreicht. Bedenkt man, daß die zulässige Ungenauigkeit beim Abmessen der Mischungsanteile höchstens 3 % betragen darf, so ist die Zumessung der Zuschläge nach Raumteilen nicht geeignet, dem Wunsch nach gleichmäßiger Zusammensetzung und gleichmäßiger Qualität des Betons genügend zu entsprechen.

Wird bei Baustellenbeton aus bestimmten Gründen der Zuschlag trotzdem nach Raumteilen zugemessen, so sollte das Litergewicht unter Beachtung der Eigenfeuchtigkeit mehrfach nachgeprüft und mit den Werten der Eignungsprüfung verglichen werden[1].

Beton B I darf unter Beachtung nachstehender Tafelwerte ohne Eignungsprüfung rezeptmäßig hergestellt werden.

Tafel **55.1** **Beton B I ohne Eignungsprüfung** (Bedingung: Zement Z 350, Zuschläge 0/32)

Beton B I	Zuschläge			Konsistenz und Mindestzementmenge in kg/m³		
Festigkeitsklasse	Korntrennung	Korngruppe	Sieblinienbereich	K 1[2]	K 2	K 3
Bn 50[2]	nicht festgelegt		günstig	140	160	—
			brauchbar	160	180	—
Bn 100[2]			günstig	190	210	230
			brauchbar	210	230	260
Bn 150	$\geqq$ 2fach	0/4 und > 4	günstig	240	270	300
			brauchbar	270	300	330
Bn 250			günstig	280	310	340
			brauchbar	310	340	380

[1]) Eine Zuteilung der Zuschläge nach dem Raummaß ist erforderlich, wenn Zuschläge mit sehr unterschiedlicher Gesteinsrohdichte verwendet werden. [2]) Nicht für Stahlbeton

Der Zementgehalt muß erhöht werden

bei Verwendung von Zement Z 250		um 15%
bei Zuschlägen mit einem Größtkorn	von 16 mm	um 10%
	von 8 mm	um 20%

Der Mindestzementgehalt darf verringert werden

bei Verwendung von Zement der Festigkeitsklasse 450	um höchstens	10%
bei Zuschlägen mit einem Größtkorn von 63 mm	um höchstens	10%
für Stahlbeton	nicht unter	240 kg/m³

da sonst der Rostschutz nicht mehr gewährleistet ist.

Aus den vorstehenden Angaben ist zu ersehen, daß der Mindestzementgehalt für Beton B I bestimmt wird

vom Sieblinienverlauf der Zuschläge

vom Größtkorn der Zuschläge; die Zementmenge vermindert sich mit zunehmender Korngröße

vom Konsistenzbereich; die Zementmenge erhöht sich mit Zunahme der Beweglichkeit und Fließfähigkeit des Betons von K 1 nach K 3

von der Festigkeitsklasse des Zements; die Mindestzementmenge vermindert sich bei Erhöhung der Zementfestigkeitsklasse.

Für Stahlbeton (B I und B II) ist bei Verwendung von Z 350 eine Mindestzementmenge von 240 kg/m³, bei Z 250 eine Mindestzementmenge von 280 kg/m³ einzuhalten.

Beton mit besonderen Eigenschaften

Dazu gehören:

wasserdichter Beton

Beton mit hohem Frost- und Tausalzwiderstand

Beton mit erhöhtem Widerstand gegen chemischen Angriff

Beton mit hohem Abnutzungswiderstand

hitzebeständiger Beton

unter Wasser einbaufähiger Beton

Betone dieser Art werden in der Regel auf Grund von Eignungsprüfungen entwickelt und dürfen nur von Betrieben hergestellt und eingebaut werden, welche die Voraussetzungen zur Herstellung von Beton B II erfüllen.

Ausnahmen gelten für wasserdichten Beton, frost- und tausalzbeständigen Beton und Beton mit hoher Widerstandsfähigkeit gegen chemischen Angriff [1]. Sie dürfen als Rezeptbeton bis zur Festigkeitsklasse Bn 250 auch auf B I-Baustellen verarbeitet werden. Als Bedingungen gelten:

Zementmenge	$\geqq$ 350 kg/m³ bei Zuschlägen 0/32
	$\geqq$ 450 kg/m³ bei Zuschlägen 0/16

Zuschläge mit stetig verlaufender Sieblinie im günstigen Bereich

Bei Verwendung von Zusatzmitteln sind allerdings auch hier wie bei Beton B II Eignungsprüfungen erforderlich.

---

[1]) Nur für chemische Einflüsse mit schwachem Angriffsvermögen

Die wichtigsten Vorschriften über Kornzusammensetzung der Zuschläge, Mindestzementmenge und W/Z-Wert für die Herstellung von Beton mit besonderen Eigenschaften enthält nachstehende Übersicht.

Tafel **57.1** **Richtwerte für Beton mit besonderen Eigenschaften** (nach DIN 1045)

Beton-eigenschaft	Baustelle zugelassen für	Sieb-linien-bereich	Mindest-zement-gehalt kg/m³	Wasser-zement-wert[1])	zusätzliche Anforderungen
Wasser-undurch-lässigkeit	B I	A/B 16 A/B 32	400 350	— —	Wassereindringtiefe $\leqq$ 5,0 cm
	B II	—	—	$d \leqq$ 40 cm: $W/Z \leqq 0{,}60$	
		—	—	$d >$ 40 cm: $W/Z \leqq 0{,}70$	
hoher Frost-widerstand	B I	A/B 16 A/B 32	400 350	— —	Zuschläge frostbeständig
	B II	—	—	$W/Z \leqq 0{,}60$	
		—	—	bei LP-Gehalt[2]) $W/Z \leqq 0{,}70$	
hoher Frost- und Tausalz-widerstand	B II	—	—	$W/Z \leqq 0{,}60$	Zuschläge frostbeständig, LP-Gehalt[2])
hoher Widerstand gegen chem. Angriffe mit Angriffsgrad: schwach	B I	A/B 16 A/B 32	400 350	— —	Wassereindringtiefe $\leqq$ 5,0 cm
	B II	—	—	$W/Z \leqq 0{,}60$	
stark	B II	—	—	$W/Z \leqq 0{,}50$	Wassereindringtiefe $\leqq$ 3,0 cm
sehr stark	B II	—	—	$W/Z \leqq 0{,}50$	Wassereindringtiefe $\leqq$ 3,0 cm und Schutz des Betons
hoher Abnutz-widerstand	B II	nahe A oder B/U	($\leqq$ 350 bei Zuschlag 0/32)	—	Beton $\geqq$ Bn 350 Zuschlag $<$ 4 mm Quarz o. ä., $>$ 4 mm mit hohem Verschleißwiderstand

[1]) Zur Berücksichtigung der Streuungen der Baustellenmischungen ist bei der Bauausführung der W/Z-Wert um etwa 0,05 niedriger einzustellen. — [2]) LP-Gehalt = Luftporengehalt. Entsprechend dem Größtkorn der Zuschläge von jeweils 8, 16, 32 oder 63 mm soll der LP-Gehalt 5,0, 4,0, 3,5 oder 3,0 Vol.-% betragen. Für steif angemachten Beton sind diese Werte nicht erreichbar. Statt dessen werden gefordert $W/Z \leqq 0{,}4$ und Bn 550.

4.5.2. Frischbetonsteife (Konsistenz)

Der Zementleimgehalt beeinflußt je nach *W*/*Z*-Wert u.a. auch den Steifegrad (Konsistenz) des Frischbetons. Der Steifegrad ist eine Kennziffer für die Verformbarkeit und Fließfähigkeit der Betonmischung. Er bestimmt in hohem Maße die Möglichkeiten ihrer Verarbeitung. Die Wahl der Konsistenz richtet sich deshalb nach dem Betonierverfahren. Es muß gewährleisten, daß der Beton sich mit den Mitteln und Möglichkeiten auf der Baustelle gut transportieren, einbauen und verdichten läßt.

Für Beurteilung und Kennzeichnung der Frischbetonsteife werden drei Konsistenzbereiche unterschieden:

K 1 = steifer Beton

Frischbeton dieser Art ist beim Schütten noch lose bis schollig zusammenhängend, jedoch so feucht, daß beim Aufschlagen mit der Kelle oder Schaufel eine feuchtglänzende geschlossene Oberfläche entsteht.

K 2 = plastischer Beton

Dieser Frischbeton ist beim Schütten größtenteils schollig bis knapp zusammenhängend.

K 3 = weicher Beton

Frischbeton dieser Steife ist beim Schütten weich und schwach fließend.

In der Praxis sind manchmal auch Zwischenwerte gebräuchlich, z.B. K 1/K 2 oder K 2/K 3.

Zur Bestimmung und Prüfung der Konsistenz dienen das Ausbreit- und das Verdichtungsmaß.

Tafel **58.1** **Ausbreit- und Verdichtungsmaße**

Konsistenz	Ausbreitmaß a in cm	Verdichtungsmaß v	mittlerer Abstich s in cm
K 1 (steif)	—	1,45 · · · 1,26	13,3 · · · 9,2
K 2 (plastisch)	≦ 40	1,25 · · · 1,11	8,0 · · · 5,2
K 3 (weich)	41 · · · 50	1,10 · · · 1,04	3,6 · · · 1,9

Das Ausbreitmaß nach DIN 1048 wird wie folgt bestimmt:

Ausbreittisch und Trichter feucht auswischen

Trichter mittig auf waagerecht stehenden Ausbreittisch stellen

Beton in zwei gleichhohen Schichten einfüllen und jeweils durch 10 Stampfstöße mit einem Holzstab leicht verdichten

Oberfläche eben abziehen

Tischplatte von Betonresten reinigen, nach etwa einer halben Minute Setztrichter senkrecht nach oben ziehen

Tischplatte 15 mal bis zum Anschlag anheben und fallen lassen

aus 2 rechtwinklig zueinanderstehenden Durchmesserlängen den Mittelwert bilden (**59.1**)

Zu beachten: An auseinandergefallenen Proben darf das Ausbreitmaß nicht bestimmt werden.

Beispiel. Durchmesser $a_1 = 36$ cm
Durchmesser $a_2 = 38$ cm
$a = (36 + 38) : 2 = 37$ cm
somit Konsistenzbereich K 2
(plastischer Beton)

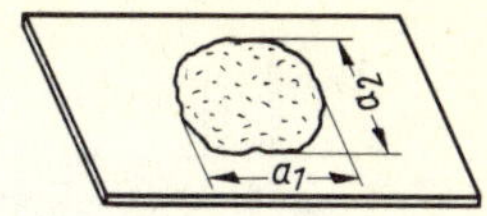

59.1 Ausbreitungsmaß nach a = Mittelwert aus a_1 und a_2

Das Verdichtungsmaß bestimmt man mit Hilfe eines Behälters von 20 cm × 20 cm Grundfläche und 40 cm Höhe (oder Würfelform + Aufsatzrahmen).

Der Kasten wird vom Rand aus voll mit Beton verfüllt und abgestrichen (Füllhöhe = 40 cm). Anschließend rüttelt man den Beton, bis er nicht mehr weiter zusammensackt. An mindestens 4 Stellen wird der Abstich gemessen (Höhe $s \triangleq$ Oberkante Beton bis Oberkante Aufsatzrahmen). Aus dem daraus bestimmten Mittelwert errechnet man die mittlere Betonhöhe $h = 40 - s$ und das Verdichtungsmaß $v = 40 : h$ (**59.2**).

Beispiel. Abstiche: $s_1 = 2{,}6$ cm
$s_2 = 2{,}5$ cm
$s_3 = 2{,}1$ cm
$s_4 = 2{,}0$ cm
$s = (2{,}6 + 2{,}5 + 2{,}1 + 2{,}0) : 4 = 2{,}3$ cm
$h = 40 - 2{,}3 = 37{,}7$ cm
$v = 40 : 37{,}7 = 1{,}06$
Die Konsistenz entspricht somit K 3.

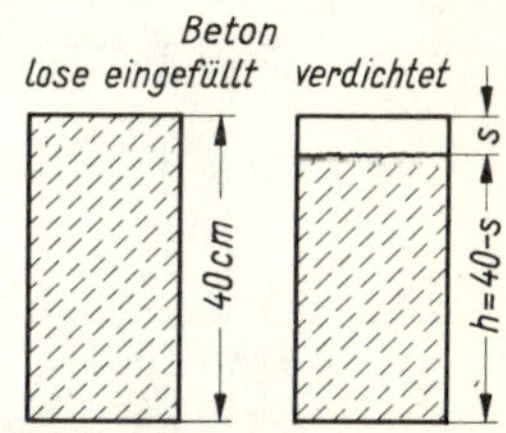

59.2 Verdichtungsmaß
s Abstich

Die Prüfung der Konsistenz erlaubt nicht immer zuverlässige Rückschlüsse auf die Verarbeitungseigenschaften des Betons. So kann ein grobes und sperriges Gemisch den gleichen Ausbreitwert aufweisen wie ein anderes mit hohem Sandgehalt. Das etwas sperrige Gemisch mit reicherem Zementgehalt enthält vollflächig in Zementleim gehüllte Zuschlagkörner, die sehr beweglich sind, während im sandreichen Gemisch u. U. Kiesnester und unverfüllte Hohlräume nachbleiben. Allerdings verringern sich solche Einflüsse bei Verwendung von BV- und LP-Mitteln[1]), die auch sperrigen Betonmischungen beachtliche Plastizität verleihen. Dennoch ist die laufende Kontrolle der Konsistenz während des Betonierens deshalb wichtig, weil jede Veränderung der Konsistenz auf Veränderungen in der Betonzusammensetzung – insbesondere der Wassermenge – hindeutet.

Für Beton der Gruppe B I ergibt sich die Menge des Anmachwassers aus der gewählten Konsistenz, wobei der höhere Wasseranspruch für die Bereiche K 2 und K 3 durch höheren Zementzusatz ausgeglichen wird (s. Tafel **55**.1). Diese Vorschrift dient der Erhaltung einer gleichmäßigen Betonfestigkeit auch bei unterschiedlicher Konsistenz.

Steife bis plastische Betonmischungen bieten erfahrungsgemäß die besten Voraussetzungen zur Herstellung von Beton mit höheren Ansprüchen, z. B. höhere Festigkeit, gute Verarbeitbarkeit, Wasserundurchlässigkeit und Frostbeständigkeit.

4.5.3. Betonmischungen

Die genaue Bestimmung des Mischungsverhältnisses für Beton bestimmter Festigkeit hängt ab vom Kornaufbau der Zuschläge, der geforderten Mindestzementmenge, der Rohdichte von Zement und Zuschlag, der Festigkeitsklasse des Zements, vom W/Z-Wert und vom Porenraum des verdichteten Betons.

---
[1]) BV-Mittel = Betonverflüssiger LP-Mittel = Luftporenbildner

In Abschnitt 4.4 wurde dargestellt, daß zwischen der Betonfestigkeit einerseits und dem W/Z-Wert, gestaffelt nach Zementfestigkeitsklassen, andererseits eine zuverlässige Beziehung besteht. Aus Bild **53**.1 kann unmittelbar abgelesen werden, welcher W/Z-Wert als obere Grenze einzuhalten ist, wenn unter Verwendung einer bestimmten Zementfestigkeitsklasse ein Beton mit bestimmter Mindestfestigkeit ($\beta_{D\,28}$) entstehen soll.

Beispiel. Geforderte Würfelfestigkeit = 40 MN/m² Zementfestigkeitsklasse = Z 450
Als Höchstwert für den Wasserzementfaktor ist nach Bild **53**.1 abzulesen $W/Z \leqq 0{,}63$.

Besonders schwierig ist die genaue Bestimmung des Wasseranspruchs, weil die Einflüsse aus Kornzusammensetzung und Kornform der Zuschläge und aus Zusatzmitteln unvermeidbaren Schwankungen unterworfen sind. Richtwerte für die Wasserzugabe enthält Tafel **60**.1. Diese Werte vergrößern sich, wenn der Mehlkornanteil (Zement und Korngruppe 0/0,25) mehr als 350 kg/m³ beträgt oder wenn gebrochene Zuschläge mit rauher Oberfläche verwendet werden. Bei Zugabe von BV-Mitteln (Betonverflüssiger) soll die Wasserzumessung um etwa 5 % gesenkt werden.

Tafel **60**.1 **Wassergehalt** W in kg/m³ des frischen, verdichteten Betons für die Konsistenzbereiche K 1, K 2, K 3
Beton mit Zuschlaggemischen nach den Regelsieblinien A, B und C

Konsistenzbereich (v)¹)	A_8	B_8	C_8	A_{16}	B_{16}	C_{16}	A_{32}	B_{32}	C_{32}	A_{63}	B_{63}	C_{63}
K 1 Mitte²) (1,35)	160	180	200	140	160	185	135	155	175	125	140	165
von (1,45)	158	177	196	138	158	182	132	151	172	122	139	162
bis (1,26)	168	186	207	147	166	190	138	159	178	127	146	170
K 2 Mitte²) (1,18)	175	195	215	155	175	200	145	165	190	135	155	175
von (1,25)	168	186	208	147	167	191	138	160	179	128	147	171
bis (1,11)	188	207	231	166	188	213	155	177	202	145	165	193
K 3 Mitte²) (1,07)	195	215	240	175	195	220	165	185	215	150	175	200
von (1,10)	190	210	233	168	190	215	157	181	205	147	168	193
bis (1,04)	202	224	248	179	203	229	169	194	221	157	180	209
Körnungsziffer k	3,64	2,89	2,27	4,61	3,66	2,75	5,48	4,20	3,30	6,15	4,92	3,72

¹) v = Verdichtungsmaß

²) auf 5 kg und 10 kg gerundete Werte (aus: K. Walz, Herstellung von Beton nach DIN 1045, Düsseldorf)

Stoffraumberechnung. Für die Berechnung der Mischungsanteile wird 1 m³ Frischbeton im verdichteten Zustand zugrunde gelegt. Es ist nun zu ermitteln, welcher Rauminhalt (Stoffraum) jeweils von den Betonbestandteilen Zuschläge, Wasser, Zement und von dem noch verbleibenden Luftporenraum eingenommen wird.

Für die Ermittlung des Volumens besteht die Beziehung

$$\text{Stoffraum} \qquad V \text{ in dm}^3 = \frac{m}{\varrho_0 \text{ bzw. } \varrho} = \frac{\text{Masse in kg}}{\text{Rein- bzw. Rohdichte in kg/dm}^3}$$

Der Stoffraum ergibt sich somit

für Zement V_z in $dm^3 = \frac{m_z}{\varrho_{0\,z}} = \frac{\text{Zementmenge in kg}}{\text{Zement-Reindichte in kg/dm}^3}$

für Zuschlag V_k in $dm^3 = \frac{m_k}{\varrho_k} = \frac{\text{Zuschlagmenge in kg}}{\text{Kornrohdichte des Zuschlags in kg/dm}^3}$

für Wasser $W =$ aus der Literzahl nach Tafel **60.1**

für Porenanteil $P =$ i.M. 15 l/m^3

Addiert man die anteiligen Stoffraummengen, ergibt sich die Formel

$$1000\,\text{l verdichteter Beton} = \frac{m_z}{\varrho_{0\,z}} + W + \frac{m_k}{\varrho_k} + P$$

Beispiel. Berechnung einer Betonmischung nach Stoffraummengen

Vorgabewerte Beton Bn 250 ohne Eignungsprüfung (Rezeptbeton)
Zement EPZ 450 mit $\varrho_{0\,z} = 3{,}06$ (Tafel **61.2**)
Zuschlag 0/32 mit Sieblinie $\approx B_{32}$, $\varrho_k = 2{,}65$ (Tafel **61.1**)
Körnungsziffer $\approx$ 4,2
Konsistenz K 2 mit $v \approx 1{,}2$
Mindestzementgehalt nach Tafel **55.1** = 340 – 10 % = 306 kg/m^3
Wassergehalt nach Tafel **60.1** $\approx$ 165 l

Tafel **61.1** **Rohdichte und Festigkeit natürlicher Gesteine**

Stoff	Rohdichte ϱ_k in kg/dm^3	Druckfestigkeit MN/m^2
Quarzit	2,60···2,70	70···240
Kalkstein	2,65···2,85	80···190
Granit	2,60···2,80	160···240
Gabbro	2,80···3,00	180···300
Diabas	2,78···2,95	160···240
Basalt	2,93···3,00	250···400

Tafel **61.2** **Rein- und Schüttdichte für Zemente**

Zementart	Dichte ϱ_z in kg/dm^3	Schüttdichte kg/dm^3 lose eingelaufen	Schüttdichte kg/dm^3 eingerüttelt
Portlandzement	3,1	0,9···1,1	1,2···1,4
Eisenportlandzement	3,05		
Hochofenzement	3,0		
Traßzement	2,9		

Die erforderliche Zuschlagformel errechnet sich dann durch Umstellung der Stoffraumformel:

$$\text{Zuschlagmenge } m_k = \left(1000 - \frac{m_z}{\varrho_{0\,z}} - W - P\right) \cdot \varrho_k$$

$$= \left(1000 - \frac{306}{3{,}06} - 165 - 15\right) \cdot 2{,}65 \approx \mathbf{1908\ kg\ Zuschläge}$$

Der W/Z-Wert beträgt $\frac{165}{306} = 0{,}54$. Nach dem W/Z-Diagramm (s. Bild **53.1**) ist eine Betonfestigkeit von $\approx$ 50 MN/m^2 zu erwarten.

Tafel 62.1 **Anweisungen für die Herstellung von Beton B I**

Größtkorn des Zuschlags	16 mm						32 mm					
Sieblinienbereich	günstig			brauchbar			günstig			brauchbar		
Konsistenz	K 1	K 2	K 3	K 1	K 2	K 3	K 1	K 2	K 3	K 1	K 2	K 3
Betonrezepte für 1 m³ unbewehrten Beton												
Betonfestigkeitsklasse Bn 50 bei Verwendung von Zement Z 350 L / Z 350 F												
Zement kg	154	176	–	176	198	–	140	160	–	160	180	–
Zugabewasser l	90	113	–	104	128	–	79	101	–	81	104	–
Zuschläge feucht kg	2069	1994	–	1987	1912	–	2107	2037	–	2057	1984	–
Betonfestigkeitsklasse Bn 100 bei Verwendung von Zement Z 350 L / Z 350 F												
Zement kg	209	231	253	231	253	286	190	210	230	210	230	260
Zugabewasser l	92	114	137	107	130	153	80	103	152	83	107	130
Zuschläge feucht kg	2018	1946	1873	1937	1864	1780	2064	1991	1919	2011	1937	1856
Betonfestigkeitsklasse Bn 100 bei Verwendung von Zement Z 450 L / Z 450 F												
Zement kg	190	210	230	210	230	260	171	189	207	189	207	234
Zugabewasser l	91	114	136	106	129	125	80	102	124	83	106	129
Zuschläge feucht kg	2037	1964	1892	1956	1883	1802	2080	2010	1941	2029	1959	1880
Betonrezepte für 1 m³ unbewehrten und bewehrten Beton¹)												
Betonfestigkeitsklasse Bn 150 bei Verwendung von Zement Z 350 L / Z 350 F												
Zement kg	264	297	330	297	330	363	240	270	300	270	300	330
Zugabewasser l	93	116	139	109	133	156	82	104	127	86	109	133
Zuschläge feucht kg	1970	1887	1803	1878	1793	1709	2018	1938	1857	1956	1875	1793
Betonfestigkeitsklasse Bn 150 bei Verwendung von Zement Z 450 L / Z 450 F												
Zement kg	240	270	300	270	300	330	216	243	270	243	270	297
Zugabewasser l	93	115	138	108	132	155	81	104	126	85	108	131
Zuschläge feucht kg	1993	1911	1830	1902	1820	1739	2040	1961	1864	1980	1902	1824
Betonfestigkeitsklasse Bn 250 bei Verwendung von Zement Z 350 L / Z 350 F												
Zement kg	308	341	374	341	374	418	280	310	340	310	340	380
Zugabewasser l	95	118	140	111	135	159	83	106	128	87	111	135
Zuschläge feucht kg	1929	1846	1763	1837	1752	1660	1983	1902	1822	1921	1839	1747
Betonfestigkeitsklasse Bn 250 bei Verwendung von Zement Z 450 L / Z 450 F												
Zement kg	280	310	340	310	340	380	252	279	306	279	306	342
Zugabewasser l	94	117	139	110	133	157	82	105	127	86	109	133
Zuschläge feucht kg	1956	1875	1795	1866	1785	1693	2008	1929	1852	1948	1870	1783

¹) Rezeptbeton der Konsistenz K 1 darf nur für unbewehrte Bauteile verwendet werden. Stahlbeton darf nur in den Konsistenzbereichen K 2 und K 3 nach Rezept hergestellt werden.

4.5.4. Mischen von Beton

Durch das Mischen sollen alle Zuschlagkörner gleichmäßig verteilt und vollflächig mit Zementleim angerieben werden. Dies ist rationell und wirksam nur mit Hilfe von Mischmaschinen möglich. Handmischung ist deshalb nur noch für die Festigkeitsklassen Bn 50 und Bn 100 zulässig.

Für Baustellenbeton ist nach DIN 1045 eine Mischdauer von mindestens 1 Minute nach Zugabe aller Stoffanteile vorgesehen. Bei Verwendung von Mischmaschinen mit besonders guter Mischwirkung kann diese Zeit auf $^1/_2$ Minute verkürzt werden. Jedoch ist vorher zu prüfen, welche Auswirkungen sich daraus für die Verarbeitbarkeit und die Festigkeit des Betons ergeben. Bei Verwendung von LP-Mitteln soll die Mischzeit $1^1/_2$ Minuten nicht überschreiten, weil sich sonst ein zu großer Porenraum bildet, der die Betonfestigkeit beeinträchtigt.

Für werkgemischten und fahrzeuggemischten Beton gelten zum Teil abweichende Vorschriften.

Bei der Zugabe von Wasser, Zement und Zuschlag ist eine Genauigkeit von 3 Gewichtsprozent einzuhalten.

Die Menge der abzumessenden Frischbetonanteile für eine Trommelfüllung richtet sich nach dem Nenninhalt des Mischers. Der Nenninhalt N gibt an, wieviel Liter Frischbeton der Konsistenz K 3 im unverdichteten Zustand die Maschine in der vorgesehenen Zeit einwandfrei durchzumischen vermag.

Mit Hilfe des mittleren Verdichtungsmaßes v läßt sich die Festbetonmenge je Mischerfüllung errechnen. Sie beträgt bei einer mittleren Konsistenz für

$$\text{K 1}: \frac{1}{1{,}35} \cdot N = \text{das 0,74fache des Nenninhalts}$$

$$\text{K 2}: \frac{1}{1{,}18} \cdot N = \text{das 0,85fache des Nenninhalts}$$

$$\text{K 3}: \frac{1}{1{,}07} \cdot N = \text{das 0,93fache des Nenninhalts.}$$

Mit Hilfe der Frischbetonrohdichte läßt sich außerdem auch das Betongewicht je Mischerfüllung berechnen (Frischbetonrohdichte = Gewicht für 1 m³ frischverdichteten Beton).

Beispiel. Nenninhalt der Mischtrommel = 500 l = 0,5 m³, Frischbetonrohdichte = 2350 kg/m³, Verdichtungsmaß $v = 1{,}35$ (K 1).

Betongewicht je Mischerfüllung G_m = verdichtete Frischbetonmenge V mal Frischbetonrohdichte

$$G_m = \frac{1}{1{,}35} \cdot 0{,}5 \cdot 2350 = \mathbf{870\ kg}$$

Die Zugabe der Zuschläge nach Raumteilen ist ungenau. Warum?

Die Mindestzementmengen für bestimmte Festigkeitsklassen der Betongruppe B I richten sich u. a. nach der Kornzusammensetzung der Zuschläge und nach der Konsistenz. Begründung?

Stahlbetonarbeiten dürfen mit den Festigkeitsklassen ≧ Bn 150 hergestellt werden. Mindestzementmengen bei unterschiedlichen Zementgüteklassen?

Beton mit besonderen Eigenschaften gehört in der Regel zur Betongruppe B II. Beispiele? Sonderregelungen für B I?

Je nach Steifegrad des Frischbetons unterscheidet man die Konsistenzbereiche K 1, K 2 und K 3. Ihr Einfluß auf die Verarbeitbarkeit des Betons?

Für die Feststellung der Konsistenz dienen das Ausbreit- und das Verdichtungsmaß. Prüfverfahren?

Das Mischen der Betonbestandteile erfolgt allgemein durch Mischmaschinen. Dauer der vorgeschriebenen Mischzeit?

Aufgaben

1. Welche Grenzwerte gelten für die Rohdichte von Schwer-, Normal- und Leichtbeton?
2. Erläutern Sie die Begriffe Frischbeton, Festbeton, Transportbeton, Baustellenbeton und Ortbeton.
3. Welche Festigkeitsklassen gehören zur Betongruppe B I, welche zur Betongruppe B II?
4. Wie wird die Betondruckfestigkeit ermittelt?
5. Welche unterschiedlichen Vorschriften gelten für die Herstellung von Beton B I und Beton B II?
6. Worin besteht der Unterschied zwischen der Nennfestigkeit β_{wN} und der Serienfestigkeit β_{wS}?
7. Welche Betonfestigkeitsklassen sind für Stahlbetonarbeiten zugelassen?
8. Welcher Zusammenhang besteht zwischen Kornzusammensetzung der Zuschläge, Betonfestigkeit und Zementverbrauch?
9. Welchem Zweck dienen die Sieblinien nach DIN 1045?
10. Unterscheiden Sie die Normensieblinien nach dem Größtkorn.
11. Beschreiben Sie die Durchführung eines Siebversuchs und die Berechnung einer Sieblinie.
12. Wodurch unterscheidet sich die Sieblinie U von den Sieblinien A, B, C?
13. Welche Anforderungen werden an einen guten Betonzuschlag gestellt?
14. Was besagt der Wasser-Zementfaktor?
15. Welche Beziehung besteht zwischen dem Wasser-Zementfaktor und der Betonfestigkeit?
16. Welche Grenzwerte gelten bei Beton B II für den W/Z-Wert?
17. Warum ist es wichtig, beim Abmessen des Zugabewassers die Eigenfeuchtigkeit der Zuschläge zu berücksichtigen?
18. Werden neben der Festigkeit noch andere Betoneigenschaften durch den W/Z-Wert beeinflußt? (Beispiele)
19. Welche Angaben sollen auf der Mischertafel eingetragen sein?
20. Welche Genauigkeit ist für das Abmessen der Betonbestandteile vorgeschrieben?
21. Welche Anforderungen gelten für die Korntrennung bei der Herstellung von Beton B I?

22. Unter welchen Bedingungen darf der Zementgehalt für B I nach Tafel **55.1** verringert, unter welchen Bedingungen muß er erhöht werden?
23. Nennen Sie Beispiele für Beton mit besonderen Eigenschaften.
24. Welche Mindestzementmengen sind für die Herstellung von Stahlbeton vorgeschrieben?
25. Was versteht man unter Frischbetonsteife?
26. Was bedeuten die Konsistenzmaße K 1, K 2 und K 3?
27. Wie kann man die Konsistenz des Frischbetons prüfen?
28. Wovon hängt die Bestimmung des Betonmischungsverhältnisses ab?
29. Wie heißt die Stoffraum-Formel zur Bestimmung des Zuschlagbedarfs?
30. Was soll durch das Mischen der Betonbestandteile erreicht werden?
31. Welche Mischzeit ist für die Betonbereitung vorgeschrieben?
32. Was versteht man unter dem Nenninhalt einer Mischtrommel?

5. Baumetalle

5.1. Eisen und Stahl

5.1.1. Gewinnung von Roheisen und Schlacke im Hochofen

Roheisen wird im Hochofen unter Zusatz von Koks und Zuschlägen aus Eisenerzen geschmolzen. Die Zuschläge dienen dazu, die Beimengungen der Erze zu verschlacken; sie bestehen bei kalkigen Erzen aus Sand und Ton und bei kieselsäurehaltigen aus Kalk. Der Eisenanteil ist bei den Erzen verschieden.

Tafel **65.1** **Eisenerze**

Erzart	Eisengehalt in %	Fundorte
Magneteisenstein	60···70	Schweden, Norwegen, UdSSR
Roteisenstein	40···60	Lahn und Sieg, Spanien, USA
Brauneisenstein	30···35	Lahn, Dill, Salzgitter, Thüringen, Lothringen
Spateisenstein	20···40	Sieg, Harz, Steiermark, Ungarn
Eisenkies, Pyrit	40···50	Spanien, UdSSR

Bei der Verbrennung des Kokses bildet sich Kohlen(mon)oxid (CO), das sich mit dem Sauerstoff des Erzes zu Kohlendioxid (CO_2) verbindet. Das aus den Winderhitzern aufsteigende Gichtgas entzieht der Beschickung die Feuchtigkeit. Die flüssigglühende Masse kommt dann im tieferen Teil mit dem Kohlenstoff des Kokses in Berührung, und die Aufkohlung des Eisens um 3···5 % C bei gleichzeitigem Entzug des Sauerstoffs ist abgeschlossen.
Ein Hochofen liefert täglich bis zu 1000 t Roheisen, 800 t Schlacke und etwa 4 Mill. m³ Gichtgas. Nach der Farbe der Bruchflächen unterscheidet man das graue Roheisen,

das besonders siliziumhaltig ist und für Grauguß verwendet wird, und das manganhaltige weiße Roheisen, aus dem Stahl und Temperguß hergestellt werden.

Hochofenschlacke bildet sich beim Schmelzvorgang aus den Restbestandteilen der Erze und den Zuschlägen. Sie fließt vor dem Abstich des Eisens durch die Schlackenrinne ab. Sie wird im Bauwesen vielseitig verwendet (**66.1**).

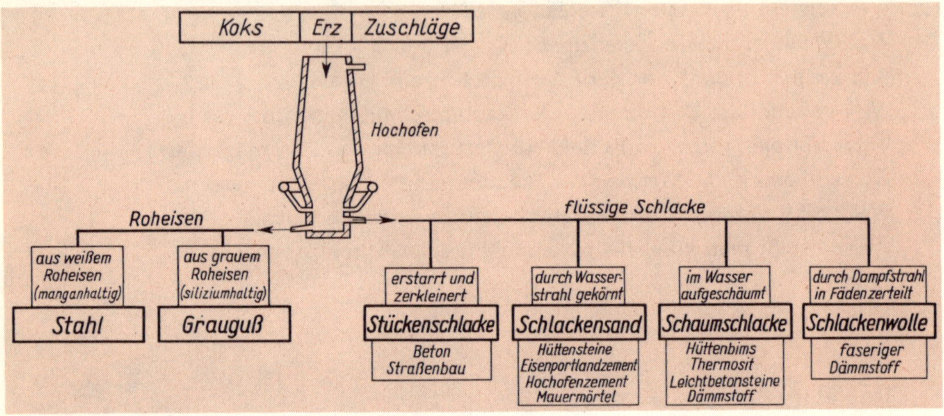

66.1 Gewinnung von Roheisen und Schlacke im Hochofen

5.1.2. Erzeugnisse aus gießbarem Eisen

Grauguß (Dichte 7,3 kg/dm³) wird aus grauem Roheisen unter Zusatz von Gußbruch, Stahlabfällen und anderen Schmelzzusätzen im Gießereischachtofen erschmolzen und aus Gießpfannen in Formen gegossen. Durch den hohen Kohlenstoffgehalt (2,5 · · · 4 %) hat Grauguß nur geringe Zugfestigkeit. Er läßt sich nicht biegen und ist auch nicht schmiedbar; er läßt sich dagegen gut spanen. Im Bauwesen wird Grauguß für Abfallrohre mit ihren Abzweigungen, Sinkkästen mit Einlaufgittern für Entwässerungen, Ofenroste, Heizkörper und Abdeckplatten verwendet.

Wenn im Schachtofen Zusätze wie Chrom, Nickel, Molybdän mit eingeschmolzen werden, entstehen Graugußsorten mit verbesserten Eigenschaften, z.B. feuerfester Grauguß für Herdroste oder säurefester Grauguß für Rohre und Hähne.

Unter dem Namen Sphäroguß ist eine Gußeisenart bekannt, die beim Schmelzen einen Zusatz von Magnesium erhält und dadurch eine erhöhte Festigkeit bekommt (Mindestzugfestigkeit 600 N/mm², bei Grauguß 200 N/mm²).

Hartguß ist ein besonders harter Grauguß für verschleißfeste Werkstücke mit harten Oberflächenschichten, wie z.B. Walzen und Laufräder.

Temperguß (Dichte 7,3 kg/dm³) wird aus weißem Roheisen gewonnen. Bei einer Mindestzugfestigkeit von 350 N/mm² hat er in den Randschichten bis zu einer Höchsttiefe von 12 mm einen Kohlenstoffgehalt von nur 0,5 · · · 1,8 %. Tempergußteile, z.B. Schlüssel, Rohrverbindungen und Hebel, lassen sich deshalb begrenzt schmieden und biegen.

Diese wertvollen Eigenschaften werden durch Glühen bei Temperaturen von 905 · · · 1200 °C im Temperofen unter Verwendung eines Gemisches aus Roteisenstein und Hammerschlag als Tempermittel erzielt, das dem Roheisen einen erheblichen Teil seines Kohlenstoffgehalts entzieht.

Stahlguß (Dichte 7,85 kg/dm³) ist in Formen gegossener, zäher und fester Stahl, der ohne weitere Behandlung geschmiedet werden kann. Mindestfestigkeit von 4 Sorten: 380; 450; 520; 600 N/mm². Er wird für hochbeanspruchte Gußteile, z.B. Winkelhebel, Lagerböcke, Ventilgehäuse verwendet.

5.1.3. Baustahl

Stahl (Dichte 7,85 kg/dm³) ist nach den Normen jeder Eisenwerkstoff, der sich für Warmverformung eignet und einen Kohlenstoffgehalt unter 2 % hat.

Allgemeiner Baustahl (Massenstahl, unlegierter Baustahl) wird als Flußstahl aus weißem Roheisen durch starkes Entkohlen von 3 ··· 4 % auf 0,12 ··· 0,6 % Kohlenstoff gewonnen. Das geschieht durch Windfrischen in der Thomasbirne oder im Sauerstoffaufblas-Verfahren oder durch Herdfrischen im Siemens-Martin-Ofen (**67**.1). Dabei wird

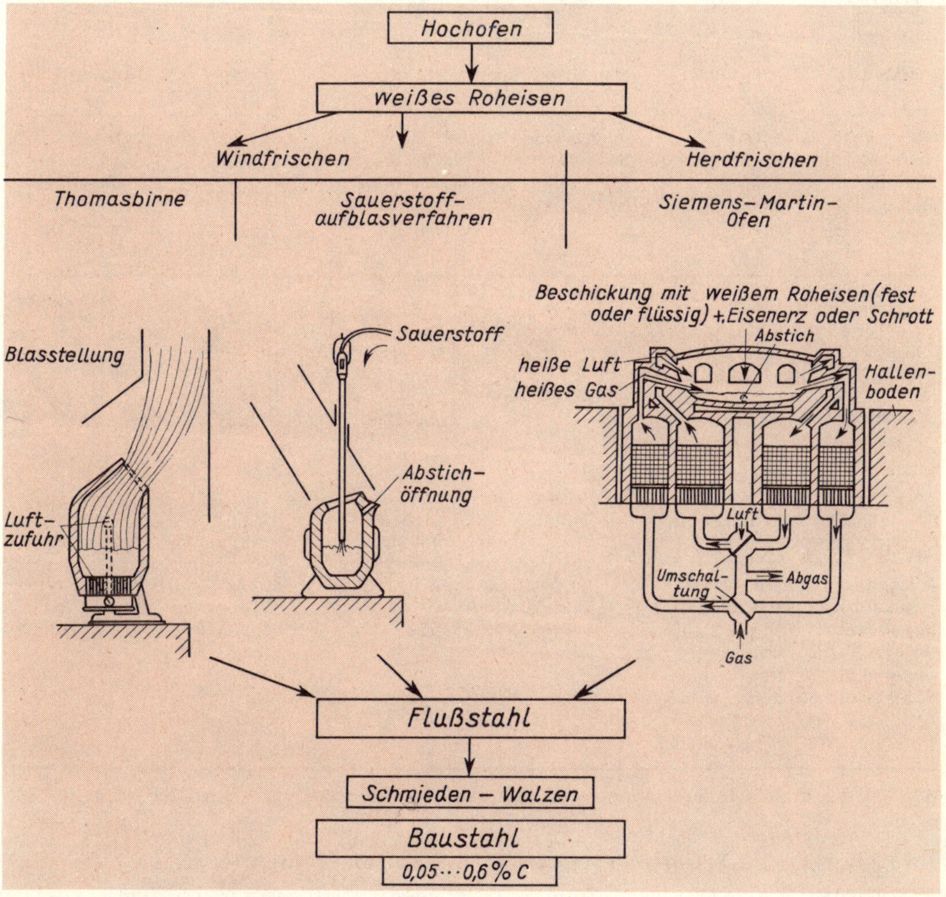

67.1 Erzeugung von Baustahl

auch der Anteil an Silizium und Mangan gemindert, und schädliche Stoffe (Phosphor und Schwefel) werden möglichst entfernt. Baustahl ist zwar nicht härtbar, aber zäh und widerstandsfähig gegen Beanspruchungen durch Druck, Zug oder Biegung. In glühendheißem, weichem Zustand läßt er sich spanlos verformen. Kalt kann er spanend durch Sägen, Meißeln, Feilen, Bohren, Drehen, Hobeln und Fräsen bearbeitet werden.

Der flüssige, wind- und sauerstoffgefrischte Stahl wird in Kokillen (gußeiserne Formen) gegossen. Die runden oder viereckigen Blöcke werden nach dem Erstarren innen und außen auf gleiche Wärme gebracht und dann durch Walzen, Pressen oder Schmieden zu Halbzeugen verarbeitet (**68**.1).

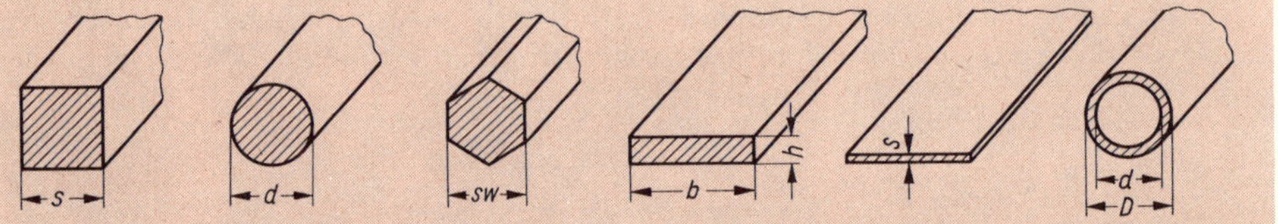

Vierkantstahl	Rundstahl	Sechskantstahl	Flachstahl	Blech	Rohr
□ 16	⌀ 8	⬡ 17	▭ 40 × 8	Bl 2	Rohr 16 × 2
oder 4 kt 16 Vierkantstahl mit 16 mm Dicke	oder Rd 8 Rundstahl mit ⌀ 8 mm	oder 6 kt 17 Sechskantstahl mit 17 mm Schlüsselweite	oder Fl 40 × 8 Flachstahl mit 40 mm Breite und 8 mm Dicke	Blech 2 mm dick	nahtloses Rohr mit 16 mm Außendurchmesser und 2 mm Wanddicke

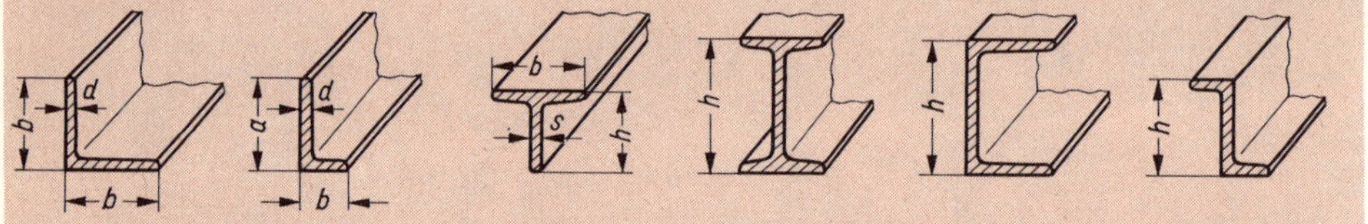

gleichschenkliger Winkelstahl	ungleichschenkliger Winkelstahl	hochstegiger T-Stahl	I-Stahl	[-Stahl	Z-Stahl
L 40 × 4	L 40 × 20 × 4	T 30	I 120	[100	Z 40
Winkelstahl, rundkantig, mit 40 mm Schenkelbreite und 4 mm Schenkeldicke	ungleichschenkliger Winkelstahl mit 40 mm und 20 mm Schenkelbreite und 4 mm Schenkeldicke	hochstegiger T-Stahl, rundkantig, von 30 mm Höhe	Doppel-T-Stahl von 120 mm Höhe	U-Stahl, rundkantig, von 100 mm Höhe	Z-Stahl, rundkantig, von 40 mm Höhe

68.1 Die wichtigsten Halbzeugformen (Kurzzeichen und ihre Bedeutung, nach DIN 1353)

Im Bauwesen wird Baustahl in verschiedenen Handelsformen verwendet.

Formstahl: I-Profile (Doppel-T-Stahl) mit schmalen, mittelbreiten und breiten Flanschen und [-Profile (U-Stahl) mit mehr als 80 mm Höhe werden zum Aussteifen von Ausschachtungen, Abstützen bei Abbrucharbeiten, zum Überdecken von Maueröffnungen, im Stahlfachwerkbau und für sonstige Stahlkonstruktionen (z. B. Dachbinder, Treppen) verwendet.

Stabstahl: I- und [-Stahl unter 80 mm Höhe, ferner ˥-, L- und T-Stahl sowie Vierkant-, Sechskant-, Rund-, Halbrund-, Flach- und Bandstahl werden für Bauschlosserarbeiten (Gitter, Geländer, Tore) gebraucht.

Stahlbleche: Grobbleche ($\geqq$ 5 mm dick), Mittelbleche (3 · · · 4,75 mm) und Feinbleche ($\leqq$ 3 mm) werden ohne Rostschutz als Schwarzblech, verzinnt (Weißblech) oder verzinkt vom Bauschlosser und Klempner verarbeitet. Besondere Ausführungen: Buckelbleche, Wellbleche, Streckmetall.

Stahlrohre werden nahtlos gewalzt oder aus Blechen geformt und geschweißt.

Stahldrahterzeugnisse: Draht in verschiedenen Dicken, Drahtseile, Drahtgitter, geschweißte Baustahlgewebe und Rabitzmatten.

Betonstahl: Betonstabstahl (stangenförmiger Betonstahl, glatt oder gerippt) und Betonstahlmatten werden in großen Mengen im Stahlbetonbau gebraucht.

Güteklassen des Baustahls. Als Merkmal gilt jeweils die Mindestzugfestigkeit in N/mm^2 (Newton je mm^2 der Querschnittsfläche). Im Bauwesen werden drei Güteklassen bevorzugt: Kurzzeichen St 33 = einfacher Baustahl mit 330 · · · 500 N/mm^2, St 37 mit 370 · · · 450 N/mm^2 und St 42 mit 420 · · · 500 N/mm^2, der als hochwertiger Baustahl bei großer Beanspruchung bevorzugt wird. Das Herstellungsverfahren kann durch ein vorgesetztes T (Thomasstahl), Y (Sauerstoffaufblas-Stahl) oder M (Siemens-Martin-Stahl) gekennzeichnet werden, z. B. M St 42.

5.1.4. Werkzeugstahl

Es gibt unlegierten und legierten Werkzeugstahl. Legierungen sind feinverteilte Gemenge von Metallen verschiedener Art, die im glühendflüssigen Zustand miteinander vermischt werden, z. B. Kupfer + Zinn = Bronze.

Unlegierter Werkzeugstahl (Kohlenstoffstahl) enthält keine metallischen Zusätze. Er wird besonders als Flußstahl durch nochmaliges Schmelzen im Tiegel- oder Elektroofen gewonnen. Dabei werden nachteilige Nebenbestandteile entzogen und der Kohlenstoffgehalt je nach Beanspruchung des Werkzeugteils auf 0,6 · · · 1,5 % begrenzt. So erhält man zähen, schneid- und verschleißfesten Stahl, der sich härten läßt und zum Herstellen von Handwerkszeugen (Hämmer, Zangen, Meißel, Feilen u. a.) zum Bearbeiten von Holz, Bausteinen, Beton, Kunststoffen u. a. geeignet ist.

Legierter Werkzeugstahl (Edelstahl) entsteht beim Umschmelzen im Tiegel- oder Elektroofen durch Zusatz wertvoller Metalle, z. B. Chrom, Nickel, Wolfram, Vanadium u. a., durch die der Stahl noch zäher, härter, schneid- und verschleißfester als unlegierter Werkzeugstahl wird, auch wesentlich höhere Temperaturen verträgt. Niedrig legierter Werkzeugstahl hat höchstens 5 % Legierungsmetalle, hochlegierter Werkzeugstahl mehr als 5 % und meistens auch einen höheren Kohlenstoffgehalt. Dieser eignet sich als Schnellschnittstahl für Kreis- und Bandsägenblätter, Bohrer, Hobelmesser u. a., die bei hoher Schnittgeschwindigkeit durch Reibung sehr heiß werden.

5.1.5. Schutz von Eisen und Stahl vor Zerstörung

Die Zerstörung von Metallen, wie das Verrosten von Eisen und Stahl, bezeichnet man als Korrosion.

Chemische Korrosion ist das Rosten von Eisen und Stahl. Rost entsteht, wenn Eisen mit Wasser in Berührung kommt, das freien Sauerstoff oder Kohlendioxid enthält. Beides ist in der Luftfeuchtigkeit und in offenen Gewässern enthalten.

Versuch 17. Legen Sie gleichartige Stahlstücke für einige Zeit in trockene Zimmerluft, feuchte Außenluft und kohlensäurehaltiges Mineralwasser. Weshalb rosten sie verschieden?

Eisen wird durch chemische Korrosion besonders leicht zerstört, weil Eisenrost für die angreifenden Stoffe durchlässig ist. Nichteisenmetalle werden von Säuren oder Laugen ebenfalls chemisch angegriffen. Es bilden sich aber Schutzschichten, welche das darunterliegende Metall vor Zerstörung schützen, z.B. Kupferkarbonat (Patina) bei Kupfer.

Elektrochemische Korrosion entsteht, wenn zwei verschieden elektrisch leitfähige Metalle sich berühren und eine elektrisch leitende Flüssigkeit – Säure, Lauge oder Salzlösung – sie benetzt. Es entsteht ein elektrischer Strom, und das unedlere Metall wird zerstört, z.B. wird bei Verbindung von Kupfer und Zink das Zink zerstört.

Die elektrische Korrosion läßt sich verhindern, indem man eine elektrisch nichtleitende Lage (Kunststoffe, Lacke) zwischen den vernieteten oder verschraubten Teilen anbringt.

Stahlteile sind durch chemische Korrosion besonders an den Stellen gefährdet, an denen sich Wasser sammelt oder Schwitzwasser bilden kann (Knotenpunkte von Stahlbrücken, Schwitzwasser an Stahlfenstern in geheizten Räumen).

Stark rostfördernd wirken alle Säuren und wassergierigen Salze, wie sie in vielen Kunstdüngern, in Rauchgasen, Koksasche, Schlacke, im Ruß, Gips- oder Magnesitmörtel vorkommen. Stahleinlagen im Beton rosten, wenn sie nicht genügend mit Beton überdeckt sind (**70.1**).

70.1 Schädliche Wirkung des Rostes an mangelhaft überdeckten Stahleinlagen

Versuch 18. Tropfen Sie auf Stahlstücke Wasser, starke Säuren und Salzlösungen. Beachten Sie die unterschiedliche Rostbildung nach dem Antrocknen. Beim Rosten tritt eine wesentliche Raumvergrößerung ein. Rostender Stahl kann deshalb im Mauerwerk beträchtlichen Schaden verursachen.

Metallüberzüge, die in Fabriken aufgebracht werden, sollen den Stahl durch luft- und wasserdichten Abschluß vor dem Rosten schützen. Sehr häufig werden im Baufach verzinkte Stahlerzeugnisse verarbeitet, z.B. Rabitzdraht. Die Verzinkung überzieht sich an der Luft mit einer dichten, wasserunlöslichen Schicht, die sogar kleine Fehlstellen überbrückt. Die Verbleiung von Stahlteilen schützt gegen Schwefelsäure (Rauchgase, Gipsmörtel).

Schutzanstriche sollen ebenfalls einen dichten Abschluß bieten. Grauguß und Stahl sind vor dem Anstrich mit Drahtbürsten, Klopfhämmern, Bimsstein oder Sandstrahlgebläse von Rost, Schmutz u.ä. zu reinigen. Einfachen Schutz bietet mehrfach aufgetragener Anstrich dickflüssiger Zementschlämme, der aber leicht abgestoßen wird. Bitumenhaltige Schutzfarben werden neben Steinkohlenteer und Asphalt besonders im Tiefbau angewendet. Im Hochbau bevorzugt man Ölfarben oder Kunstharzlacke mit einem rostschützenden Grundanstrich (Bleimennige, Kunststoff-Grundierung u.a.). Schutzanstriche, die den Rost in eine beständige, festhaftende Eisenphosphatschicht verwandeln – z.B. Robigol – werden ohne Grundanstrich aufgebracht.

Durch große Hitze (Brand) dehnt sich der Stahl stark aus, verbiegt sich und reißt Mauern ein (**71**.1). Durch Ausglühen wird seine Festigkeit wesentlich herabgesetzt. Grauguß behält bis zur Schmelztemperatur die Form, zerspringt aber bei plötzlicher Abkühlung durch Löschwasser.

71.1 Stahlträger nach einem Brand

Im Hochofen wird aus Eisenerzen weißes und graues Roheisen erschmolzen. Hochofenschlacke wird viel verwendet. Nennen Sie Beispiele!

Graues Roheisen wird zu Grauguß, weißes Roheisen durch Frischen (Minderung des Anteils an Kohlenstoff auf 0,12 · · · 0,6 %) zu Baustahl verarbeitet. Baustahl gibt es vorwiegend in drei Güteklassen, unterschieden nach ihrer Mindestzugfestigkeit. Nennen Sie diese!

Rost kann Stahl zerstören. Weshalb?

5.2. Bauwichtige Nichteisenmetalle und Legierungen

Kupfer (Dichte 8,9 kg/dm^3) ist rotfarbig, zäh, dehnbar, witterungs- und korrosionsbeständig. Es leitet Wärme und elektrischen Strom besonders gut. Auf Kupferdächern bildet sich im Laufe vieler Jahrzehnte Patina als dünne, hellgrüne, ungiftige und beständig schützende Schicht. Essigsäure hingegen verursacht auf Kupfer den ebenfalls hellgrünen, jedoch sehr giftigen Grünspan. Im Baufach wird Kupfer für Lötkolben, Elektroleitungen, Heiz- und Kühlrohre, Folien in Dichtungsbahnen, Dachdeckungen und als Bestandteil von Kupferlegierungen (Messing, Bronze u.a.) verwendet.

Zink (Dichte 7,14 kg/dm^3) dehnt sich bei Erwärmung stark aus, ist an der Luft beständig, wird jedoch durch Säuren und Salze sowie frischen Mörtel angegriffen. Im Baufach werden vor allem Zinkbleche für flach geneigte Dächer, zum wasserdichten Anschluß von Dächern an Schornsteinköpfe, für Rinnen, Abfallrohre und Abdeckungen gemauerter Fenstersohlbänke verwendet. Auch zum Verzinken als Rostschutz von Stahlblechen, Nägeln u.a. ist Zink geeignet.

Zinn, Nickel und Chrom haben im Baufach nur als beständig schützender Überzug von Stahl und anderen Metallen Bedeutung.

Aluminium (Dichte 2,7 kg/dm^3) ist im Gegensatz zu den bisher genannten Schwermetallen ein Leichtmetall ($\approx$ $^1/_3$ des Stahlgewichts). Es ist weiß oder weißgrau, weich, dehnbar, leicht formbar und sehr korrosionsbeständig. Ferner leitet es gut elektrischen Strom und läßt sich mit verschiedenen anderen Metallen legieren. Als Reinaluminium wird es im Baufach für Dachdeckungen, Wandverkleidungen, Elektroleitungen, Dichtungsbahnen u.a. gebraucht.

Aluminiumlegierungen bestehen überwiegend aus Reinaluminium, dem im glühendflüssigen Zustand Kupfer, Zink, Magnesium, Mangan bzw. Silizium in unterschiedlichen Mengen zugesetzt werden, um z. B. eine größere Härte und geringere Dehnung zu erzielen, die im Baufach bei Tür- und Fensterrahmen, Rolläden, Geländer und Beschlägen erwünscht sind.

Magnesium (Dichte 1,74 kg/dm³) ist besonders leicht, aber wenig fest und nicht beständig. Magnesiumlegierungen mit Zusätzen von Aluminium, Zink, Mangan bzw. Silizium können jedoch ebenso wie Aluminium-Legierungen im Baufach verwendet werden.

Bei den Nichteisenmetallen unterscheidet man Schwer- und Leichtmetalle und deren Legierungen.

Schwermetalle: Kupfer, Zink, Zinn, Blei. Legierungen sind Messing, Bronze

Leichtmetalle: Aluminium, Magnesium; Legierungen beider Metalle, auch mit Kupfer, Mangan, Silizium

Aufgaben

1. Nennen Sie die Erzeugnisse des Hochofens und beschreiben Sie ihre Verwendung.
2. Wodurch unterscheiden sich Grauguß und Stahl?
3. Machen Sie eine Aufstellung der Halbzeuge aus Stahl und beschreiben Sie ihre Verwendung im Bauwesen.
4. Was versteht man unter chemischer und unter elektrochemischer Korrosion?
5. Wie werden Stahl und Eisen im Bauwesen vor Rost geschützt?
6. Wie wirkt die Korrosion bei Nichteisenmetallen?
7. Nennen Sie einige Nichteisenmetalle und geben Sie an, wie sie im Bauwesen verwendet werden.

6. Bauholz

Neben den neuzeitlichen Baustoffen wird das Holz auch heute noch in verschiedenen Formen als Baustoff und als Hilfsmittel für die Bauarbeiten gebraucht. Im Holzfachwerk, in Dachkonstruktionen und Verschalungen wird Holz verarbeitet. Für Rüststangen, Bohlenbeläge, Schalungen und Bauzäune braucht man Holz in verschiedenen Formen. Der Bauhandwerker muß deshalb die wichtigsten Holzarten und ihre Eigenschaften kennen.

6.1. Holz als gewachsener Werkstoff

Das Gefüge des Holzes ist nicht gleichmäßig dicht. Holz besteht aus zahlreichen winzigen Zellen, die sich durch Teilung der zwischen Rinde und Splintholz (**73.1**) liegenden Wachstumszellen fortgesetzt gebildet haben. Im Frühjahr entstehen bei schnellem

Wachstum verhältnismäßig große, dünnwandige Zellen, im Sommer kleinere, dickwandige. Im Winter ruht das Wachstum. So bilden sich aus dem hellen Frühholz und dem dunkleren, festeren Spätholz von Jahr zu Jahr erkennbare Jahresringe, nach denen man das Alter eines Baumes ungefähr bestimmen kann.

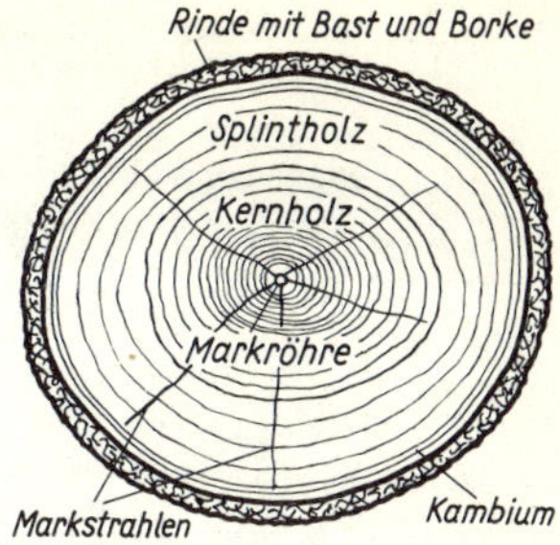

73.1 Querschnitt eines Kiefernstammes. Im dunkleren Kernholz und helleren Splintholz sind die Jahresringe zu erkennen

Man unterscheidet verschiedene Arten von Zellen. Langgestreckte Faserzellen verlaufen in der Längsrichtung des Stammes. Zu seil- und röhrenförmigen Geweben zusammengeschlossen, die man als Holzfasern bezeichnet, bilden sie das Gerüst des Stammes. Nach der Länge der Faserzellen unterscheidet man kurz- und langfaseriges Holz. Kurzfaseriges Holz bricht leichter als langfaseriges. Die unregelmäßige Form der Bruchstelle verdeutlicht das Ineinandergreifen der Faserzellen.

Röhrenartige Leitzellen bilden Leitgewebe, die bei Eiche und anderen Laubhölzern als Poren oder Striche deutlich erkennbar sind. Sie dienen der Verteilung des Wassers und der Aufbaustoffe. In dünnwandigen Speicherzellen werden Vorratsstoffe gelagert. Nadelhölzer haben keine reinen Faserzellen. Bei ihnen sind im Holzfasergewebe Leitzellen mit sogenannten Stützzellen vereinigt. Markstrahlen sind im Querschnitt mancher Hölzer – von der Markröhre strahlenförmig nach außen gehend – sichtbar. Sie bilden den Querverband und ermöglichen die Leitung des Wassers und der Nährstoffe in waagerechter Richtung.

Die Wände der Zellen und Gefäße sind aus Zellulose gebildet. Bei der Verholzung der Zellen durch Verbindung der Zellulose mit Eiweiß, Farb- und Zuckerstoffen entsteht das Lignin. Zellulose und Lignin bilden das Gerüst des Holzkörpers.

Wachstumsfehler, also Abweichungen vom normalen Wuchs, können durch Standort, Bodenverhältnisse, Witterung oder Naturereignisse verursacht sein. Sie beeinträchtigen die Güte des Holzes und schließen dessen Verwendung für manche Zwecke aus (**73.2**).

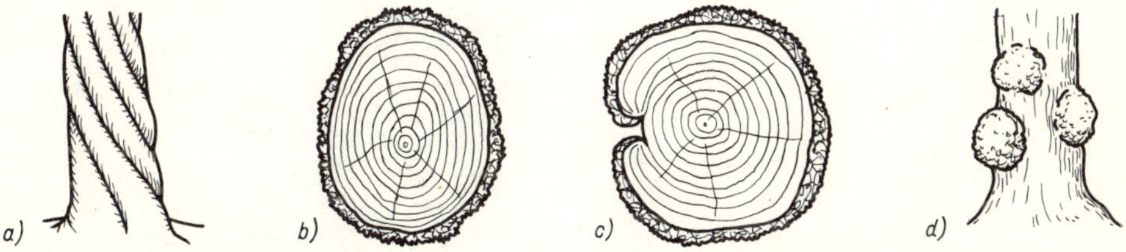

73.2 Wachstumsfehler des Holzes

a) Drehwuchs (spiraler Wuchs)
b) ausmittiger Wuchs (exzentrischer Wuchs)
c) Überwallung
d) Maserwuchs

Die Zug- und Druckfestigkeit des Holzes, d.h. der Widerstand gegen Zerreißen und Zerdrücken, ist bei Belastungen in Faserrichtung wesentlich größer als bei Beanspruchungen senkrecht zur Holzfaser. Die zulässigen Spannungen sind in den Vorschriften für den Gerüstbau und in den Berechnungen für Abstützungen und Holzkonstruktionen berücksichtigt.

Tafel **74**.1 **Zulässige Spannungen für Bauholz** in N/mm² (nach DIN 1052)

Art der Beanspruchung	Güteklasse II	
	Nadelholz	Eiche, Buche
Biegung	10	11
Zug in Faserrichtung	8,5	10
Druck in Faserrichtung	8,5	10
Druck rechtwinklig zur Faserrichtung	2	3
Abscheren in Faserrichtung	0,9	1

Bei Belastungen senkrecht zur Faser, wie sie z.B. bei Keilen und Unterlagsklötzen auftreten, bevorzugt man wegen seiner größeren Festigkeit Hartholz (Eiche, Buche).

Die Biegefestigkeit, d.h. der Widerstand gegen Durchbiegen und Durchbrechen, ist bei hochkant liegenden Rechteck-Querschnitten größer als bei runden, quadratischen oder gar bei flach liegenden rechteckigen Querschnitten des gleichen Flächeninhalts. Die Größe des zu wählenden Holzquerschnitts muß sich nach der Belastung und der Entfernung der beiden Auflager richten. Je geringer die Tragfähigkeit des Holzes ist, desto kleiner müssen die Entfernungen der Stützpunkte sein. Das gilt z.B. für die Riegel unter den Rüstbrettern.

Das Arbeiten des Holzes, als Schwinden und Quellen bekannt, ist vielfach unerwünscht. Die Zellen frischen Holzes enthalten viel Wasser. In trockener Luft und in Trockenkammern gibt das Holz Wasser ab.

Bauschnittholz wird als trocken bezeichnet, wenn sein Feuchtigkeitsgehalt – bezogen auf das Darrgewicht – 20 % beträgt (DIN 4074). Halbtrocken ist nach der Norm Bauholz mit höchstens 30 % Feuchtigkeitsgehalt, frisch ohne Begrenzung der Feuchtigkeit. Bei der Feuchtigkeitsabgabe schrumpfen die Zellen zusammen, das Holz schwindet. Bei Regenwetter und feuchtem Lagern nimmt das Holz wieder Feuchtigkeit auf, die Zellen dehnen sich aus, das Holz quillt.

Das Schwinden und Quellen ist am geringsten in Richtung der Holzfasern (**74**.2). Im Splintholz ist es größer als im Kernholz. Entsprechend verändern Bretter und Bohlen bei der Trocknung ihre Form (**74**.3). Windschief, d.h. in den vier Eckpunkten einer Fläche

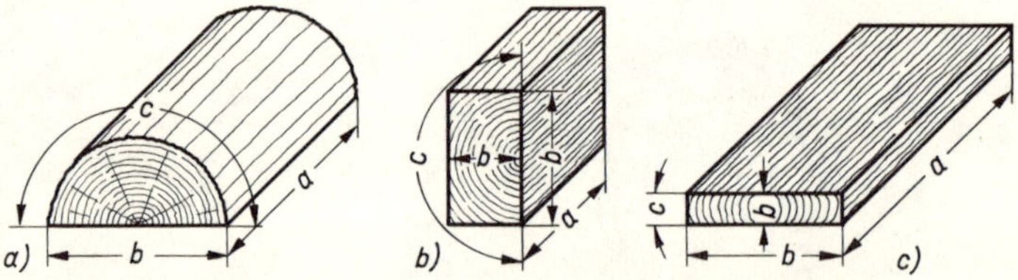

74.2 Unterschiedliches Schwinden des Holzes a) unbedeutend in Faserrichtung b) stark in Richtung der Markstrahlen c) sehr stark in Richtung der Jahresringe

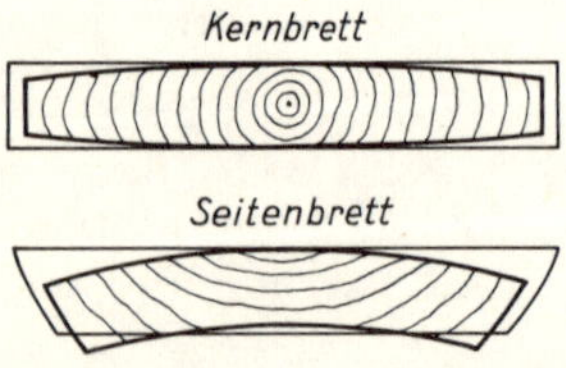

74.3 Kernbretter werden beim Schwinden an der Seite etwas dünner (in der Zeichnung übertrieben dargestellt), Seitenbretter werden auf der rechten Seite bucklig

nicht gleichmäßig aufliegend, werden Bretter, Bohlen und Kanthölzer, wenn sie aus drehwüchsigem Holz geschnitten sind oder unsachgemäß gelagert werden.

Holz ist ein leichter Baustoff. Die Rohdichten unserer einheimischen Bauhölzer liegen zwischen 0,5 und 1,0 kg/dm³. Sie sind bei harten und weichen Hölzern verschieden und besonders vom Wassergehalt abhängig.

Versuch 19. Legen Sie gleich große, schmale Brettstückchen (z.B. 20 cm lang, 5 cm breit, 3 cm dick) verschiedener Holzarten lufttrocken und durchnäßt auf Wasser und beobachten Sie, wie tief sie einsinken. Stellen Sie das Gewicht im trockenen und durchnäßten Zustande fest und ordnen Sie die Holzarten nach der Schwere.

Holzfehler. Beeinträchtigt wird die Qualität des Bauholzes durch Äste, die den Wert besonders dann mindern, wenn sie nicht fest verwachsen oder angefault sind.

Risse (**75.**1) können durch Frosteinwirkung, Witterungseinflüsse oder hartes Aufschlagen beim Fällen, ungleichmäßiges Austrocknen des Kerns oder durch zu schnelles Austrocknen des entrindeten Stammes vor dem Einschnitt entstehen. Nach dem Einschnitt muß die Schnittware gestapelt werden, sonst entstehen End- und Kantenrisse. Kiefernholz verliert auch durch Blauwerden an Wert.

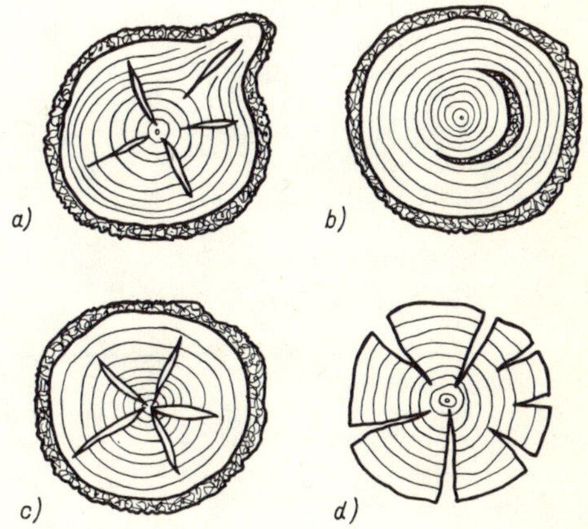

75.1
Verschiedenartige Rissebildung in Rundhölzern
a) Frostleiste mit überwalltem Frostriß
b) Ringriß mit Ring- oder Mondfäule
c) Kern- oder Sternrisse
d) Luft- oder Trockenrisse

Im Aufbau des Holzes unterscheidet man Faserzellen, Leitzellen, Speicherzellen und Markstrahlen. Welche Bedeutung haben sie?

Holz ist zug-, druck- und biegefest. Nennen Sie Beispiele entsprechender Verwendbarkeit!

Holz schwindet und quillt unterschiedlich. In welcher Weise und mit welchen Folgen?

Wachstumsfehler und Risse beeinträchtigen die Verwendbarkeit des Holzes. Wie?

6.2. Unterscheiden der Holzarten

Als Bauholz werden in erster Linie europäische Hölzer, insbesondere Nadelhölzer (Fichte, Tanne, Kiefer, Lärche) gebraucht, ferner einige Laubhölzer (Eiche, Rotbuche, Weißbuche, Esche).

Tafel **76.1** **Europäische Hölzer**

Holzart	Erkennungsmerkmale	Dichte kg/dm³	Eigenschaften	Verwendung
Fichte (Rottanne)	rötliche Rinde, gleichmäßig rötlich-weißes Kern- und Splintholz; oft Durchfalläste und Harzgallen; manchmal rotstreifig	0,43	weich, langfaserig; gut zu bearbeiten, sehr biegefest, im Trocknen sehr dauerhaft, nicht aber im Wechsel zwischen naß und trocken	Rüstholz, Bohlen, Bretter, Leiterholme, Kantholz für Fachwerk, Balken und Dachverband; Tischlerarbeiten
Tanne (Weißtanne)	graue Rinde, weißes Holz; keine Harzgallen	0,43	wie Fichte	wie Fichte
Kiefer (Föhre)	Rinde am Stamm borkig, weiter oben gelbrot, schuppig; rötlicher Kern und gelblicher Splint; manchmal blaufleckiges Splintholz (Blaufäule)	0,48	ähnlich wie Fichte, doch fein verteilter Harzgehalt; widerstandsfähiger gegen Wechsel zwischen naß und trocken	wie Fichte; ferner Grundpfähle, Grubenholz, Schwellen, Außentüren, Fenster, Fußböden, Treppen
Eiche	graue, borkige Rinde, bräunlicher Kern, gelblich-weißer Splint; sichtbare Poren, im Hirnschnitt als Löcher, im glatten Längsschnitt als geritzte Vertiefungen	0,64	Kernholz sehr hart, fest, zäh und infolge Gerbsäure fäulniswidrig; widerstandsfähig im Wasser und im Wechsel zwischen naß und trocken; Splintholz nicht dauerhaft	Wasserbau, Schwellen, Zaunpfähle, Außentüren, Fenster, Trittstufen, Parkett
Rotbuche	graue, meist glatte Rinde; frisches Holz gelblich-weiß, älteres rötlich	0,66	hart und fest gegen Stoß, Druck und Abnutzung; leicht wurmstichig und stockig	Treppenstufen, Keile, Werkzeugstiele, Sperrholz

Überseeische Hölzer werden immer mehr für den Innenausbau, für Türen und Fenster und für Verschalungen von Terrassen und Außenwandteilen benutzt.

Tafel **76.2** **Überseeische Hölzer**

Holzart	Dichte kg/dm³	natürliche Verbreitung	Verwendung
Nadelhölzer			
brasilianische Kiefer	0,50	südliches Brasilien	Verkleidung von Decken und Innenwänden
Pitch pine Kernholz von amerik. Südkiefer	0,63	südliche USA Mittelamerika	Bautischlerarbeiten
Red pine Splintholz von amerik. Südkiefer	0,52		

Tafel **76**.2 (Fortsetzung)

Holzart	Dichte kg/dm³	natürliche Verbreitung	Verwendung
Laubhölzer			
Afzelia	0,70	tropisches Afrika	Bautischlerarbeiten, Außenverkleidungen
Limba	0,52	Westafrika	als Sperrholz für Innentüren, Innenverkleidungen
Mahagoni (6 Arten)	0,46 · · · 0,65	Nord- und Südamerika, Afrika	Bautischlerarbeiten
Okoume (Gabun)	0,40	Gabun, Kongo	Sperrholz

6.3. Sortieren des Bauholzes

Das Waldholz wird als Brennholz oder Nutzholz verkauft. Für Bauarbeiten wird Langnutzholz (Stangen und Stämme) gebraucht.

Stangen sind schlanke Rundhölzer aus Fichte, Tanne oder Kiefer in unterschiedlichen Längen mit Durchmessern bis zu 14 cm mit Rinde, 1 m oberhalb des Stammendes gemessen. Reiserstangen mit Durchmessern bis zu 7 cm werden im Baufach für Pfähle und Zaunlatten verwendet. Derbstangen mit Durchmessern von 7 · · · 14 cm werden als Rüststangen und zur Herstellung von Riegeln, Steifen und Pfählen gebraucht.

Stämme mit Durchmessern über 14 cm werden für Abstützungen und zur Herstellung von Schnittholz in den Sägewerken verwendet. Als Schnittholz bezeichnet man Kantholz, Dachlatten, Bretter und Bohlen.

Kantholz hat nach DIN 4070 (Blatt 1, Vorratskantholz) Querschnittsabmessungen von 6/6 · · · 20/24, ausgedrückt in cm. In den Querschnitten 10/20 · · · 20/24 wird es auch Balkenholz genannt. Bei den Querschnittsbezeichnungen gilt immer die erste Zahl als Breite, die zweite als Höhe. Kantholz kommt als Ganzholz, Halbholz oder Kreuzholz in den Handel (**77**.1). Nach den Schnittklassen S, A, B und C wird es als scharfkantig, vollkantig, fehlkantig oder sägegestreift bezeichnet (**77**.2). Ferner gibt es drei Güte-

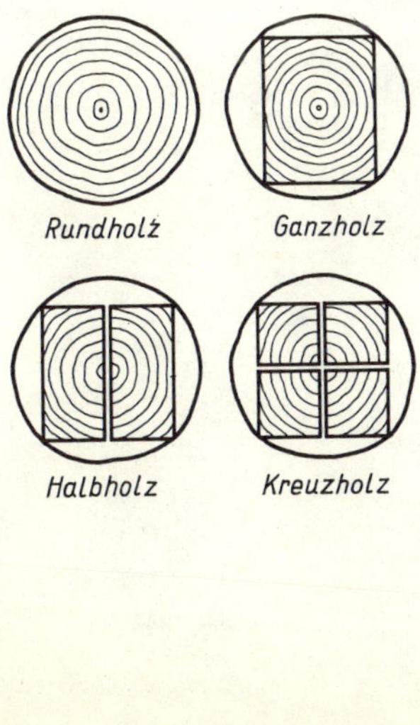

77.1 Aus Rundholz wird Kantenholz geschnitten. Kantholz wird als Ganzholz, Halbholz und Kreuzholz gehandelt

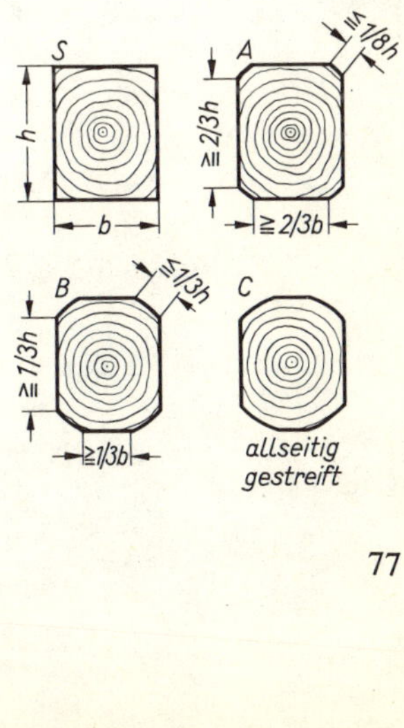

77.2 Bauholz wird in vier Schnittklassen geliefert:
S scharfkantig
A vollkantig
B fehlkantig
C sägegestreift

klassen: Bauholz mit besonders hoher, mit gewöhnlicher und mit geringer Tragfähigkeit. Für die meisten Bauarbeiten genügen die Schnittklassen A und B sowie die Güteklasse II und III.

Dachlatten werden nach mm in den Querschnitten 24/48, 30/50 und 40/60 geschnitten.

Bretter sind nach DIN 4071 bis einschließlich 35 mm dick. Sie werden so eingeschnitten, daß sie im lufttrockenen Zustand folgende Dicken haben: 8 (nur für Laubholz), 10, 12, 15, 18, 22, 24, 28, 30 und 35 mm. Gehobelte Bretter sind jeweils 2 · · · 3 mm dünner.

Bohlen sind mindestens 40 mm dick. Genormte Dicken sind: 40, 45, 50, 60, 65, 70, 75, 80, 85, 100 und 120 mm; außerdem nur für Laubholz 52 und 55 mm.

Bretter und Bohlen aus nordischen Hölzern haben nachstehende Dicken: Bretter 13, 21, 24, 30 mm; Bohlen 44, 50, 63, 75, 100 mm.

Bretter und Bohlen werden als besäumte und unbesäumte Ware verkauft (**78.1**). Sie sind bei Fichte, Tanne, Kiefer und Lärche in Güteklassen eingeteilt, die durch farbige Beschriftung gekennzeichnet sind. Für Bauzwecke werden in erster Linie die Güteklassen III (Bauware) und IV (Schalung) verwendet, während die besseren Güteklassen – die höheren Anforderungen in Hinsicht auf gesunden, einwandfreien Wuchs genügen – für den inneren Ausbau (Türen, Fenster) und zum Möbelbau gebraucht werden. Hobelware dient für Fußböden und sichtbar bleibende Verschalungen. Schwarten sind die seitlichen Abfallstücke beim Einschneiden von Schnittholz. Sie werden besonders für Zwischendecken von Holzbalkenlagen zur Aufnahme von Dämmstoffen gebraucht.

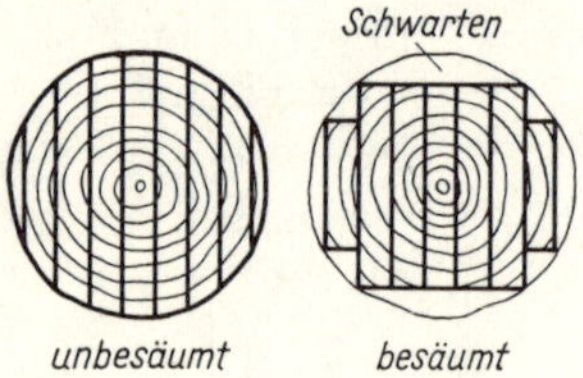

78.1 Bretter und Bohlen kommen als besäumte oder unbesäumte Ware in den Handel

Kantholz, Bohlen und Bretter sind in der Regel in Längenabstufungen von 25 cm im Handel, z. B. 3,00 m; 3,25 m; 3,50 m usw. Bei nordischer oder außereuropäischer Ware sind Abstufungen nach Fuß ($\approx$ 30,5 cm) üblich. Listenbauholz wird nach vorgelegter Holzliste auf volle cm geschnitten.

Bezeichnung eines Brettes von 24 mm Dicke, 120 mm Breite und 3000 mm Länge aus Fichte: Brett 24 × 120 × 3000 DIN 4071-FI.

Zum Rundholz zählen Reiserstangen, Derbstangen und Stämme. Welchen Durchmesser haben diese?

Zum Schnittholz gehören Kantholz, Dachlatten, Bretter und Bohlen. Maße?

Kantholz wird in den Schnittklassen S, A, B oder C und in den Güteklassen I · · · III geliefert. Kennzeichen?

6.4. Sperrholz, Holzspanplatten und Holzfaserplatten

Holz wird in verschiedenen Verfahren zu Platten verarbeitet, die auch am Bau verwendet werden.

Beim Sperrholz (DIN 68705) wird durch kreuzweises Verleimen von mindestens drei Holzlagen mit Kunstharzleim das Arbeiten des Holzes in Länge und Breite aufgehoben (**79.**1). Man verwendet neben Rotbuche und Birke vor allem Überseehölzer wie Gabun, Limba und Abachi.

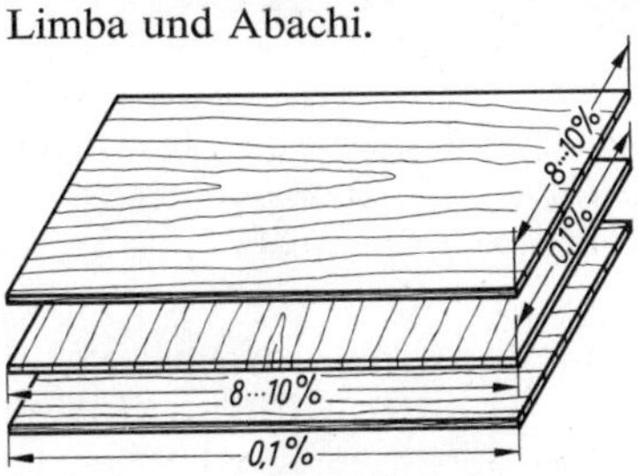

79.1 Furniere werden zusammengeleimt. Die Mittellage verläuft rechtwinklig zu den beiden Außenlagen. Das Arbeiten in der Länge und Breite wird durch die kreuzweise Verleimung aufgehoben

In Furnierplatten bestehen alle Lagen aus Furnieren – das sind dünne Holzblätter, die durch Schälen oder Messern von Stämmen abgetrennt werden. Neben den in drei Güteklassen lieferbaren Furnierplatten für Möbelbau und Innenausbau gibt es Bau-Furnierplatten (Kennzeichen BFU). Die 3 bis 9 Lagen dieser Platten müssen wetterbeständig verleimt sein. Sie werden in Dicken von 8 · · · 29 mm geliefert. Nach DIN 4078 gibt es 7 Plattenlängen von 1250 · · · 3050 mm und Plattenbreiten von 1250, 1530, 1730 und 1830 mm. Die Bau-Furnierplatten werden in erster Linie für Holzhäuser und Leichtdächer verwendet.

Tischlerplatten haben dickere Mittellagen und beiderseitig Absperrfurniere. Sie unterscheiden sich in den Mittellagen (**79.**2). Für den Möbelbau und den Innenausbau werden sie in zwei Güteklassen geliefert. Außerdem gibt es für Bauzwecke die Bau-Tischlerplatte

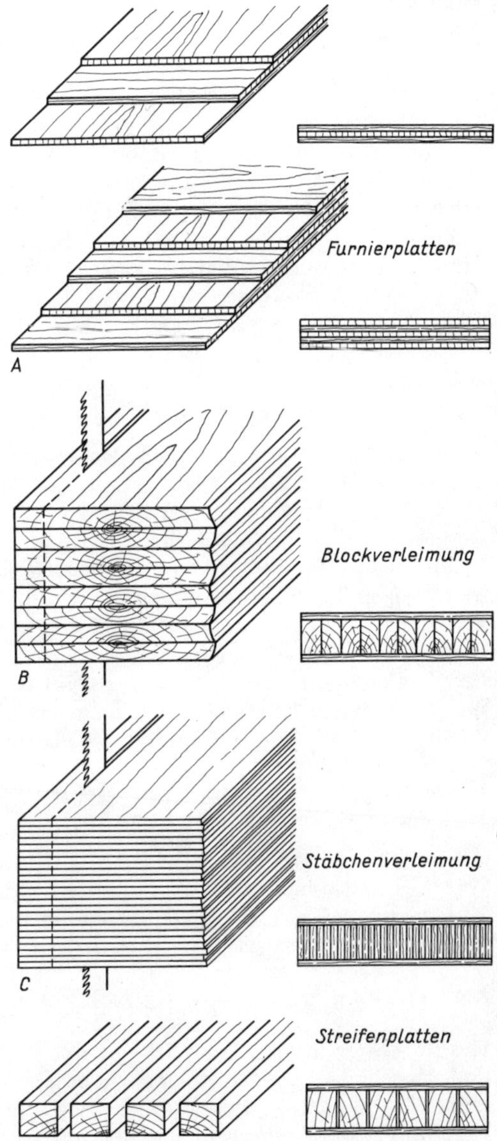

79.2 Arten des Sperrholzes
A Furnierplatte aus 3, 5, 7 und mehr Furnierdicken, B Tischlerplatte ST = Stabplatte mit Mittellagen in Blockverleimung, C Tischlerplatte STAE = Stäbchenplatte mit Mittellage in Stäbchenverleimung, D Tischlerplatte SR = Streifenplatte mit Mittellage aus unverleimten Streifen (Leisten)

(Kennzeichen BTL), die durch die verwendeten Holzarten und eine wetterbeständige Verleimung widerstandsfähig gegen hohe Temperaturen und hohe Feuchtigkeit ist. Ihre Biegefestigkeit in Längs- und Querrichtung soll mindestens 20 N/mm^2 betragen. Tischlerplatten werden in Dicken von 13 ··· 38 mm, in Längen von 1530, 1730, 1830 mm und in Breiten von 4600 und 5100 mm geliefert.

Holzspanplatten (DIN 68761) sind Holzwerkstoffe, die aus Holzspänen mit Kunststoff als Bindemittel hergestellt werden. Sie haben in den letzten Jahren so an Bedeutung gewonnen, daß im Möbelbau und im Bauwesen wesentlich mehr Spanplatten als Sperrholz verarbeitet werden.

Es gibt die billigeren Einschichtplatten mit gleicher Struktur über den ganzen Querschnitt und die Zwei-, Drei- und Vielschichtplatten mit Schichten verschiedener Struktur (unterschiedliche Größe der gepreßten Späne). Die Oberflächen können ungeschliffen, geschliffen, furniert oder mit Kunststoff beschichtet sein. Holzspanplatten für die Anwendung im Bauwesen unterliegen nach der Norm besonderen Bedingungen. Die Verleimung muß entweder beständig gegen hohe Luftfeuchtigkeit (begrenzt wetterbeständig) oder beständig zur Verwendung in Räumen mit niedriger Luftfeuchtigkeit (nicht wetterbeständig) sein. Die Biegefestigkeit ist höher als bei den sonstigen Spanplatten; sie reicht je nach Plattendicke von 7 ··· 20 N/mm^2 (z.B. Plattendicke 20 ··· 25 mm, Biegefestigkeit 15 N/mm^2); sie reicht jedoch nicht an die Biegefestigkeit von Sperrholz heran.

Holzfaserplatten (DIN 68750) werden aus Holzfasern gepreßt. Man unterscheidet poröse Holzfaserplatten (Isolier- oder Dämmplatten) und harte Holzfaserplatten. Poröse Holzfaserplatten haben eine Biegefestigkeit von 1,5 ··· 2 N/mm^2, harte von 40 N/mm^2. Sie werden vor allem in Dicken von 3 ··· 6 mm gebraucht. Die Holzfaserplatten werden in hydraulischen Pressen unter Hitze mit hohem Druck gepreßt. Dabei entweicht die Feuchtigkeit durch ein engmaschiges Sieb, das unter der Preßplatte angebracht ist. Daher zeigen die Holzfaserplatten auf der einen Seite den Abdruck des Siebes, während sie auf der anderen Seite völlig glatt sind. Holzfaserplatten können an Stelle von Furnierplatten für Verkleidungen verwendet werden. Im Betonbau werden Schalungen für Sichtbeton oft in der Weise hergestellt, daß man vor die Schalbretter Holzfaserplatten setzt und damit eine glatte Fläche des fertigen Betons erzielt.

Holz wird in verschiedenen Verfahren zu Platten verarbeitet. Beim Sperrholz werden Holzlagen kreuzweise verleimt. Wirkung?

Als Sperrplatten gelten Furnierplatten und Tischlerplatten. Worin besteht der Unterschied?

Holzspanplatten aus gepreßten Spänen haben nicht die Festigkeit von Sperrholz, Holzfaserplatten besitzen verschiedene Oberflächen. Warum?

6.5. Holz für Rüstung, Schalung und Abstützungen

Die Baukosten können erheblich gesenkt werden, wenn es gelingt, Holz für Rüstungen und Absteifungen möglichst lange zu erhalten und Schalungen mehrfach zu verwenden. Unnötiger Verschnitt ist zu vermeiden, pflegliche Behandlung dringend erforderlich. Rundholz für Rüstungen und Absteifungen ist zu entästen und zu entrinden, damit es vor Fäulnis geschützt wird. Luftiges Stapeln des nicht gebrauchten Schnittholzes erhöht die Lebensdauer. Das geordnete Lagern nach Arten und Abmessungen erspart Zeit beim Aussuchen und unnötigen Verschnitt.

Tafel **81.1** **Baugerüste, Abstützungen und Einschalungen**

Benennung	Verwendung	Beschaffenheit und Abmessungen	Aufbewahrung
Baugerüste			
Rüststangen	Ständer Längsriegel Streben	Rundholz (Derbstangen) meistens aus Fichte oder Tanne; am Zopfende ⌀ 7 · · · 10 cm; halblange Stangen 6 · · · 9 m, lange Stangen 9 · · · 15 m	auf Unterlagen, lagenweise; Stammenden aneinander
Riegel	Unterlage für den Rüstbelag	Fichte oder Tanne; mindestens ⌀ 10 cm; 1,80 · · · 2,30 m lang; am dicken Ende abgeflacht	kreuzweise gestapelt
Leitern	Zugang zu verschiedenen Rüsthöhen	eingebohrt oder eingeklinkt, nicht nur aufgenagelt; Holme nicht aus drehwüchsigem Holz	nach Längen geordnet; flach übereinander auf Leisten
Rüstböcke	für Bockrüstungen	aus Kanthölzern standfest gearbeitet; 1,0 · · · 1,5 m hoch; Ausziehböcke bis ≈ 2,50 m	auf Brettern reihenweise nebeneinander
Rüstbretter	Rüstbretter Bordbretter Karrbohlen	Fichte oder Kiefer; 20 · · · 30 cm breit, mindestens 30 mm dick; Kopfenden gegen Reißen mit Bandstahl beschlagen	nach Längen geordnet; auf Leisten gestapelt oder Dreieckstapel
Abstützungen und Einschalungen			
Stützen	Abbrucharbeiten	Rundholz aus Fichte oder Kiefer, ⌀ 15 · · · 30 cm, Länge nach Bedarf	luftig und übersichtlich
Schwellen, Rähme	wie vor	Kanthölzer in passenden Abmessungen	wie vor
Steifen	Betondecken Fensterstürze Bogenschalungen	Rundholz aus Fichte oder Tanne; in unterschiedlichen Längen und Dicken	wie vor
Pfähle	Absteckungen Schnurgerüste Einschalungen	Rundholz in kleinen Abmessungen; schlank gespitzt	wie vor
Riegel Stiele	Gerippe für Betoneinschalung	Kanthölzer aus Fichte, Tanne, Kiefer; 8/8 · · · 10/12 cm	wie vor
Schalbretter	Betoneinschalung Zugstreben	Fichte, Tanne oder Kiefer; 10 · · · 20 cm breit, 20 · · · 25 mm dick, verschiedene Längen	wie vor; nach Gebrauch säubern und entnageln
Sperrholz Holzfaserplatten	Betoneinschalung	Rotbuche, Fichte, Kiefer, Überseehölzer; gepreßte Holzfaser	vor Witterungseinflüssen und Feuchtigkeit schützen
Keile	unter Stützen und Steifen	Hartholz; verschiedene Größen	trocken lagern

6.6. Schutz des Holzes vor Zerstörung

Feuer hat schon Mengen von lagerndem und verarbeitetem Bauholz vernichtet. Durch sachgemäßes Lagern von leicht entzündlichen Stoffen, durch Beachten des Rauchverbotes und durch Tränken mit Feuerschutzmitteln, die die Entflammbarkeit des Holzes stark vermindern, sucht man deshalb Holzlager und Holzbauten vor Feuer zu schützen.

Risse setzen die Festigkeit des Holzes herab und bieten eine Angriffsfläche für Fäulnispilze. Rüstbretter schützt man vor Rissebildung und starker Abnutzung durch Beschlag mit Bandstahl an den Kopfenden. Bei der Auswahl des Holzes für Rüstungen u.a. ist zu prüfen, ob rissiges Holz noch fest genug ist.

Holzschädlinge sind vor allem verschiedene Käferarten, deren Larven das Holz durch Fraßgänge zerstören. Am lebenden Stamm kommen Borken- und verschiedene Bockkäfer vor, von denen der Eichenbock zu nennen ist, dessen Larven bis zu 80 mm lang werden und fingerdicke Gänge fressen. Besonders gefürchtet ist der sich stark vermehrende, 15 ··· 20 mm lange Hausbockkäfer, dessen Larven vielfach „großer Holzwurm" genannt werden. Diese befallen in großen Mengen besonders die Dachverbandhölzer und zerstören oft das ganze Splintholz bis auf eine dünne Außenschicht, ehe sie bemerkt werden (**82**.1). Dieser Schädling kann durch Entfernen des befallenen Holzes (Abbeilen), geeignete Spritzmittel und Vergasung bekämpft werden. In Türbekleidungen, Fußleisten und Möbeln macht sich zuweilen der „Kleine Holzwurm" (Larve des Pochkäfers, „Totenuhr") durch kleine Bohrlöcher, Bohrmehl und uhrartiges Ticken des männlichen Käfers bemerkbar. Vorbeugend wirken gegen beide Käferarten Schutzanstriche.

82.1 Schadbild des Hausbockbefalls

Fäulnis verdirbt viel Holz. Jedes Faulen ist auf die Tätigkeit von Pilzen zurückzuführen, die die Holzmasse überwuchern und in fein verzweigten Strängen (Myzel) durchdringen. Sie leben von der Holzmasse und machen sie mürbe. Zu nennen sind die schon im Walde im Kernholz der Fichte auftretende Rotfäule, ferner die besonders bei feucht gelagertem Fichtenholz von außen nach innen dringende Rotstreifigkeit und die oft im Splintholz der Kiefern auftretende Blaufäule. Wird ungenügend trockenes Holz eingebaut, können verschiedene Pilze, z.B. Kellerschwamm und Lohporenschwamm, Fäulnisschäden verursachen, die in der Praxis je nach dem Verfallsbild Trockenfäule oder Naßfäule genannt werden.

Der echte Hausschwamm ist besonders gefährlich. Im Gegensatz zu dem ihm ähnlich sehenden Poren- und Kellerhausschwamm sowie zu anderen Fäulnispilzen vermag er auch auf lufttrockenem und einwandfrei verarbeitetem Holz zu leben, wenn er bei Feuchtigkeit und dumpfer Luft Fuß fassen konnte. Hausschwammbefall wird nach der Bauausführung und beim Verkauf eines Hauses als erheblicher Mangel angesehen, für den die Verantwortlichen haften müssen. Deshalb ist es auch für den Bauhandwerker wichtig, sich die wesentlichen Kennzeichen des echten Hausschwammes zu merken, durch einwandfreie Arbeit dem Auftreten dieses Schädlings vorzubeugen und notwendig werdende Bekämpfungsmaßnahmen mit aller Gründlichkeit durchzuführen.

Kennzeichen des echten Hausschwammes ist zunächst das an den verdeckten Seiten des eingebauten Holzes (eingemauerte Balkenköpfe, Unterseite des Fußbodens) strahlenförmig sich ausbreitende wattigweiße Pilzgewebe. Mit zunehmendem Alter verdichtet sich dies zu sehnigen, verästelten Strängen, an denen weißgraue oder bräunliche Reste des Gewebes hängen. Diese Stränge behalten lange ihre Lebenskraft und sind sogar in der Lage, trockene Füllstoffe (Sand, Schlacke), porige Mauersteine und Mörtel zu durchdringen, um an das Holz zu gelangen. Bei fortgeschrittenem Befall erscheinen zuweilen an sichtbaren Stellen (Fußleisten usw.) die Fruchtkörper als rotbraun gefärbte, runzligfleischige Gebilde mit weißem Rand, in denen die Sporen heranreifen. Diese sowie verkrümmte oder eingebrochene Fußbodenbretter und dumpfer Geruch sind meistens die ersten Zeichen des Befalls. Beim Aufreißen zeigen sich dann bereits Zerstörungen großen Ausmaßes (**83.1**).

Verhütung von Schwammschäden ist erstes Gebot. Bauarbeiter sollen Behelfsaborte benutzen, weil Verunreinigungen im Bau guten Nährboden für Schwammbildung bieten. Sperrschichten gegen Grundfeuchtigkeit müssen gewissenhaft ausgeführt werden. Baustoffe aus Abbrüchen darf man nur verwenden, wenn sie mit Sicherheit schwammfrei sind. Bauholz muß gesund und lufttrocken sein. Im Mauerwerk muß es so angeordnet werden, daß es weiter austrocknen kann und vor dem Zutritt von Feuchtigkeit geschützt ist. Auch Füllstoffe müssen trocken sein. Neue Bauten sind gründlich auszutrocknen und gut zu durchlüften.

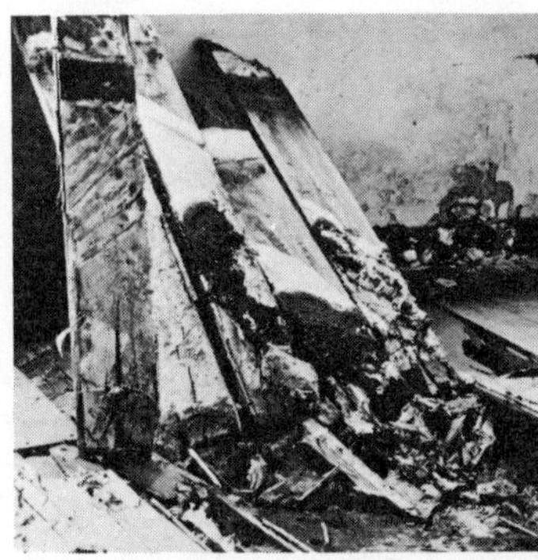

83.1 Hausschwamm-Befall

Hausschwammschäden müssen gründlich beseitigt werden. Während bei anderen Pilzen oft die Bekämpfung übermäßiger Feuchtigkeit und der Ersatz nicht mehr tragfähigen Holzes genügt, ist beim Hausschwamm mehr zu tun. Alle kranken Holzteile, zur Vorsicht auch alle gesunden im Umkreis von etwa 1 m, müssen entfernt und verbrannt werden. Die Füllstoffe sind an den Befallstellen abzutragen und durch ausgeglühte zu ersetzen. Putz ist an den Befallstellen zu entfernen. Die Mauerfugen müssen tief ausgekratzt werden. Mauerwerk wird mit einer Lötlampe abgeglüht und zweimal mit einem Schutzmittel gestrichen. Neu einzubringendes Holz muß gesund und trocken sein. Es wird vorbeugend mit einem Schutzmittel gestrichen und so verarbeitet, daß es ständig von frischer Luft umgeben ist.

Schutzmittel gegen Pilzbefall und Fäulnis können ölig oder wasserlöslich sein. Ölige Mittel werden unverdünnt auf genügend trockenem Holz und bei starkem Geruch möglichst nur im Freien verwandt (Karbolineum, Basileum, Xylamon u.a.). Wasserlösliche Mittel in Salz- oder Pastenform verdünnt man im richtigen Verhältnis mit Wasser. Sie dringen auch in nasses Holz gut ein, wirken jedoch nur bei richtiger Verdünnung und werden zum Teil bei Nässe leicht ausgewaschen (Fluralsil, Basilit u.a.). Die Verarbeitungsvorschriften der Lieferwerke sind genau zu beachten.

Holz ist brennbar. Wie wird es im Hausbau gegen Feuer geschützt?

Risse mindern den Wert des Holzes. Wie werden Schäden verhütet?

Der Hausbock zerstört besonders die Dachverbandhölzer. Bekämpfung?

Fäulnis wird durch Pilze verursacht, deren Myzel das Holz durchwuchert und zerstört. Besonders gefährlich ist der echte Hausschwamm. Ursachen, Kennzeichen, Vorbeugung und Bekämpfung?

Aufgaben

1. Beschreiben Sie das Arbeiten des Holzes. Wo muß man es im Bauwesen berücksichtigen?
2. Fertigen Sie eine Zusammenstellung der Hölzer und ihrer Verwendung an, die Sie bisher kennengelernt haben.
3. Mit wieviel N darf Fichtenholz der Güteklasse II auf einer Fläche von 14 cm × 12 cm senkrecht zur Faserrichtung beansprucht werden?
   Bis zu welcher Last kann der gleiche Holzabschnitt in Richtung der Faser belastet werden?
4. Wieviel Kilogramm wiegt ein Rüstbrett von 4,00 m Länge, 24 cm Breite und 35 mm Dicke in lufttrockenem Zustand, wenn die Dichte 0,52 kg/dm^3 beträgt?
5. Wieviel Kubikmeter lufttrockenes Fichtenschnittholz mit einer Dichte von 0,47 kg/dm^3 können auf einem Lastwagen von 3,5 t Ladefähigkeit befördert werden?
6. Wieviel Quadratmeter Schalbretter von 24 mm Dicke können aus einem Festmeter Rundholz geschnitten werden, wenn der Verlust durch Sägeschnitt und Abfälle 35 % beträgt?
7. Fertigen Sie eine tabellarische Übersicht der verschiedenen Arten von Schnittholz an.
8. Wo werden Sperrholz, Holzspanplatten und Holzfaserplatten verwendet? Beschreiben Sie die Verarbeitung.
9. Wodurch kann Bauholz zerstört werden? Wie wird es vor Zerstörung geschützt?

7. Einfache Betonarbeiten

7.1. Betonfundamente ohne Schalung

Fundamente sollen die Last des Bauwerks auf den Boden übertragen. Ihre Grundfläche muß um so größer sein, je größer die Belastung und je geringer die Tragfähigkeit des Bodens ist. Allgemein werden sie breiter als das darauf ruhende Mauerwerk ausgeführt. Bei den üblichen Hochbauten mit mäßiger Belastung und tragfähigem Untergrund beträgt der Überstand beiderseitig 5 · · · 10 cm (**85.1**). Die Fundamentsohle soll frostfrei liegen, weil sonst bei strenger Kälte der Boden unter dem Fundament gefriert, dabei das Mauerwerk hebt und Risse verursacht. Als frostfreie Tiefe gelten im allgemeinen 0,80 m, in kalten Gegenden 1,0 m. Die Fundamentgräben unterkellerter Gebäude liegen meistens tief und deshalb frostfrei, dafür genügen Fundamenthöhen von 0,30 · · · 0,50 m. Bei festem Erdreich können die Fundamentgräben mit senkrechten Wandungen ausgeschachtet und ohne Schalung mit Beton gefüllt werden. Es empfiehlt sich, Fundamente und Kellersohle in einem Arbeitsvorgang herzustellen, weil so die eingesetzten Maschinen und Geräte wirtschaftlicher genutzt werden (**85.2**). Außerdem bietet die fertige Betonsohle dem Maurer eine feste Arbeitsebene, auf welcher das Mauerwerk sauber angelegt und hochgeführt werden kann. Gleichzeitig ist auch eine feste Unterlage für die Streifen der Deckenschalung geschaffen.

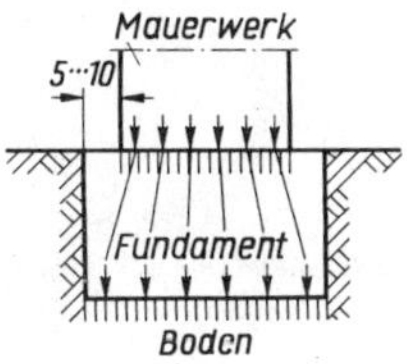

85.1 Übertragung des Mauerdrucks durch das Fundament auf eine größere Bodenfläche

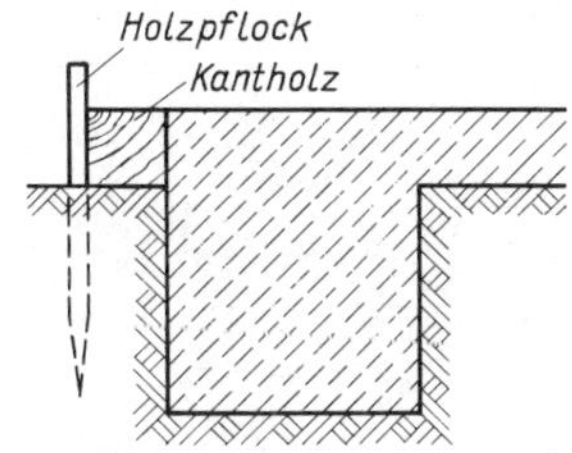

85.2 Fundament und Kellersohle, in einem Arbeitsgang hergestellt

An den Grabenkanten befestigt man Bohlen oder Kanthölzer (**85.3**), die ein Abgleichen des fertigen Fundamentes ermöglichen. Die Gräben werden meist mit *steifem Beton* (K 1) der Festigkeitsklasse Bn 50 oder Bn 100 gefüllt.

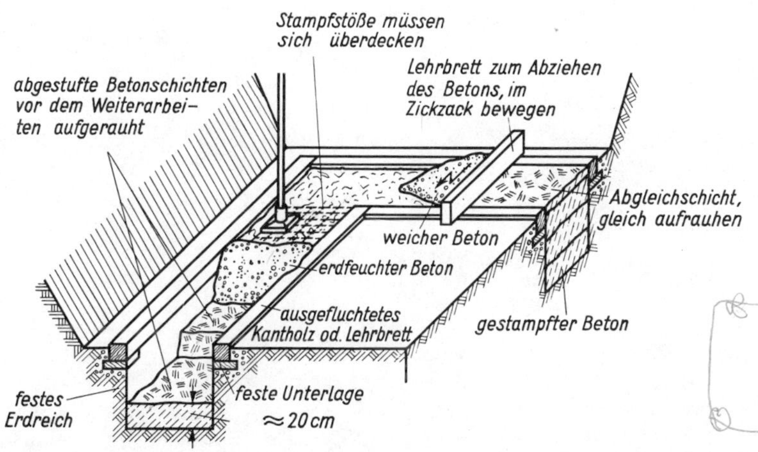

85.3 Betonieren und Abgleichen eines Fundaments in festem Erdreich ohne Schalung

Der Beton wird in Lagen von *höchstens 20 cm Dicke* eingebracht, weil er sonst durch das Stampfen nur im oberen Teil der Lagen fest wird. Die Stampfstöße müssen einander überdecken, damit der Beton sich gleichmäßig verdichtet (**86.1**). Es wird so lange gründlich gestampft, bis sich an der Betonoberfläche Wasser zeigt. Besonders sorgfältig ist an den Ecken und Kanten zu stampfen. Die Verdichtung des in Lagen eingebrachten Betons

kann auch mit der Rüttelflasche oder die Verdichtung der Betonsohle mit einem Oberflächenrüttler vorgenommen werden. Der Beton soll möglichst innerhalb einer Stunde nach dem Mischen verarbeitet sein, damit er nicht vorzeitig erstarrt. Vor Arbeitspausen ist er möglichst aufzuarbeiten. An den besonders beanspruchten Ecken und Anschlüssen darf die Arbeit nicht unterbrochen werden.
Man treppt vielmehr die Betonschichten an einer unwichtigen Stelle ab (**85.3**) oder legt ein Kunststoff-Arbeitsfugenband ein.

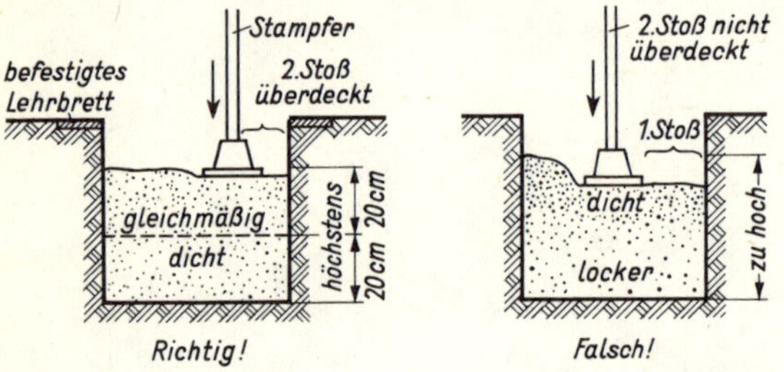

86.1 Stampfbeton soll in Lagen von $\leqq$ 20 cm Dicke eingebracht werden; die Stampfstöße müssen sich überdecken

Vor dem Weiterbetonieren muß die Oberfläche des bereits erstarrten Betons aufgerauht, sauber abgekehrt und mit Zementbrei vorgestrichen werden, weil nur so eine innige Verbindung der Betonlagen möglich ist. Zerstörende Einflüsse (Frost, schädliche Abwässer) wirken sich besonders an diesen Stellen aus (**85.3**).

Die Oberfläche des Fundamentes muß eben und waagerecht sein, weil darauf Mauerwerk angelegt oder eine Wandschalung errichtet wird. Man bringt deshalb zum Abschluß des Fundamentes zwischen den gut ausgefluchteten Lehren eine nicht zu grobkörnige 2 ··· 3 cm dicke Abgleichschicht auf, die mit einem Lehrbrett im Zickzack abgezogen und gleich aufgerauht wird (**85.3**).

Fundamente müssen Gebäudelasten auf den Boden übertragen. Ihre Breite und Tiefe?
Steifer Beton wird in Lagen von $\approx$ 20 cm Dicke eingebracht. Wie wird er verdichtet?
Fundamentoberflächen werden waagerecht abgeglichen. Warum und wie?

7.2. Betonfundamente mit Schalung

Fundamentgräben größerer Tiefe oder in loser Erde werden mit Böschung ausgehoben. Man braucht dann eine Schalung, die dem Frischbeton die Form gibt, dem seitlichen Druck des noch weichen Betons Widerstand bietet und nach dem Erhärten des Betons mühelos entfernt werden kann. Die Betonmaße, z.B. Länge, Breite und Höhe eines Fundamentes, sind in der Zeichnung festgelegt. Der Einschaler (Betonbauer, Maurer, Zimmerer) muß sich danach selbst überlegen, wie die Einschalung zweckmäßig hergestellt werden kann.

Als Schalholz dienen gleichbreit besäumte Schalbretter von etwa 24 mm Dicke und 10 ··· 15 cm Breite, auch Gerüstbohlen und Schalplatten. Zum standfesten Aufstellen benötigt man ferner – je nach der Ausführung – Kanthölzer von 8/8 ··· 10/12, schmale Brettstücke, Latten, Keile, Bolzen, Spanndraht von ⌀ 3 ··· 6 mm und Nägel in verschiedenen Längen.

Zum Herstellen der Schalung benutzt man außer Maßstab, Bleistift, Wasserwaage und Lot vorwiegend betriebseigenes Werkzeug, z.B. Zimmermannswinkel, Handsäge, Schrotsäge, Zimmermannshammer, Beil, Bohrer, Zange, Hobel, Stecheisen und Nagelklaue. Fundamentschalungen werden zweckmäßig aus Schaltafeln gebildet, weil diese für Bauteile gleicher Abmessungen wiederholt verwandt werden können. Sie lassen sich bei einfachen Betonarbeiten auch verhältnismäßig leicht aufstellen. So werden Schalholz und Arbeitszeit eingespart.

Schaltafeln stellt man auf einem Arbeitstisch aus feststehenden Böcken mit Bohlendeckung her. An einer Längs- und Querseite werden auf den Bohlen im rechten Winkel Anschlagleisten befestigt, um das rechtwinklige Zulegen und Anreißen der Platten zu erleichtern (**87**.1).

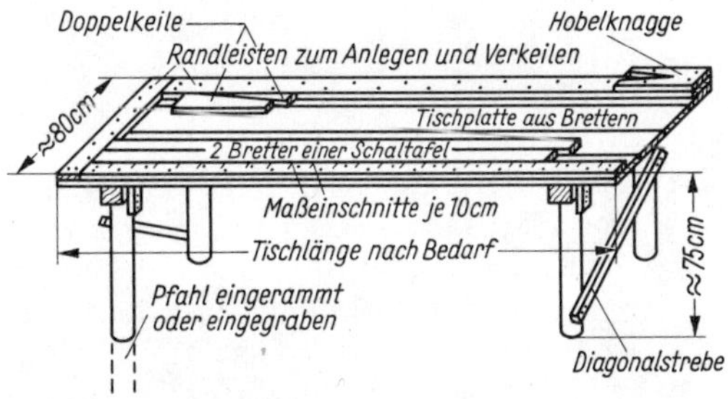

87.1 Zulegen einer Schaltafel auf einem festen Arbeitstisch

Die Bretter der Schaltafel werden auf einer Seite bündig gelegt. Baumkantige Brettseiten legt man nach oben, weil sie an der Bundseite der Schaltafeln, die beim Zulegen unten liegt, unebene Stellen im Beton verursachen würden. Mit Maßstab oder Maßlatte und Zimmermannsbleistift trägt man die gewünschte Länge auf. Dann wird der Winkel mit dem kurzen Schenkel angelegt und am langen Schenkel entlang der Abschnitt angerissen.

Bei Brettstapeln zeichnet man erst auf dem oberen Brett einen Winkelriß an und dann einen Lotriß am Stapel.

Aufgenagelte Brettlaschen halten die Schaltafel unverschiebbar zusammen. Man beginnt dabei am Ende und setzt die Laschen um Brettdicke versetzt an. Bei der üblichen Brettdicke von 24 mm verwendet man Nägel 25 × 55 oder 28 × 65 (Dicke der Nägel = 2,5 bzw. 2,8 mm, Länge = 55 bzw. 65 mm). Der Abstand einer Nagelreihe von der Brettkante soll etwa 2,5 cm betragen. Die auf der Rückseite vortretenden Nagelspitzen werden flach in Faserrichtung umgeschlagen. Über den Dorn umgeschlagene Nägel erschweren das Ausschalen (**87**.2 und **88**.1).

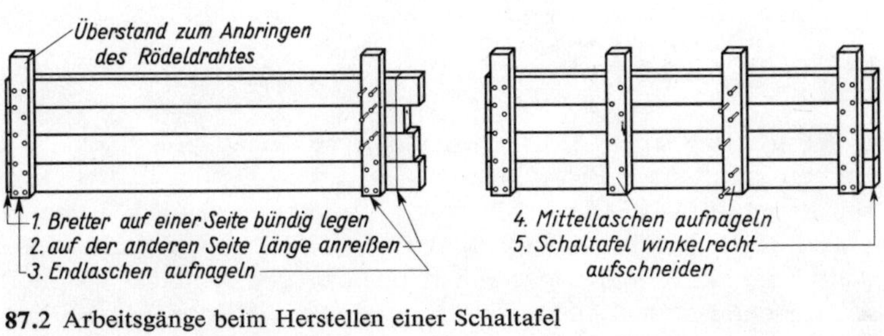

87.2 Arbeitsgänge beim Herstellen einer Schaltafel

Der Laschenabstand beträgt 60 · · · 80 cm. Zur Befestigung der Mittellaschen genügen meist Nägel 22 × 50. Sie entsprechen der Gesamtdicke der zusammengepaßten Hölzer und ersparen somit das Umschlagen der Nagelspitzen.

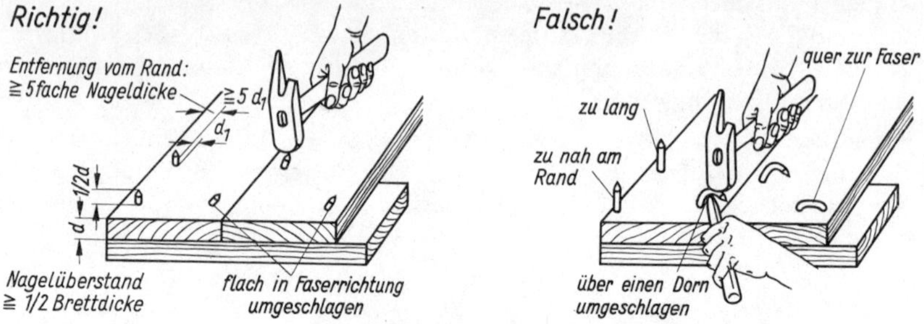

88.1 Falsches und richtiges Umschlagen der Nägel bei Einschalungen

Das Zuschneiden von Brettern und Tafeln erfolgt meist mit der Baukreissäge, zum Teil auch mit der Handsäge. Die Zähne der Handsäge – als Einmannsäge verwendet – sollen schwach auf Stoß stehen, weil eine genaue Schnittführung nur beim Vorwärtsstoßen möglich ist. Zum Schneiden des feuchten, oft gequollenen Schalholzes benutzt man vorwiegend ausreichend und gleichmäßig geschränkte Sägen. Die Zähne solcher Sägen sind mittels Schränkzangen abwechselnd nach außen gedrückt. Damit verhindert man, daß die Säge während des Schneidens klemmt. Beim Ansetzen des Blattes benutzt man den linken Daumen als Führungshilfe. Vor dem Schnitt ist zu prüfen, ob das Sägeblatt gerade eingestellt ist (**88**.2 und 3). Windschief verdrehte Sägeblätter erschweren eine geradlinige Schnittführung.

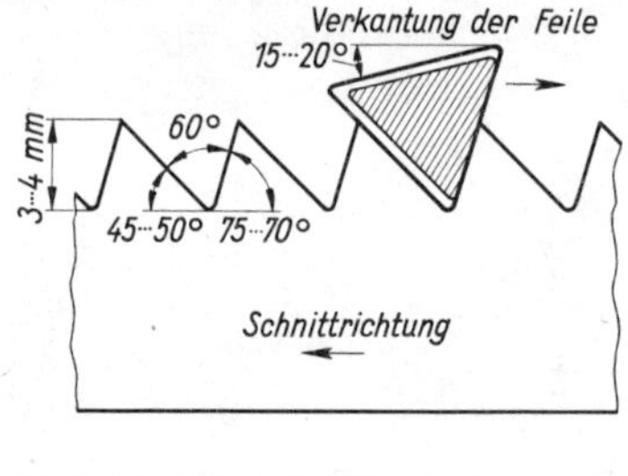

88.2 Die Zähne der Handsäge werden „schwach auf Stoß“ geschärft. Dazu wird die waagerecht und rechtwinklig zum Blatt geführte Feile leicht verkantet

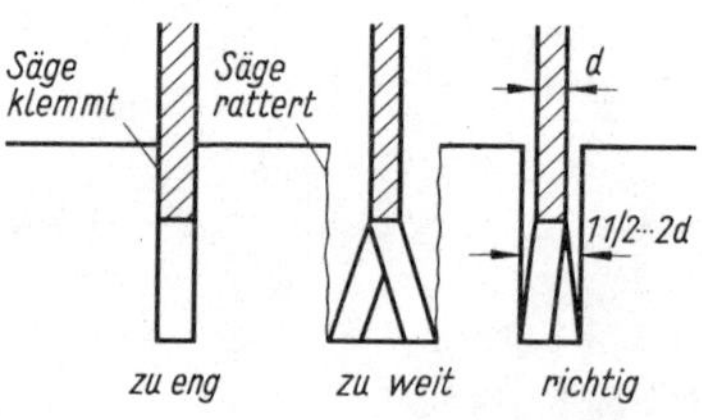

88.3 Falsche und richtige Zahnstellung nach dem Schränken

Aufgabe der Schalung ist es, dem Frischbeton eine dem Bauplan gemäße Form zu verleihen und die anfallenden Belastungen bis zur Erhärtung des Bauteils sicher aufzunehmen. Dazu sind sorgfältig ausgeführte Verspannungs- und Aussteifungsmaßnahmen erforderlich. Abstandhalter aus Holz, Kunststoff, Metall oder Asbestzement sichern eine genaue Einhaltung der Bauteildicke bzw. -breite. Spanndrähte, Spannschlösser, Rödelungen und Aussteifungen nehmen den Betondruck auf.

Die Rödelung von Schalungen mit 3 · · · 5 mm dickem, geglühtem Rödeldraht findet immer weniger Anwendung. Zwar ergeben sich dabei niedrige Materialkosten, doch verursacht der erhöhte Zeitaufwand vermehrte Lohnkosten.

Durch Spannschlösser gehaltene Spanndrähte ⌀ 6 mm oder dicker ermöglichen eine gleichmäßig sichere, feste und zeitsparende Verspannung der Schalgerüste. Schloßkeile oder Exzenter verhindern das Ablösen oder auch Abrutschen der Drähte aus ihrer Verankerung. Auch beim Ausschalen ermöglichen Spannschlösser deutliche Zeitersparnisse gegenüber gerödelten Schalgerüsten (**89**.1).

Der seitliche Schalungsdruck kann auch unmittelbar auf den Boden übertragen werden (**89**.2). Dabei wird das untere Querholz (Verbindungsholz) durch in den Boden geschlagene Pflöcke oder waagerechte Streben gehalten, das obere durch Strebehölzer. Der so entstandene Dreiecksverband sichert das Schalgerüst gegen seitliches Verschieben (**89**.3 und 4).

89.1 Einschalung eines niedrigen Fundaments mit Einzelbrettern, die an senkrechten Kanthölzern befestigt sind. Die Schalung wird durch Schnellspanner gehalten

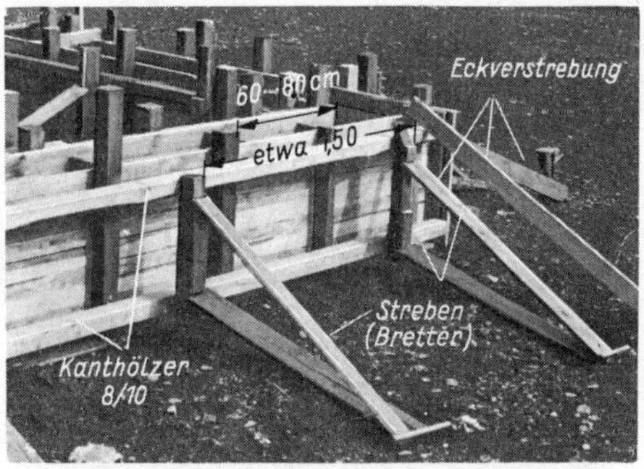

89.2 Einschalung eines niedrigen Fundaments mit Einzelbrettern und Kanthölzern. Ecke von außen gesehen

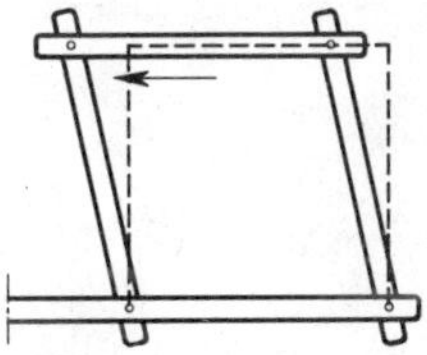

89.3 Viereckrahmen sind verschiebbar

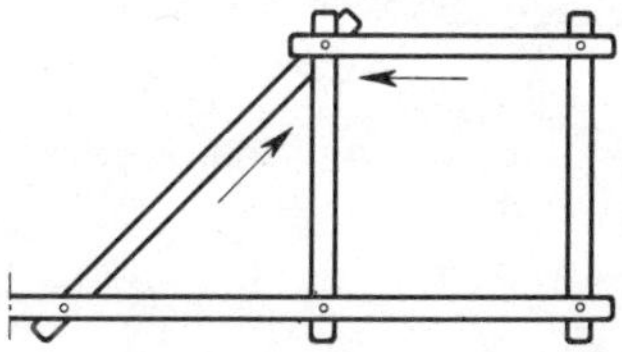

89.4 Dreieckverbände sind unverschiebbar

Verspannungen werden – je nach Baukonstruktion – in Abständen von 50 · · · 80 cm angeordnet. Die vorstehenden Teile der Spanndrähte müssen unfallsicher abgebogen werden.

Mit Trennmittel (Schalungsöl) behandelte Schalflächen verhindern zu festes Anhaften des Betons an der Schalhaut. Dies erleichtert die Ausschalarbeiten und schont das Schalholz. Der Arbeitsaufwand für die Behandlung der Schalflächen mit Trennmittel wird mit der häufigeren Wiederverwendbarkeit der Schaltafeln mehr als ausgeglichen. Bewehrungsstähle dürfen nicht mit Trennmittel in Berührung kommen, weil dadurch die notwendige

Betonhaftung verhindert wird. Das Trennmittel soll deshalb vor Beginn der Bewehrungsarbeiten mit Bürste oder Sprühgerät aufgetragen werden.

Ausreichende Verdichtung und richtige Nachbehandlung sind wesentliche Voraussetzungen für die Entstehung von Beton mit gewünschter Festigkeit. Für die Nachbehandlung ist zu bedenken, daß der Erhärtungsprozeß des Betons nur unter Verbrauch von Wasser stattfinden kann. Besonders bei sonnig-heißem und windigem Wetter ist Beton vor Austrocknung zu schützen, was durch mehrfaches Überbrausen und durch Abdecken der gefährdeten Betonflächen mit feuchten Planen und Matten erfolgen kann.

Frosteinwirkungen im frühen Erhärtungsstadium führen leicht zur Zerstörung des Betongefüges. Gefährdete Betonteile sind deshalb zum Schutz gegen Frost abzudecken oder – wenn möglich – zu beheizen.

Größere Erschütterungen an jungem Beton sollten vermieden werden, weil auch dadurch Schäden (Rissebildungen) auftreten können.

Die Ausschalfristen für Beton hängen ab von Art und Festigkeitsklasse des verwendeten Zements und von den Erhärtungsbedingungen. Bei Temperaturen über 5 °C darf je nach Festigkeitsklasse des Zements zwischen 1 und 3 Tagen nach dem Schütten ausgeschalt werden.

Aus Gründen der Unfallsicherung ist das Schalholz nach Gebrauch unbedingt zu entnageln.

Zum Schalen benötigt man Schalbretter, Schaltafeln, Kanthölzer, Rundhölzer, Latten, Keile, Spanndraht, Spannschlösser, Rödeldraht und Nägel. Abmessungen und Verwendung?

Handsägen sollen schwach auf Stoß stehen, richtig geschränkt und gut geschärft sein. Pflege und Aufbewahrung?

Beim Aufstellen der Schalung ist auf richtiges Betonmaß, genaue Flucht und gute Verstrebung zu achten. Wie wird fester Dreiecksverband gewährleistet?

Trennmittel erleichtern das Ausschalen und schonen die Bretter. Anwendung?

Nachbehandlung des Betons ist bei Hitze, Wind und Frost wichtig. Warum?

Beim Ausschalen muß der Beton genügend erhärtet sein. Was geschieht anschließend?

Aufgaben

1. Beschreiben Sie die Herstellung eines Betonfundamentes ohne Schalung.
2. Wie werden Schaltafeln hergestellt?
3. Wie wird bei der Herstellung von Beton in Schalungen die dem Bauplan entsprechende Form gesichert?
4. Nach dem Fundamentplan eines kleinen Gebäudes sind Streifenfundamente 0,80 m hoch aus Bn 50 herzustellen. Berechnen Sie den Betonbedarf.

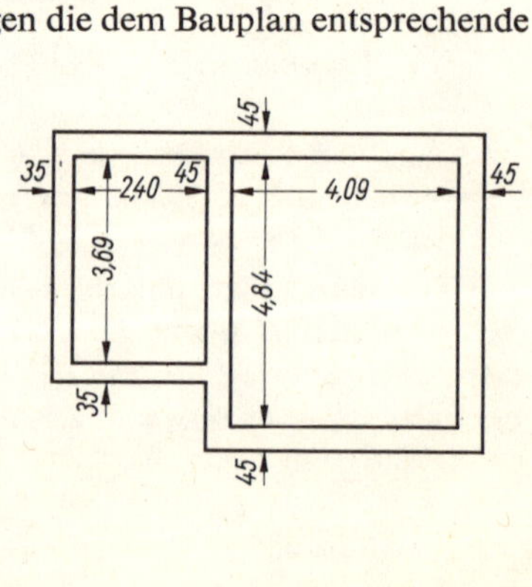

90.1 Fundamentplan eines kleinen Gebäudes

8. Künstliche Bausteine

Nach der Art ihrer Entstehung unterscheidet man natürliche und künstliche Bausteine. Natürliche Bausteine werden aus Steinbrüchen gewonnen, passend behauen und ohne weitere Behandlung auf dem Bau verarbeitet. Künstliche Bausteine bestehen aus natürlichen Rohstoffen, die zum Teil unter Zugabe von Zusätzen und Bindemitteln aufbereitet, geformt und gehärtet werden.

8.1. Unterscheidungsmerkmale

Unterscheidungsmerkmale künstlicher Mauersteine sind Rohdichte, Festigkeit, Ausgangsstoffe, Härteverfahren, Größe (Format) und Gestalt (**91**.1).

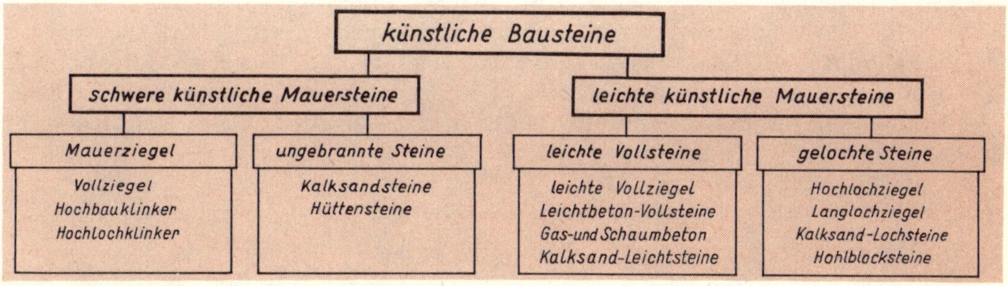

91.1 Übersicht der künstlichen Bausteine

Schwere Mauersteine haben eine Rohdichte von $\geqq 1{,}6$ kg/dm^3. Dazu gehören überwiegend Vollsteine[1]) mit dichtem Gefüge. Sie zeichnen sich in der Regel durch hohe Festigkeiten aus und eignen sich deshalb besonders für stark beanspruchte Bauteile (z.B. Pfeiler und Balkenauflager). Wände aus schweren Mauersteinen bieten außerdem eine besonders gute Luftschalldämmung.

Leichte Mauersteine werden als Voll- und Lochsteine hergestellt. Ihre Rohdichte ist $< 1{,}6$ kg/dm^3. Leichte Vollsteine weisen deshalb einen hohen Gesamtporengehalt auf, Lochsteine einen entsprechenden Anteil an Luftkammern. Leichte Mauersteine werden wegen ihrer guten Wärmedämmfähigkeit, ihrer leichteren Verarbeitbarkeit und ihres geringen Gewichtes bevorzugt. Sie lassen sich zum Teil fräsen, sägen und nageln. Geringere Steinrohdichte und dadurch verbesserte Wärmedämmung sind jedoch immer nur auf Kosten der Steinfestigkeit erreichbar. Die begrenzte Druckfestigkeit beschränkt deshalb den Einsatz der leichten Bausteine weitgehend auf die Herstellung von Umfassungs- und Trennwänden im Wohnungsbau. Doch muß einschränkend erwähnt werden, daß Hochlochziegel bei Rohdichten von 1,2 und 1,4 kg/dm^3 die gleichen Festigkeiten aufweisen wie entsprechend schwere Vollziegel.

---

[1]) Hochlochklinker gehören ebenfalls zu den schweren Mauersteinen.

Es gibt natürliche und künstliche Bausteine. Unterschied?

Bei den künstlichen Steinen unterscheidet man schwere und leichte Mauersteine. Eigenschaften und Anwendungsgebiete?

Leichte Mauersteine sind weniger fest als schwere. Dafür bieten sie einen besseren Wärmeschutz. Begründung?

8.2. Normen der Steingrößen

Die Normung der Steingrößen war eine der wichtigsten Voraussetzungen für die Rationalisierung des Mauerwerksbaues. Sie begann 1871 mit der Einführung des Reichsformatsteins (12 cm × 25 cm × 6,5 cm). Inzwischen hat sich die Erkenntnis durchgesetzt, daß Arbeitszeitersparnis und Lohnkostensenkung nur dann voll erreicht werden können, wenn die Abmessungen aller Baustoffe und Bauteile sinnvoll aufeinander abgestimmt sind. Als Grundlage wurden daher in DIN 4172, Maßordnung im Hochbau, Baunormzahlen für den Rohbau und den Ausbau zusammengestellt. Als Vorzugsmaß für den Rohbau gilt das Vielfache von 25, 25/2, 25/3 und 25/4 (Taf. **92.1**). Für den Mauerwerksbau war zu berücksichtigen, daß die Fugendicke in der Baunormzahl enthalten sein muß. Die Nennmaße von Mauersteinen ergeben sich daher aus der Differenz von Baunormzahl abzüglich der Fugendicke.

Tafel **92.1** **Baunormzahlen für den Rohbau** (DIN 4172)

25 cm	–	–	–	–	–	25	–	–	–	–	–	50 usw.
$\frac{25}{2}$ cm	–	–	**$12^1/_2$**	–	–	**25**	–	–	**$37^1/_2$**	–	–	**50 usw.**
$\frac{25}{3}$ cm	–	$8^1/_3$	–	$16^2/_3$	–	25	–	$33^1/_3$	–	$41^2/_3$	–	50 usw.
$\frac{25}{4}$ cm	$6^1/_4$	–	$12^1/_2$	–	$18^3/_4$	25	$31^1/_4$	–	$37^1/_2$	–	$43^3/_4$	50 usw.

Beispiel. Hohlblockstein 24 × 49 × 23,8 cm

Länge	Baunormzahl 50 – 1 cm Stoßfuge = 49 cm
Breite	Baunormzahl 25 – 1 cm Stoßfuge = 24 cm
Höhe	Baunormzahl 25 – 1,2 cm Lagerfuge = 23,8 cm

Die Ableitung der Steinhöhen aus dem Baunormmaß 25 cm bietet den Vorteil, daß die Schichthöhen des Mauerwerks bei Verwendung verschiedener Steinhöhen in Abschnitten von 25 cm übereinstimmen. Damit ist die Herstellung bautechnisch einwandfreier Einbindungen an Mauerecken, Stößen und Kreuzungen gewährleistet (**93.1**).

Die wichtigsten Steinformate und ihre Abmessungen zeigt die Tafel **93.2**.

Um 1920 begann man neben der Herstellung kleinformatiger Einhandsteine auch größere Zweihandsteine zu entwickeln. Jedoch sind eine entsprechende Anpassung der Verarbeitungsmethoden sowie die Entwicklung zweckmäßiger Werkzeuge und Geräte noch nicht in ausreichendem Umfang erfolgt. Dadurch konnten die arbeitstechnischen Rationalisierungsmöglichkeiten durch Einsatz großformatiger Steine noch nicht voll nutzbar gemacht werden.

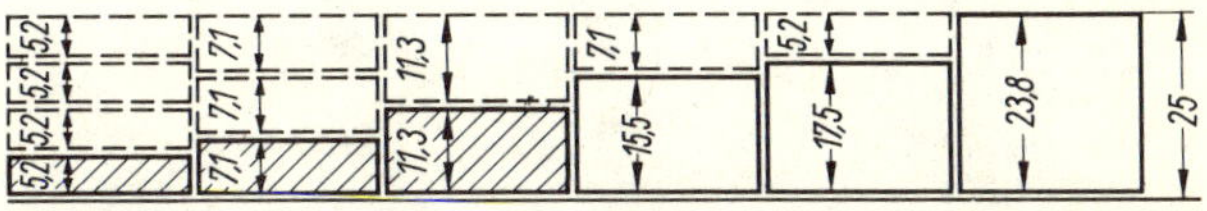

93.1 Abhängigkeit der Steinhöhenmaße vom Höhenrichtmaß 25 cm. Die Vorzugshöhenmaße sind schraffiert

Tafel **93.2** **Vorzugsmaße** (in mm)

Formate	Dünnformat DF	Normalformat NF	$1^1/_2$ NF = 2 DF	$2^1/_4$ NF = 3 DF
Länge	240	240	240	240
Breite	115	115	115	175
Höhe	52	71	113	113

Mit der Maßordnung im Hochbau ist eine der wichtigsten Voraussetzungen für die Rationalisierung des Bauens erfüllt. Vorzugsmaße für den Rohbau?

Die Abmessungen der klein-, mittel- und großformatigen Steine wurden unter Berücksichtigung der Stoß- und Lagerfugen festgelegt. Beispiele?

Technisch einwandfreie Einbindungen sind auch bei Mauerwerk aus unterschiedlichen Formaten möglich. Warum?

8.3. Mauerziegel

Mauerziegel gehören zu den ältesten künstlichen Bausteinen. Seit den Babyloniern kennen wir die Herstellung und Verarbeitung von Ziegelprodukten. Die Chinesische Mauer (300 J. v. Chr.) besteht zum Teil aus Ziegelsteinen. Im mitteleuropäischen Raum begannen erstmals die Römer mit dem Ziegelbau (**94**.1). Als Vor- und Hintermauerstein gewann dann der Ziegel zunehmend an Bedeutung, z.B. während der Backsteingotik (**94**.2). Seine wichtigsten Vorzüge sind:

hohe Festigkeit, Raumbeständigkeit, gutes Wärmedämmvermögen, gute Mörtelhaftung, schnelle Trocknung nach Feuchtigkeitsaufnahme, Witterungsbeständigkeit (bei Vormauerziegeln) und Vermittlung guter klimatischer Wohnraumverhältnisse.

Mit Beginn der industriellen Baufertigung erfuhr der Ziegel durch Normung, Lochung und Porisierung entscheidende Verbesserungen seiner bauphysikalischen Eigenschaften (Verminderung der Steinrohdichte, Verbesserung der Wärmedämmung). Die Erweiterung des Ziegelangebots nach Größe, Gestalt und Gewicht entspricht letzten Endes den Forderungen der Bauwirtschaft nach Rationalisierung und Spezialisierung. So konnte der Ziegel trotz Entwicklung und Einführung neuartiger Mauersteine seine Rolle als bevorzugter Wandbaustein behalten.

94.1 Römisches Mauerwerk in Trier

94.2 Backsteingotik. Altes Rathaus in Hannover

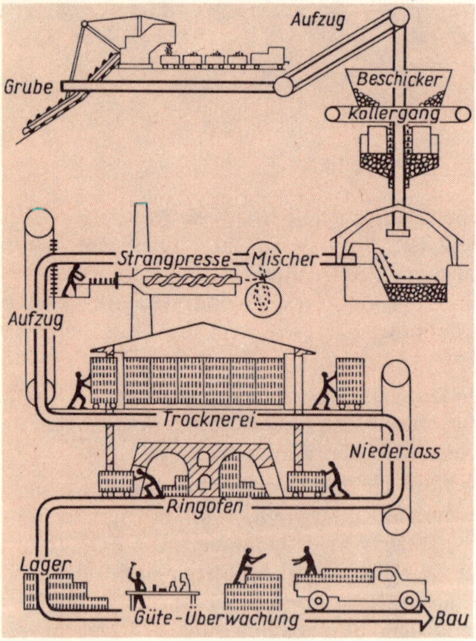

94.3 Werdegang der Mauerziegel

8.3.1. Herstellung

Die Ziegelrohstoffe Lehm und Ton werden selten in der für die Herstellung gewünschten Zusammensetzung angetroffen. Eine sorgfältige Aufbereitung der Ausgangsstoffe im Ziegelwerk (Zerkleinern, genaues Zumessen und intensives Durcharbeiten der Mischungsanteile) ist deshalb notwendig (**94**.3).

Zu fette Ausgangsstoffe verursachen das Schwinden der Rohlinge und ergeben oft krumme und rissige Steine; zu magere Rohstoffe mindern Härte und Festigkeit der Ziegel.

Vor der Weiterleitung zur Strangpresse können dem Rohmaterial ausbrennbare Stoffe (z.B. vorgeschäumtes Styropor) zugesetzt werden. Nach dem Brennvorgang entsteht dann ein Stein mit stark porigem Gefüge, geringer Rohdichte ($\geqq 0{,}6\ kg/dm^3$) und hohem Wärmedurchlaßwiderstand.

Am Ende der Strangpresse erhalten die Rohlinge mit Hilfe eines entsprechend geformten Mundstücks und eines automatisch arbeitenden Abschneidebügels ihre Form (**95**.1). Die Größe der Rohlinge liegt mit Rücksicht auf ihr Schwindmaß um 7 · · · 10 % über dem Normmaß. Mit vorgewärmter Luft aus der Brennzone werden die Formlinge anschließend getrocknet. Für den Brennvorgang benutzt man ovalverlaufende Ringöfen, Zickzack-Öfen und Tunnelöfen.

95.1 Formen von Lochziegeln auf der Strangpresse

Im Ringofen und im Zickzack-Ofen wird das Feuer von Brennkammer zu Brennkammer geleitet, wo die Ziegelformlinge gelagert sind. Im Tunnelofen dagegen werden die Formlinge auf feuerbeständigen Wagen durch Zonen der Vorwärmung, Feuerung und Kühlung geleitet. Die Brenntemperatur beträgt 900 · · · 1100 °C. Klinker müssen bis zur Sintergrenze gebrannt werden.

Die DIN 105 Mauerziegel enthält für Vollziegel und Lochziegel Vorschriften über Abmessungen, Art und Gestalt, Ziegelrohdichte, Druckfestigkeit, Frostverhalten und Kennzeichnung. Die Normung der Leichtziegel für belastetes Mauerwerk richtet sich nach DIN 105 Bl. 2.

8.3.2. Abmessungen und Arten

Die Abmessungen der Mauerziegel entsprechen der Maßordnung im Hochbau (Taf. **95.2**).

Tafel **95**.2 **Ziegelmaße** in mm nach DIN 105 Bl. 1

Länge [1])		Breite [1])				Höhe					
240	365	115	175	240	300	52	71	113	155	175	238

Vorzugsgrößen der Ziegel und ihre Abmessungen enthält Tafel **93**.2.

Maßabweichungen sind bis zu ± 4 % zulässig. Jedoch dürfen sich Größt- und Kleinstmaße einer Lieferung um nicht mehr als 5 % voneinander unterscheiden.

Beispiel. Berechnen Sie die zulässigen Maßabweichungen für die Ziegellänge.

Lösung. a) größte Maßabweichung ±4% von 24 cm = ±1,0 cm;
Größtmaß 24 cm + 1 cm = 25 cm
b) Kleinstmaß 24 cm − 1 cm = 23 cm
c) größter Maßunterschied bei einer Lieferung 5 % von 24 cm = 1,2 cm

Bei 23,4 cm Kleinstmaß beträgt z.B. das zulässige Größtmaß 24,6 cm.

---

[1]) Für 300 mm dickes Mauerwerk sind auch Formate mit Flächenmaßen 300 mm × 145 mm bzw. 300 mm × 240 mm zulässig.

Für Leicht- und Leichtlochziegel sind folgende Vorzugsgrößen festgelegt:

Tafel **96**.1 **Vorzugsmaße für Leicht- und Leichtlochziegel** (in mm)

Format	$1^1/_2$ NF =2 DF	$2^1/_4$ NF =3 DF	3 NF =4 DF	$3^3/_4$ NF =5 DF	$4^1/_2$ NF =6 DF	$7^1/_2$ NF =9,7 DF	9 NF =12 DF	12 NF =16 DF
Länge	240	240	240	240	240	240	240	490
Breite	115	175	240	300	365	300	365	240
Höhe	113	113	113	113	113	238	238	238

Nach Art und Gestalt unterscheidet man Vollziegel (Mz) und gelochte Ziegel (HLz und LLz). Als Vollziegel gelten auch solche Steine, die einen Lochanteil von ≦ 15 % der Lagerfläche aufweisen. Dabei ist für Rundlöcher ein Durchmesser von ≦ 2 cm erlaubt, für Rechtecklöcher eine Lochbreite von ≦ 1,5 cm und ein Einzelquerschnitt von 6 cm² (**96**.2).

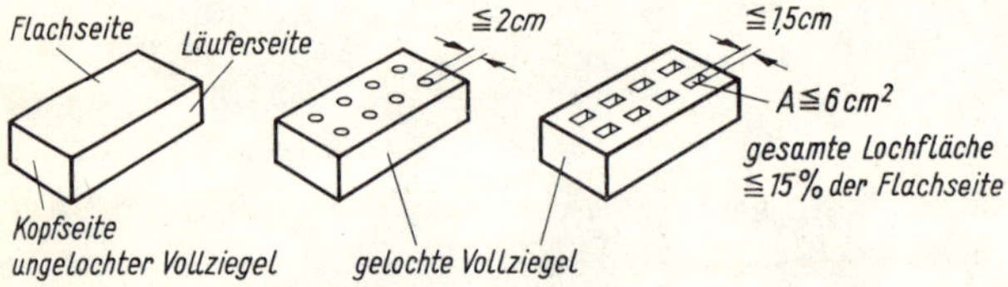

96.2
Steinformen der Vollziegel

Hochlochziegel (HLz) sind senkrecht zur Lagerfläche gelocht (**96**.3). Ihr Lochanteil muß mehr als 15 % der Lagerfläche betragen. Nach Anzahl der Löcher unterscheidet DIN 105 Ziegel mit Lochung A und mit Lochung B.

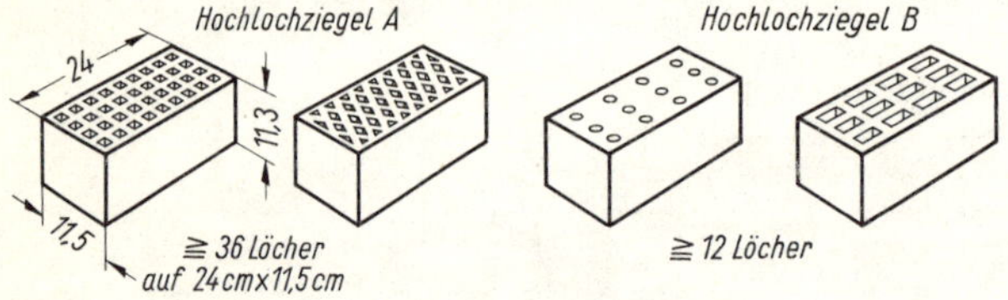

96.3 Grundformen der Hochlochziegel

Hochlochziegel A enthalten auf einer Lagerfläche von 24 cm × 11,5 cm mindestens 36 beliebig geformte Löcher mit Querschnitten von ≦ 2,5 cm². Gitterziegel haben viereckig, Wabenziegel sechseckig geformte Löcher. Hochlochziegel B erhalten mindestens 12 Löcher auf 24 cm × 11,5 cm Lagerfläche. Begrenzung von Lochbreite, -durchmesser und -querschnitt zeigt Bild **96**.3.

Hochlochziegel werden in allen Formaten hergestellt, vornehmlich als mittel- und großformatige Steine. Ziegel mit Breiten > 11,5 cm erhalten zur besseren Handhabung Griffhilfen (≦ 3 cm × 11 cm) senkrecht zur Lagerfläche (**96**.4). Zur besseren Mörtelhaftung sind an den Stoßflächen von Hintermauerziegeln Rillen zugelassen.

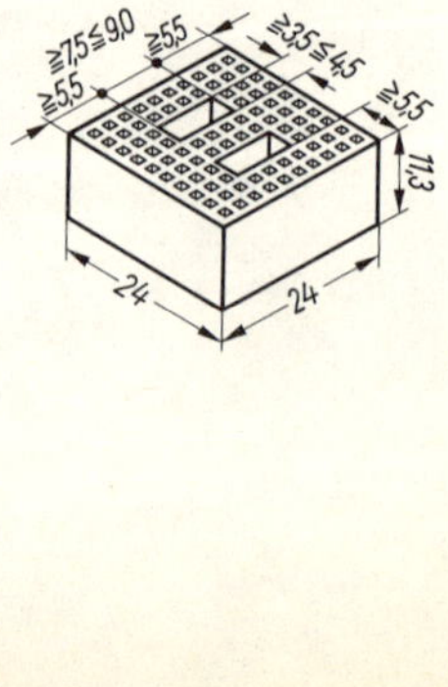

96.4 Handlochziegel mit zwei Griffschlitzen

Langlochziegel (LLz) müssen so geformt sein, daß an den Stirnflächen eine Teilvermörtelung in 6 cm Breite möglich ist. Griffhilfen, welche die Lagerfläche der Ziegel unterbrechen, sind in der Norm nicht enthalten. Die Verwendung solcher Steine ist bei tragendem Mauerwerk nur mit besonderer Zulassung möglich (**97**.1).

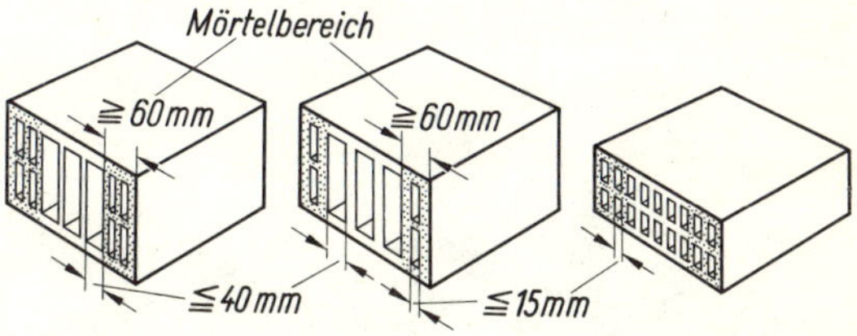

97.1
Grundformen der Langlochziegel

Die Ziegelrohdichte ist ein Maß für die Masse eines Ziegels, bezogen auf das Raummaß von 1 dm^3. Sie wird errechnet, indem man die Masse durch das Ziegelvolumen einschließlich der Poren und Hohlkammern dividiert (**97**.2).

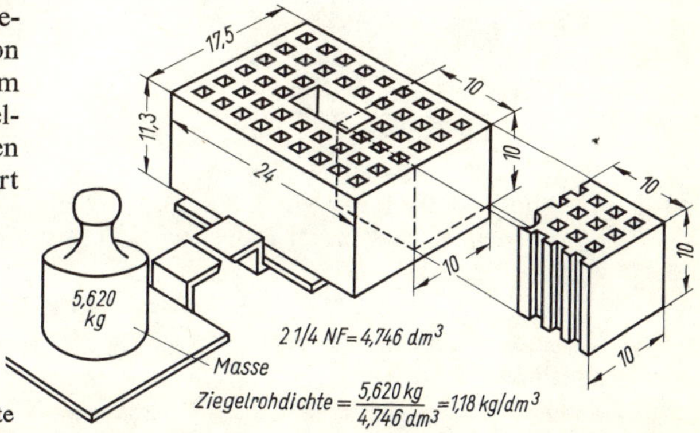

97.2 Ziegelrohdichte

Beispiel. Wie groß ist die Rohdichte eines Hochlochziegels 3 DF, der mit 4,746 dm^3 Inhalt 5,620 kg wiegt?

Lösung. Ziegelrohdichte $\varrho = \frac{m}{V} = \frac{\text{Masse}}{\text{Volumen}} = \frac{5{,}620\ \text{kg}}{4{,}746\ \text{dm}^3} = \mathbf{1{,}18\ kg/dm^3}$

Genormt sind die Rohdichten 1,0; 1,2; 1,4; 1,6; 1,8 und 2,0 kg/dm^3. Im Entwurf der DIN 105 Bl. 2 für Leicht- und Leichtlochziegel sind Rohdichten von 0,6; 0,7 und 0,8 kg/dm^3 vorgesehen.
Sind Rohdichte und Steinabmessungen bekannt, errechnet sich die Masse aus Rohdichte mal Steinvolumen.

Beispiel. Wie groß ist die Masse in kg eines Vollziegels NF bei 1,8 kg/dm^3 Ziegelrohdichte?

Lösung. Rauminhalt $= 2{,}4\ \text{dm} \cdot 1{,}15\ \text{dm} \cdot 0{,}71\ \text{dm} = 1{,}960\ \text{dm}^3$

Masse $= 1{,}960\ \text{dm}^3 \cdot 1{,}8\ \text{kg/dm}^3 = \mathbf{3{,}528\ kg}$

Als Druckfestigkeit eines Mauersteins bezeichnet man seine Widerstandsfähigkeit gegen Druckbeanspruchung. Sie errechnet sich aus Bruchlast geteilt durch Steinfläche (einschließlich Lochanteil) und wird in MN/m^2 ausgedrückt. Bei normengerechter Prüfung der Ziegelfestigkeit gilt der Durchschnittswert aus zehn Druckversuchen. Vorher müssen

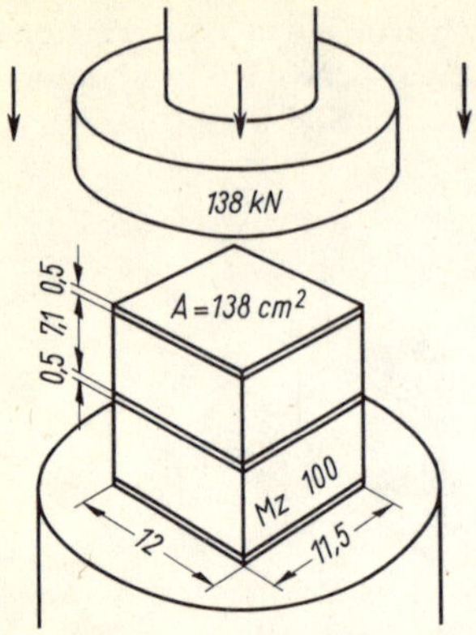

die Unebenheiten der Lagerflächen mit Normenmörtel abgeglichen sein. Vollsteine werden an zwei mit Normenmörtel übereinandergesetzten Steinhälften auf Druckfestigkeit geprüft (**98**.1). Vor Durchführung des Druckversuchs muß der verwendete Mörtel ausreichend erhärtet sein.

98.1 Prüfung eines Vollziegels Mz 100 auf Druckfestigkeit

Beispiel. Wie hoch ist die Druckfestigkeit eines Hochlochziegels 2 DF, der bei 295 kN Druckkraft zerdrückt wird?

Lösung.

$$\text{Druckfestigkeit} = \frac{\text{Druckkraft in kN}}{\text{Druckfläche in cm}^2} = \frac{295\ \text{kN}}{24\ \text{cm} \cdot 11{,}5\ \text{cm}} = 1{,}07\ \text{kN/cm}^2 = 10{,}7\ \text{MN/m}^2$$

Als Normfestigkeiten sind die Mindestwerte 5, 10, 15, 25 und 35 MN/m² festgelegt. Für Leichtziegel und Leichtlochziegel gelten neuerdings die Mindestfestigkeiten 2,5; 5; 7,5; 15; 25 und 35 MN/m².

Auf der Baustelle kann die Ziegelfestigkeit mit Hilfe der Klangprobe grob eingeschätzt werden. Dichte und feste Steine klingen beim Anschlagen hell, Steine von geringer Festigkeit klingen dumpf.

Frostbeständigkeit wird für solche Ziegel verlangt, die für Sichtmauerwerk (Verblendmauerwerk) an Außenflächen bestimmt sind. Dazu gehören alle Vormauerziegel (VMz) und Vormauerhochlochziegel (VHLz) und die meisten Vollklinker (KMz) und Hochlochklinker (KHLz).

8.3.3. Kennzeichnung

Die Ziegel werden durch Werkszeichen und Farbmarkierung gekennzeichnet. Mit Ausnahme der Ziegel und Klinker für Sichtmauerwerk sind alle Ziegel mit dem Werkszeichen zu versehen. Für die Unterscheidung der Ziegel nach ihrer Druckfestigkeit wird etwa jeder 200. Stein mit einem mindestens 2 cm breiten Farbstreifen markiert (**98.2**). Es gelten für die

Druckfestigkeitsgruppe 2,5 MN/m²	grüner	Streifen (nur bei Leichtziegeln)
Druckfestigkeitsgruppe 5 MN/m²	blauer	Streifen
Druckfestigkeitsgruppe 10 MN/m²	roter	Streifen
Druckfestigkeitsgruppe 15 MN/m²	ohne	Streifen
Druckfestigkeitsgruppe 25 MN/m²	weißer	Streifen
Druckfestigkeitsgruppe 35 MN/m²	brauner	Streifen

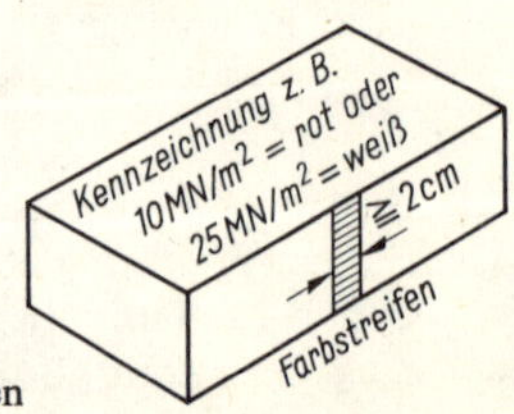

98.2 Kennzeichnung der Mauerziegel durch Farbstreifen

Tafel 99.1 **Mauerziegel**

Benennung	Kennzeichen	Verwendung
Hochlochziegel HLz A oder **HLz B**	senkrecht zur Lagerfläche durchlocht, Lochanteil über 15%, Lochung A oder B; Ziegelrohdichten: 1,0···2,0 kg/dm³; Festigkeiten: 5, 10, 15, 25 und 35 MN/m²; meistens 2 DF oder 3 DF, Sonderformate bis 4,5 NF; Griffhilfe bei mehr als 11,5 cm Steinbreite; gute Wärmedämmung bei hoher Festigkeit; an etwa jedem 200. Ziegel Kennzeichnung durch Werkszeichen und Farbmarkierung	für Innenwände und verputzte Außenwände, auch bei großer Belastung in mehrgeschossigen Bauten; frostbändige HLz auch zum Verblenden
Vollziegel Mz 100	ungelocht oder gelocht, meistens Normalformat; klingen beim Anschlag dunkel; rauhe Oberflächen bei Handstrichziegeln allseitig, bei Maschinenziegeln besonders an den Flachseiten, oft Formfehler, rot bei Eisengehalt, gelblich bei Kalkgehalt; Steinrohdichte höchstens 1,8 kg/dm³; saugend; mittlere Wärmedämmung; Frostbeständigkeit nicht gefordert; Kennzeichnung durch Werkszeichen und rote Farbmarkierung; DF und NF	als Hintermauerungssteine hinter Putz, Natursteinen, Klinkern oder Vormauerziegeln; nicht bei ständiger Durchfeuchtung und Frosteinwirkung
Vollziegel Mz 150	härter und fester als Mz 100; Kennzeichnung durch Werkszeichen, ohne Farbmarkierung, sonst wie Mz 100; DF und NF	wie Mz 100, ferner Bogen, Pfeiler u.a.
Vollziegel Mz 250 Mz 350	noch härter und fester als Mz 150, deshalb oft Hartbrandziegel genannt; Kennzeichnung durch Werkszeichen und weißen Strich, sonst wie Mz 100 und Mz 150; DF und NF	für sehr stark belastetes Mauerwerk
Vormauerziegel	alle vorgenannten Hochlochziegel und Vollziegel, wenn sie frostbeständig sind; Kennzeichnung nicht gefordert; dem Kurzzeichen der Ziegelart wird der Buchstabe V vorgesetzt, z.B. VHLz 1,4/150 oder VMz 250; DF und NF	besonders für sichtbar bleibendes Verblendmauerwerk (Ziegelfugbau, Sichtmauerwerk)
Hochbauklinker KMz 350	klingen hell; sehr hart und fest; ebenflächig; bis zum Schmelzen (Sintern) gebrannt, deshalb dicht und wenig saugend; meistens dunkelrot mit bläulich-glasigen Stellen, auch gelb; Scherbenrohdichte ≧ 1,9 kg/dm³; meistens Dünnformat; hohe Widerstandsfähigkeit gegen chemische und mechanische Beanspruchung	wie VMz 250; stark belastete Pfeiler, Pflaster, Einfriedungen u.a.
Hochlochklinker KHLz 350	wie Hochbauklinker, jedoch wie Hochlochziegel gelocht	besonders für Verblendungen, sonst wie KMz 350
Leichtziegel und Leichtlochziegel (Entwurf DIN 105 Bl. 2)	leichte Hintermauerziegel mit Rohdichten zwischen 0,6···0,8 kg/dm³; besonders gute Wärmedämmung (s. Abschn. 20.3.5.)	vorwiegend als Hintermauerstein und für Putzbau; je nach Druckfestigkeit auch für belastetes Mauerwerk geeignet

Mit Hilfe genormter Kurzzeichen kann jeder Ziegel eindeutig bestimmt werden. So kann man Mißverständnissen über gestalterische, ausschreibungstechnische, geschäftliche und juristische Probleme weitgehend vorbeugen. Bei der Benennung ist folgende Reihenfolge einzuhalten

Ziegelart (und Art der Lochung) Ziegelrohdichte Druckfestigkeit
Abmessungen (Länge, Breite, Höhe) oder Benennung des Formats
DIN-Blatt-Nr

Beispiel. Hochlochziegel mit Lochung A, Ziegelrohdichte 1,2, Druckfestigkeit 15 MN/m², 24 × 11,5 × 11,3 (2 DF)
Kurzbezeichnung HLz A 1,2/150/2 DF DIN 105

Ziegel gibt es als Voll- und Lochsteine. Arten der Lochung?
Die Benennung der Ziegel ist genormt. Beispiele?
Man unterscheidet Vor- und Hintermauerziegel. Eigenschaften und Anwendungsgebiete?
Klinker sind bis zur Sinterung gebrannt. Eigenschaften und Verwendung?
Ziegel werden in verschiedenen Formaten hergestellt. Vorzugsgrößen?
Außer den nach DIN 105 genormten Ziegeln gibt es Leicht- und Leichtlochziegel. Unterschiede?

8.4. Kalksandsteine

8.4.1. Herstellung

Ausgangsstoffe bei der Herstellung von Kalksandsteinen sind Kalk und überwiegend quarzhaltige Zuschläge im Verhältnis 1:8 ··· 1:10. Diese werden unter Zugabe von Wasser (evtl. auch mit Wirk- und Farbstoffen) gemischt, verdichtet, geformt und unter Dampfdruck gehärtet (**101**.1). Für den Mischvorgang sind drei Verfahren üblich:

Im Zwangsmischer wird Kalkhydrat mit Wasser und Sand zu Mörtel gemischt.

Zum Mischen in der Löschtrommel wird aus Stückkalk durch Mahlen Feinkalk hergestellt, der in der Trommel unter Dampfdruck gelöscht und mit Sand gemischt wird.

Im Silo löscht der mit feuchtem Sand vorgemischte Feinkalk innerhalb 4 ··· 5 Stunden. Dann durchläuft die Mörtelmasse den Nachmischer.

Die Formgebung erfolgt bei

Kalksandvollsteinen mit Drehtischpressen (Rundpressen), die mit Stempeldruck arbeiten

Kalksand-Hohlblocksteinen mit Rüttelpressen

Kalksand-Lochsteinen durch Pressen oder Rütteln

Kalksand-Leichtsteinen durch Ausgießen eines mit Treibmitteln durchsetzten Kalksandmörtels.

Zum Härten werden die auf Paletten gestapelten Formlinge in röhrenförmige Härtekessel (⌀ ≈ 2 m) gefahren. Dort verbleiben sie 8 ··· 16 Stunden unter Dampfdruck von 0,8 ··· 1,6 MN/m² und Temperaturen zwischen 100 und 200 °C. Dabei verbinden sich Kalk, Wasser und die Kieselsäure der Zuschläge zu Kalkhydrosilikat, einer weißlich-grauen sandsteinartigen Masse. Diese Art der Materialerhärtung unterscheidet sich wesentlich von der Karbonaterhärtung des Kalkmörtels, wo durch Aufnahme von Luftkohlendioxid aus Kalkhydrat Kalkstein entsteht und der Sand nur als Magerungsmittel und Füllstoff dient.

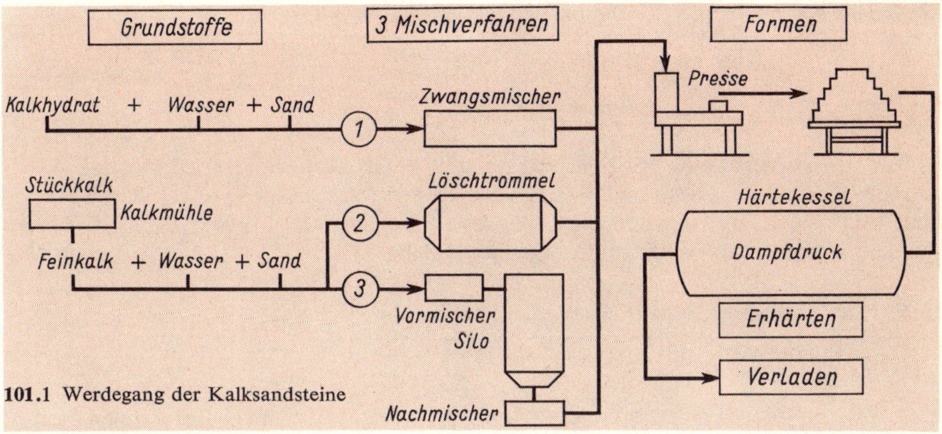

101.1 Werdegang der Kalksandsteine

8.4.2. Gütemerkmale

Die Herstellung von Kalksandsteinen nach DIN 106 unterliegt einer regelmäßigen Güteüberwachung. Dabei müssen bestimmte Anforderungen an Abmessungen, Lochanordnung, Steinrohdichte, Druckfestigkeit und Frostbeständigkeit erfüllt werden.

Maßtoleranzen für Länge, Breite und Höhe sind zulässig und dürfen für den Einzelwert ± 3 mm, für den Mittelwert ± 2 mm nicht überschreiten. Abweichend davon gelten bei Steinen $>$ NF für Länge, Breite, Höhe und bei Steinen $\leqq$ NF nur für das Längenmaß ± 4 mm als höchste zulässige Abweichung für den Einzelwert und ± 3 mm für den Mittelwert.

Nach der Steinrohdichte unterscheidet die Norm Steine mit 1,0, 1,2, 1,4, 1,6, 1,8 und 2,0 kg/dm^3. Einzelwerte dürfen bis 10 % höher liegen.

Die Festigkeitsgruppen der Kalksandsteine reichen von 7,5 $\cdots$ 35 MN/m^2. Sie werden durch Farbmarkierungen kenntlich gemacht. Mindestens jeder 200. Stein (außer bei Vormauersteinen) soll an Kopf- oder Läuferfläche einen Farbstreifen aufweisen, und zwar gelten für die

Druckfestigkeitsgruppe	7,5 MN/m^2	roter Streifen
Druckfestigkeitsgruppe	15 MN/m^2	ohne Streifen
Druckfestigkeitsgruppe	25 MN/m^2	gelber Streifen
Druckfestigkeitsgruppe	35 MN/m^2	brauner Streifen

Mindestens jeder 100. Stein soll mit dem Werkszeichen versehen werden.

Frostbeständigkeit wird von allen Kalksand-Vormauersteinen verlangt. Diese gibt es in den Festigkeitsklassen 15, 25 und 35 MN/m^2.

Die genaue Bezeichnung der Kalksandsteine setzt sich in der angegebenen Reihenfolge aus folgenden Angaben zusammen:

Art   Steinrohdichte   Druckfestigkeit   Format   DIN-Blatt Nr

Beispiel. Kalksand-Lochstein mit 1,6 kg/dm³ Steinrohdichte, 15 MN/m² Druckfestigkeit und Format 2 DF

Kurzbezeichnung KSL 1,6/150/2 DF DIN 106

Kalksandsteine, die als Vormauersteine verwendbar sind, erhalten den Buchstaben V, der vor das Kurzzeichen der Steinart gesetzt wird.

Beispiel. VKSV 1,6/150 DF DIN 106

8.4.3. Arten

Außer den vorgenannten Kalksandsteinen gibt es großformatige Kalksand-Leichtsteine (KS-Leicht). Diese sind porige Vollsteine mit Festigkeiten von 2,5 und 5 MN/m² und Rohdichten von weniger als 1,0 kg/dm³. Sie sind nicht Bestandteil der DIN 106, sondern werden nach Sonderzulassungen hergestellt.

Tafel **102.1** **Abmessungen der Kalksand-Leichtsteine** (in mm)

Formate	6 DF = 4 1/2 NF	9 DF = 6 3/4 NF	12 DF = 9 NF
Länge	365	365	365
Breite	240	240	240
Höhe	113	175	238

Kurzbenennung z.B. KS-Leicht 1,0/50/6 DF

Nach Art und Gestalt unterscheidet man Voll- Loch- und Hohlblocksteine.

Kalksand-Vollsteine (KSV) dürfen einen Lochanteil von 25 % der Lagerfläche aufweisen (**102.2**). Bei Formaten ≧ 2 DF sind Grifföffnungen mit 90 ··· 110 mm Länge und 30 ··· 45 mm Breite vorzusehen.

Kalksand-Lochsteine (KSL) sind fünfseitig geschlossen und senkrecht zur Lagerfläche gelocht. Die Löcher müssen gleichmäßig verteilt und gegeneinander versetzt sein (**102.3**). Für Kalksandlochsteine der Formate > 2 DF sind Griffhilfen in der für KSV-Steine angebenen Größe vorgeschrieben.

Kalksand-Hohlblocksteine (KSHbl) sind großformatige (> 3 DF), fünfseitig geschlossene Steine mit Hohlräumen senkrecht zur Lagerfläche (**102.4**). Sie können an den Stirnflächen mittig angeordnete Grifftaschen (80 mm × 40 mm) und seitlich angeordnete Aussparungen (50 mm × 40 mm) für die Vermörtelung der Stoßfuge erhalten.

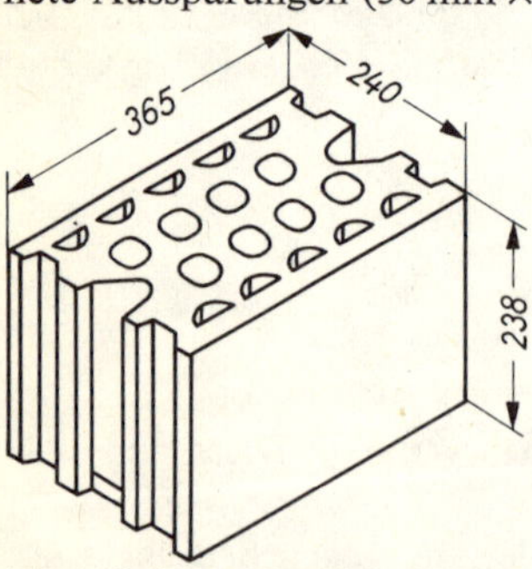

102.4 Kalksand-Hohlblockstein (Lochung als Beispiel) KSHbl 24a (DIN 106)

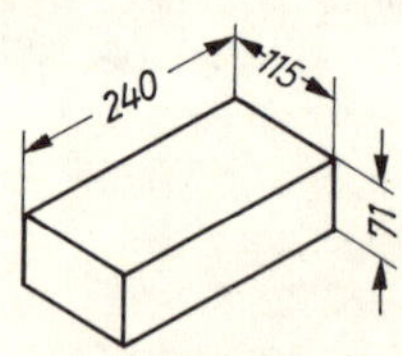

102.2 Kalksand-Vollstein Normalformat KSV NF (DIN 106)

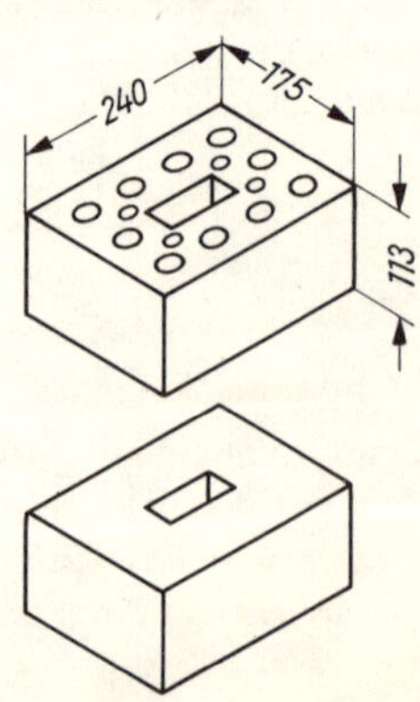

102.3 Kalksand-Lochstein 3 DF (Lochung als Beispiel) KSL 3 DF (DIN 106)

Tafel **103.1** **Arten, Formate und Eigenschaften von Kalksandsteinen** (DIN 106)

Art	Formate[1])	Maße[2]) in mm			Steinrohdichte in kg/dm³					
					2,00	1,80	1,60	1,40	1,20	1,00
		l	*b*	*h*	Druckfestigkeit in MN/m²					
Kalksand-Vollsteine KSV	**KSV-DF**	240	115	52	35 **25** 15	35 25 **15**	25 15 7,5	—	—	—
	KSV-NF	240	115	71	35 **25** 15	35 25 **15**	25 15 7,5	—	—	—
	KSV-2 DF	240	115	113	35 **25** 15	35 25 **15**	25 15 7,5	—	—	—
	KSV-3 DF	240	175	113	—	35 **25** **15**	25 **15** 7,5	—	—	—
Kalksand-Lochsteine KSL	**KSL-2 DF**	240	115	113	—	—	**25** 15 7,5	25 **15** 7,5	15 7,5	—
	KSL-3 DF	240	175	113	—		**25** 15 7,5	25 **15** 7,5	15 7,5	—
	KSL-5 DF	240	300	113	—	—	**25** 15 7,5	25 **15** 7,5	15 7,5	—
Kalksand-Hohlblock-steine KSHbl	**KSHbl 30a (10 DF)**	240	300	238	—	—	25 15 7,5	25 **15** 7,5	15 **7,5**	15 7,5
	KSHbl 30b (7,5 DF)	240	300	175	—	—	25 15 7,5	25 15 7,5	15 7,5	15 7,5
	KSHbl 24a (12 DF)	365[3])	240	238	—	—	—	—	15 7,5	15 7,5
	KSHbl 24b (9 DF)	365[3])	240	175	—	—	—	—	15 7,5	15 7,5
	KSHbl 17,5 (9 DF)	365[3])	175	238	—	—	—	—	15 7,5	15 7,5

Kalksandsteine mit fettgedruckten Druckfestigkeitswerten sind zu bevorzugen.

[1]) Die Angaben des Formatvielfachen (2 DF, 3 DF, 5 DF) beziehen sich auf das zu erstellende Mauerwerk. Bei Hohlblocksteinen bezieht sich die Bezeichnung auf die Wanddicke (300 oder 240 mm) und die Steinhöhe ($a = 238$ mm; $b = 175$ mm).

[2]) Ergänzungssteine sind zulässig, wenn ihre Abmessungen DIN 4172 „Maßordnung im Hochbau" entsprechen. Für 300 mm dickes Mauerwerk sind – nur soweit üblich und durch Einführungserlaß gestattet – auch Formate mit dem Grundflächenmaß 300 mm × 145 mm zulässig.

[3]) Mit Aussparungen zum Vermörteln auch 370 mm.

Tafel **104.1** **Kalksandsteine**

Benennung	Kennzeichen und Verwendung
Kalksand-Leichtsteine KS-Leicht (nicht genormt)	stark poriger Vollstein; 3 Steingrößen: 36,5 × 24 × 11,3; 36,5 × 24 × 17,5 und 36,5 × 24 × 23,8; Steinrohdichte < 1,0 kg/dm³; Druckfestigkeit 5 oder 2,5 MN/m² Verwendung: wenig belastete Innenwände und verputzte Außenwände, nicht für Kellerwände
Kalksand-Vollsteine KSV	in der Regel ungelocht; Lochung senkrecht zur Lagerfläche bis 25 % zulässig; oben geschlossene Löcher bis 10 cm² Querschnitt, durchgehende bis 2,5 cm²; 4 Formate: DF, NF, 2 DF (1½ NF) und 3 DF (2¼ NF); 3 Steinrohdichten: 2,0, 1,8 oder 1,6 kg/dm³; 4 Mindestdruckfestigkeiten, gekennzeichnet an mindestens jedem 200. Stein (außer Vormauersteinen) durch Farbzeichen auf Kopf- oder Läuferseite: rot ≙ 75 kp/cm², ohne ≙ 15 MN/m², gelb ≙ 25 MN/m², braun ≙ 35 MN/m²; Frostbeständigkeit nur bei Vormauersteinen gefordert (Kurzzeichen VKSV); Beigabe von Farb- und Wirkstoffen zulässig; Bezeichnung nach Art, Steinrohdichte, Druckfestigkeit, Format und Normblatt, z.B. KSV 1,8/150/NF DIN 106 **KSV 350.** Mindestdruckfestigkeit 35 MN/m²; Formate DF, NF, 2 DF, 3 DF; Rohdichte 2,0 und 1,8 kg/dm³ Verwendung: Bauteile mit hoher Belastung (z.B. Pfeiler, als Vormauerstein) **KSV 250.** Mindestdruckfestigkeit 25 MN/m²; 3 Steinrohdichten; 3 Formate; als frostbeständige Vormauersteine meistens DF oder NF, auch mit Farbzusätzen. Verwendung: wie KSV 350 **KSV 150.** Mindestdruckfestigkeit 15 MN/m²; 3 Steinrohdichten; 4 Formate; als frostbeständige Vormauersteine meistens DF oder NF, auch mit Farbzusätzen; bevorzugter Kalksand-Vollstein der Steinrohdichte 1,8 kg/dm³ Verwendung: für weniger große Belastung, z.B. Kellermauerwerk, Wohnungstrennwände, Schornsteine, Sichtmauerwerk u.a. **KSV 75.** Mindestdruckfestigkeit 7,5 MN/m²; Steinrohdichte nur 1,6 kg/dm³; Formate DF, NF, 2 DF, 3 DF; Frostbeständigkeit nicht gefordert Verwendung: Innenwände und verputzte Außenwände; nicht bei ständiger Durchfeuchtung (Pflaster u.a.), Schornsteine nur unter Dach
Kalksand-Lochsteine KSL	im Gegensatz zu Hochlochziegeln einseitig geschlossene Löcher, die in mind. 3 Reihen gleichmäßig verteilt und in ihren Achsen versetzt sind. 3 Formate: 2 DF (1½ NF), 3 DF (2¼ NF) und 5 DF = 3¾ NF, letztere mit Griffschlitz; 3 Steinrohdichten: 1,6, 1,4 und 1,2; mögliche Druckfestigkeiten je nach Steinrohdichte: 25, 15 und 7,5 MN/m²; Farbkennzeichnung wie bei KSV; bevorzugte Druckfestigkeiten 15 und 25 MN/m² mit den Steinrohdichten 1,4 und 1,6; Bezeichnung z.B. KSL 1,4/150/2 DF DIN 106 Verwendung: Außen-, Innen- und Treppenhauswände, nicht für Schornsteine

Tafel **104**.1 (Fortsetzung)

Benennung	Kennzeichen und Verwendung
Kalksand-Hohlblock-steine KSHbl	großformatig; einseitig geschlossene, versetzt angeordnete Löcher, je nach Steinbreite 3···5 Lochreihen; 5 Steinformate mit 23,8 und 17,5 cm Steinhöhe für Wanddicken von 30, 24 und 17,5 cm: 24 × 30 × 23,8 ($7^1/_2$ NF, 5 Lochreihen); 36,5 × 24 × 23,8 (9 NF, 4 Lochreihen) und 36,5 × 17,5 × 23,8 ($6^3/_4$ NF, 3 Lochreihen); außerdem 2 Steinformate mit 17,5 cm Steinhöhe; Grifftasche und 2 Aussparungen zum Vermörteln der Stoßfugen zulässig, dann 37 cm statt 36,5 cm Steinlänge; Steinrohdichte 1,6; 1,4; 1,2 oder 1,0 kg/dm³. Druckfestigkeiten 7,5, 15 und 25 MN/m², Farbkennzeichnung wie bei KSV Verwendung: besonders Außenwände, auch Wohnungstrennwände

Kalksandsteine werden aus Kalk und quarzhaltigem Sand im Verhältnis 1:8 ··· 1:10 hergestellt. Der Kalk wird durch Wasserzusatz gelöscht und mit dem Sand gemischt. Dann wird die Masse durch Stempeldruck oder Rütteln geformt und in Härtekesseln unter Dampfdruck und Hitze verfestigt. Welche Mischverfahren sind üblich?

Kalksandsteine mit den Druckfestigkeiten 35, 25 und 15 MN/m² eignen sich als Vormauersteine, wenn sie frostbeständig sind.

Kalksand-Hohlblocksteine werden in fünf Großformaten, vier Steinrohdichten und drei Druckfestigkeiten geliefert. Bezeichnen Sie diese!

8.5. Hüttensteine

Hüttensteine werden als Voll- und Lochsteine nach DIN 398 aus Kalk, Schlackenmehl oder Zement mit Schlackensand hergestellt. Die in Formen gepreßten Rohlinge erhärten an der Luft, unter Dampf oder in kohlendioxidhaltigen Abgasen.

Hütten-Vollsteine (HSV) gibt es in den Formaten DF, NF, 2 DF (= 1,5 NF) und 3 DF (= 2,25 NF). Wie bei den Kalksand-Vollsteinen ist ein Lochanteil von 25 % der Lagerfläche erlaubt.

Genormte Steinrohdichten für HSV-Steine sind 1,8, 2,0 und 2,2 kg/dm³; genormte Festigkeitsklassen sind 7,5, 15 und 25 MN/m².

Hütten-Lochsteine (HSL) werden in den Formaten 2 DF und 3 DF hergestellt. In der Lochanordnung gleichen sie den Kalksand-Lochsteinen. HSL-Steine gibt es in Festigkeitsklassen von 7,5 und 15 MN/m² mit Rohdichten von 1,4 und 1,6 kg/cm³. Die Anordnung von Griffschlitzen für Loch- und Vollsteine entspricht den Vorschriften vergleichbarer Kalksandsteine.

Zur genauen Kennzeichnung gibt man in nachstehender Reihenfolge an

Art Steinrohdichte Druckfestigkeit Format DIN-Blatt Nr.

Beispiel. Hüttenlochstein HSL 1,4/150/2 DF DIN 398

Frostbeständige Vormauer-Hüttensteine erhalten die Kurzbezeichnung VHSV bzw. VHSL.

Mit Ausnahme der Vormauersteine ist etwa jeder 200. Hüttenstein zur Kennzeichnung der Festigkeit durch Farbzeichen markiert, und zwar für die Druckfestigkeitsgruppen

HSV 75, HSL 75 } rote Streifen	HSV 150, HSL 150 } grüne Streifen	HSV 250 schwarzer Streifen

Hütten-Vollsteine und -Lochsteine werden aus gekörnter Hochofenschlacke und einem hydraulischen Bindemittel hergestellt. Auf welche Weise? Nennen Sie Unterschiede. Kalksandsteine und Hüttensteine sind besonders maßhaltig und eben. Vorteile?

8.6. Vollsteine aus Leichtbeton

Mauersteine aus Leichtbeton werden überwiegend im Wohnungsbau verwendet. Ihre verhältnismäßig geringe Rohdichte (0,8 ··· 1,6 kg/dm^3) verleiht diesen Steinen überdurchschnittliche Wärmedämmfähigkeit. Andererseits verringert sich mit der Steinrohdichte auch die Steinfestigkeit. Leichtbetonsteine erreichen deshalb je nach Rohdichte Druckfestigkeiten zwischen 2,5 und 15 MN/m^2, die jedoch für den Mauerwerksbau allgemein ausreichen. Die Druckfestigkeit der Leichtbetonsteine ist nicht nur von der Würfelfestigkeit des Leichtbetons abhängig, sondern wesentlich auch von Größe und Form der Steine sowie von Anordnung und Ausbildung der Hohlkammern bei Hohlblocksteinen. Die höheren Steinfestigkeiten wie z.B. 15 MN/m^2 sind allgemein nur durch Zusatz von Natursand erreichbar.

Untersuchungen haben ergeben, daß bei gleicher Stein- und Mörtelfestigkeit die großformatigen Steine im Vergleich zu den kleineren und mittleren Formaten höhere Mauerwerksfestigkeiten ergeben.

Je nach Art des Materialgefüges unterscheidet man drei Leichtbetonarten:

a) Leichtbeton aus gemischtkörnigen, porigen (leichten) Zuschlägen mit überwiegend dichter Vermörtelung

b) Einkornbeton aus porigen oder auch dichteren Zuschlägen; die Zuschlagkörner sind in ihrer Mehrzahl nur punktweise oder teilflächig miteinander verkittet; dadurch entsteht ein „offenes Gefüge“ mit reichem Hohlraumanteil (Haufwerksporigkeit)

c) Gas- und Schaumbeton mit feinkörnigem und mit einem durch zahlreiche kleine Hohlraumzellen durchsetzten Gefüge

Vollsteine aus Leichtbeton nach DIN 18152 sind Mauersteine aus porigen, mineralischen Zuschlägen und hydraulischen Bindemitteln. Als geeignete Zuschläge gelten Naturbims, Hüttenbims (geschäumte Hochofenschlacke), Steinkohlenschlacke (Kesselschlacke), Ziegelsplitt, Sinterbims, Tuff, gebrochene, porige Lavaschlacke und Blähton. Andere Stoffe können auf besonderen Antrag zugelassen werden.

Zu den Vollsteinen aus Leichtbeton zählen die genormten Schwemmsteine aus Naturbims, Hüttenschwemmsteine, Schlackensteine und Ziegelbetonsteine. Ihre Benennung nach den Zuschlägen darf nur erfolgen, wenn deren Anteil im Steingewicht 75 %, bei Naturbims 100 % beträgt. Unter dieser Voraussetzung können sie „Naturbims-Vollsteine“, „Ziegelsplitt-Vollsteine“ usw. genannt werden. Andere Steine sind als „Leichtbeton-Vollsteine aus gemischten Zuschlägen“ zu bezeichnen.

Vollsteine aus Leichtbeton werden in erster Linie im Gebiet der Herstellerwerke verwendet, die in der Regel am Ort des Vorkommens der Zuschläge entstanden sind. So werden Naturbims-Vollsteine vor allem im Rheinland, Hüttenbims-Vollsteine im

Ruhrgebiet vermauert, während in anderen Gebieten für die gleichen Bauaufgaben Hochlochziegel, Kalksand-Lochsteine u.a. bevorzugt werden.

Die Herstellung richtet sich nach Art der verwendeten Rohstoffe und den erwünschten Eigenschaften der Steine. Als Beispiel, das im wesentlichen auch für Leichtbeton-Vollsteine aus Hüttenbims, Steinkohlenschlacke, Ziegelsplitt u.a. gilt, wird der Werdegang der Vollsteine aus Naturbims gezeigt (**107.1**). Die Pressen sind mit einer Rüttelvorrichtung versehen, die ein dichtes Zusammenrutschen der Zuschläge und damit eine größere Festigkeit der Steine ermöglicht. Es sind fünf Größen der prismenförmigen Steine zugelassen, die sich ebenso wie die Mauerziegel der „Maßordnung im Hochbau" anpassen und das Mauern aller üblichen Wanddicken gestatten. Als Steinhöhe wurde nicht 11,3 cm, sondern 11,5 cm gewählt, weil die ebenmäßig gepreßten Leichtbeton-Vollsteine mit nur 1 cm dicken Lagerfugen vermauert werden können (**107.2**). Außerdem gibt es Sonderformate als T-Steine und Doppel-T-Steine für 17,5 und 36,5 cm dickes Mauerwerk. Bei der Benennung werden der Reihe nach angegeben:

Buchstabe V (für Vollsteine), Rohdichte, Steinfestigkeit, Abmessungen in mm und DIN-Nr.

Beispiel: V 0,8/25/240 × 115 × 115 DIN 18152

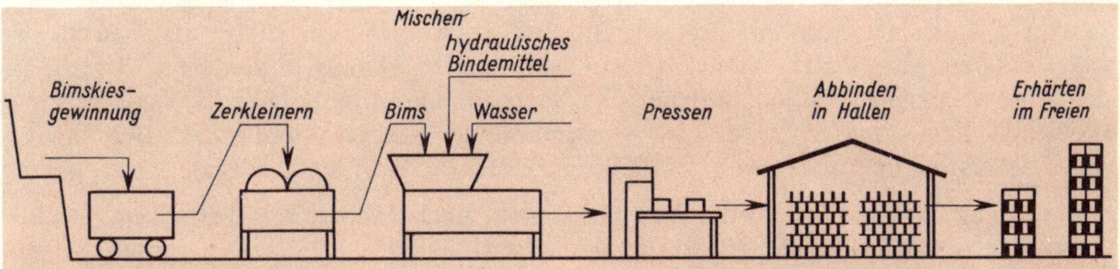

107.1 Werdegang der Naturbims-Vollsteine

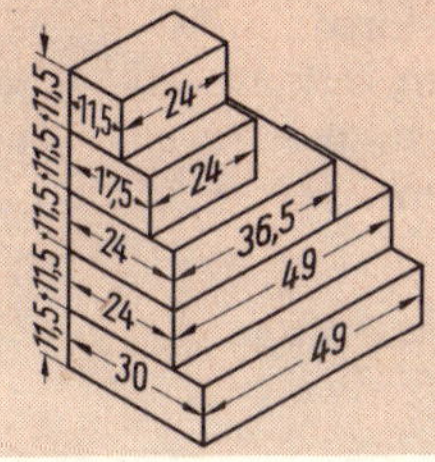

107.2 Genormte Steingrößen der Leichtbeton-Vollsteine

Tafel **107.3** **Güteklassen der Leichtbeton-Vollsteine** (DIN 18152)

Güteklasse	V 25	V 50	V 75	V 150
Steinfestigkeit in MN/m^2				
Mittelwert	2,5	5	7,5	15
kleinster Einzelwert	2	4	6	12
Betonrohdichte	0,8	—	—	—
Höchstzulässige Werte in	1,0	1,0	—	—
kg/dm^3 nach Trocknung	1,2	1,2	1,2	—
bei 105 °C	1,4	1,4	1,4	—
	—	1,6	1,6	1,6
Anzahl der Nuten je Stein	—	1	2	3

DIN 18152 unterscheidet 4 Güteklassen der Leichtbeton-Vollsteine: V 25, V 50, V 75 und V 150. Die hier genannten Zahlen entsprechen der mittleren Festigkeit von 2,5; 5; 7,5 und 15 MN/m^2. Alle Steine der Güteklassen V 50, V 75 und V 150 sind auf ihrer Längsseite mit lotrecht durchlaufenden Nuten von 10 mm Breite und 5 mm Tiefe versehen (Taf. **107.3**).

Beispiel. Berechnen Sie die Masse in kg eines Leichtbeton-Vollsteins 24/17,5/11,5 mit einer Rohdichte von 1,2 kg/dm³

Lösung. Rauminhalt $= 24\ \text{cm} \cdot 17{,}5\ \text{cm} \cdot 11{,}5\ \text{cm} = 4830\ \text{cm}^3 = 4{,}83\ \text{dm}^3$
Masse $= 4{,}83\ \text{dm}^3 \cdot 1{,}2\ \text{kg/dm}^3 = \mathbf{5{,}796\ kg}$

Tafel **108**.1 **Gasbeton-Blocksteine** (DIN 4165)

Festigkeitsklasse	mittlere Festigkeit in MN/m²	Rohdichte in kg/dm³	Kennfarbe¹)
G 25	2,5	$\leqq 0{,}5$	grün
G 50	5	$\leqq 0{,}7$ u. 0,8	blau
G 75	7,5	$\leqq 0{,}8$	rot

Gasbeton-Blocksteine nach DIN 4165 sind großformatige Vollsteine. Eine Vielzahl kleiner Hohlraumzellen im Materialgefüge verleiht diesen Steinen sehr gute Wärmedämmeigenschaften. Steinrohdichte und Festigkeit sind jedoch gering (**108**.1). Genormt sind die Festigkeitsgruppen G 25, G 50 und G 75.

Zur Herstellung von Gasbeton-Blocksteinen benutzt man feinkörnige Mörtel aus Sand und Kalk bzw. Sand und Zement. Durch Zugabe von Treibmitteln entstehen chemische Umsetzungen. Dabei werden treibende Gase frei. Diese bilden eine Vielzahl in sich abgeschlossener Blasen, welche als Porenraum erhalten bleiben. Wasserstoffgas entwickelt sich durch Zugabe von Aluminiumoxid oder Kaliumkarbid. Bei Zugabe von Wasserstoffsuperoxid und Chlorkalk entsteht Sauerstoff als Treibgas.

Die gleichmäßig durchgemischte Rohmasse wird nach besonderen Verfahren (Drahtsägen) in genormte Formate geschnitten und anschließend in Härtekesseln unter Dampfdruck ausgehärtet. Die Dampfbehandlung ermöglicht bei geringen Rohdichten von $\leqq 0{,}8\ \text{kg/dm}^3$ Festigkeitswerte $\leqq 7{,}5\ \text{MN/m}^2$. Ferner wird dadurch ein künstlicher Alterungsprozeß herbeigeführt, der den Schwindvorgang erheblich verkürzt und gleichzeitig die Raumbeständigkeit des Materials bewirkt. Bei Lufterhärtung wäre auf Grund des hohen Bindemittelanteils des Gasbeton-Blocksteins mit langen Lagerungszeiten bis zum Abklingen des Schwindvorgangs zu rechnen.

Bekannte Gasbeton-Blocksteine sind z. B. Gasokret, Siporex und Yton.

Als Abmessungen sind zugelassen:
Längen 49; 61,5 cm   Breiten 11,5; 17,5; 24; 30; 36,5 cm;   Höhe 24; 17,5; 11,5 cm

Die Stirnflächen können zur besseren Mörtelhaftung Nuten erhalten.

Beispiel für Kurzbezeichnung: G 25/0,5/490 × 240 × 240 DIN 4165-N²)

In Anwendung und Verarbeitung entsprechen Gasbeton-Blocksteine weitgehend den Leichtbeton-Vollsteinen V 25 und V 50. Überwiegend werden sie für Außenwände von Wohngebäuden, Wohnungstrennwände, Treppenhaus- und Brandwände vorgesehen.

---

¹) Mindestens jeder 10. Gasbeton-Blockstein ist durch einen nicht abwaschbaren Farbstich (s. Taf. **108**.1) oder durch einen deutlich lesbaren Prägestempel mit der Klassenzahl (25, 50 oder 75) zu kennzeichnen.

²) Mit Nuten. Werden Steine ohne Nuten gewünscht, entfällt das Zeichen -N.

8.7. Hohlblocksteine aus Leichtbeton

Hohlblocksteine aus Leichtbeton nach DIN 18151 sind fünfseitig geschlossene, großformatige Mauersteine (Zweihandsteine). Zur Gewichtseinsparung und zur Verbesserung der Wärmedämmung erhalten sie an ihrer Unterseite offene Luftkammern.

Hohlblocksteine aus Leichtbeton entsprechen in Zusammensetzung und Herstellungsverfahren den Leichtbeton-Vollsteinen. Nach Anzahl der in der Breite angeordneten Luftkammern unterscheidet man Einkammer- (1-K), Zweikammer- (2-K), Dreikammer- (3-K) und Vierkammersteine (4-K). Sie werden in genormten Festigkeitsgruppen von 2,5; 5 und 7,5 MN/m^2 hergestellt.

Beispiel für ihre Kurzbezeichnung: Hbl/2-K/1,0/50/490 × 240 × 238 DIN 18151

Das Benennungsbeispiel kennzeichnet einen Hohlblockstein (2-K) von 24 cm Breite, 49 cm Länge und 23,8 cm Höhe, einer Festigkeit von 5 MN/m^2 und einer Steinrohdichte von 1,0 kg/dm^3.

Die Festigkeitsklasse 50 wird durch eine Nut an der Längsseite oder durch blaue Farbe gekennzeichnet; die Festigkeitsklasse 75 durch 2 Nuten oder durch rote Farbe. Für die Festigkeitsklasse 25 besteht keine Kennzeichnungspflicht (Tafel **109**.1).

Tafel **109**.1 **Genormte Formen und Vorzugsgrößen der Hohlblocksteine aus Leichtbeton**

Gestalt	Beispiel für Hohlkammeranordnung (Untersicht)	Mögliche Abmessungen in cm			Steinrohdichten in kg/dm^3
		Länge[1]	Breite	Höhe	
1-K	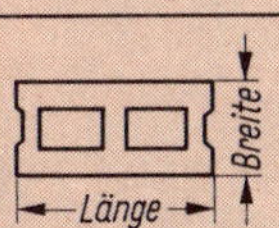	49 36,5	17,5	23,8 17,5	0,6; 0,8; 1,0[3]; 1,2[4]; 1,4[5]
2-K	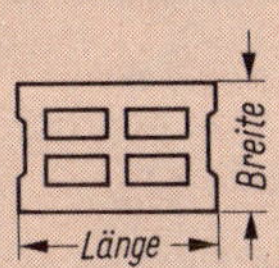	49 36,5 24	30 24	23,8 17,5	
3-K	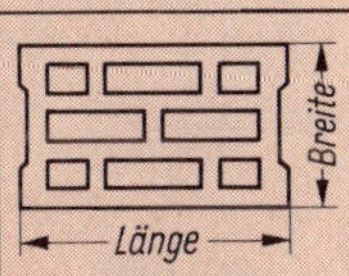	49 36,5 24	30 24 36,5[2]	23,8 17,5	
4-K	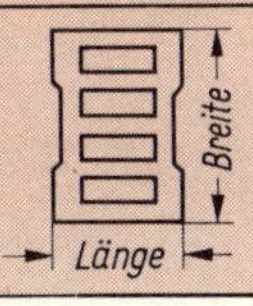	24	36,5	23,8 17,5	

[1] Auch Längen von 49,5, 37 und 24,5 cm sind möglich, wenn der Stirnflächennut 20 mm tief ist.
[2] nur für Längen von 24 cm
[3] nicht für Abmessungen 49 × 30 × 23,8
[4] nicht für Abmessungen 49 × 24 × 23,8 und 49 × 30 × 23,8
[5] nicht für Abmessungen 49 × 24 × 23,8; 36,5 × 30 × 23,8; 49 × 30 × 23,8 und 49 × 30 × 17,5

Ergänzungssteine (Teilsteine) sind zulässig. Sie ersparen das umständliche Schlagen von Teilstücken und erleichtern die Einhaltung handwerksgerechter Verbandsregeln.

Leichtbeton-Vollsteine bestehen aus leichten Zuschlägen und hydraulischen Bindemitteln. Nennen Sie geeignete Zuschläge, Herstellungsverfahren und Handelsbezeichnungen der Steine!

Leichtbeton-Vollsteine werden in vier Güteklassen geliefert. Festigkeiten und Kennzeichen?

Gasbeton-Blocksteine nach DIN 4165 sind besonders leicht. Nennen Sie Arten, Herstellung und Güteklassen!

Hohlblocksteine aus Leichtbeton werden als Ein-, Zwei- Drei- und Vierkammersteine 23,8 und 17,5 cm hoch, in verschiedenen Längen und Breiten, in den Güteklassen 25, 50 und 75 geliefert. Kennzeichnung?

Für verschiedene Arten und Güteklassen künstlicher Mauersteine besteht Kennzeichnungspflicht durch Farbzeichen. Nennen Sie Farben für genormte Steinfestigkeiten!

Aufgaben

1. Welche Bedeutung haben die Baunormen für die Planung und Ausführung von Bauvorhaben?
2. Was sind Baunormzahlen und wie wurden sie entwickelt?
3. Nennen Sie die wichtigsten Steinformate und ihre Abmessungen.
4. Wie entstehen Leicht- und Leichtlochziegel?
5. Wodurch unterscheiden sich leichte und schwere Mauersteine?
6. Was besagen die Angaben über Steinrohdichte und Steinfestigkeit?
7. Welche Angaben sind bei der Benennung künstlicher Mauersteine zu beachten?
8. Woran erkennt man Hintermauer-Ziegel mit der Mindestfestigkeit 10 und 25 MN/m^2?
9. Welche Beziehung besteht a) zwischen der Rohdichte und der Wärmedämmfähigkeit von Mauersteinen, b) zwischen der Rohdichte und der Steinfestigkeit?
10. Worin liegt der Unterschied zwischen der Erhärtung von Kalksandsteinen und von Kalkmörtel?
11. Nennen Sie Formate und Abmessungen der Kalksand-Hohlblocksteine.
12. Welche Anforderungen müssen Vormauersteine erfüllen?
13. Was bedeuten die Kurzbezeichnungen KSL 1,4/150/2 DF DIN 106 und HSL 1,4/150/3 DF DIN 398?
14. Woran erkennt man Hüttensteine mit der Festigkeit 25 MN/m^2?
15. Welche Leichtbetonarten gibt es, und wodurch unterscheiden sie sich?
16. Nennen Sie Formate und Güteklassen der Leichtbeton-Vollsteine.
17. Was bedeutet ein grüner bzw. ein blauer Farbstreifen auf Gasbeton-Blocksteinen?
18. Warum werden Gasbeton-Blocksteine unter Dampfdruck gehärtet?
    Was besagen die Kurzzeichen 2-K und 3-K bei Leichtbeton-Hohlblocksteinen?

9. Fliesen und Bodenplatten

9.1. Keramikplatten

Keramische Baustoffe gliedern sich nach folgender Übersicht. Wand- und Bodenfliesen sind in DIN 18155 genormt.

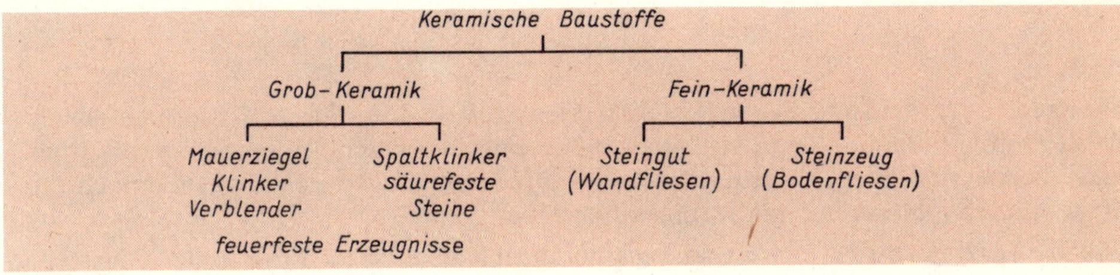

111.1 Keramische Baustoffe

Steinzeug- oder Bodenfliesen gehören zu den feinkeramischen Erzeugnissen. Sie bestehen überwiegend aus gebranntem Ton mit Zusätzen aus Quarz, Feldspat, Kreide und Magnesit. Diese dienen der Verbesserung bestimmter Materialeigenschaften wie Härte, Festigkeit, Raumbeständigkeit und Wasserundurchlässigkeit.

Herstellung. Das aufbereitete Material wird beim Durchlaufen einer Strangpresse in Rohstücke von je etwa 10 kg abgetrennt, anschließend getrocknet und gemahlen. Hydraulische Pressen formen das pulverförmige, fast trockene Rohmehl mit einem Druck von etwa 40 MN/m^2 zu Platten in der gewünschten Form und Größe.

Im Tunnelofen werden die Formlinge dann bei Temperaturen von 1150 ··· 1350 °C bis zur Sinterung gebrannt. Dabei schließen sich die Poren der Fliesen infolge kurzzeitiger Schmelzung. Glasierte Fliesen werden vor dem Brennen mit einer Glasurschicht versehen.

Eigenschaften. Bodenfliesen sind dicht und wasserundurchlässig, frostbeständig, sehr hart und fest und zeichnen sich durch hohen Widerstand gegen Abnutzung, gegen Säuren[1]) und Laugen aus. Sie werden in verschiedenen Farben hergestellt, auch geflammt und porphyriert. Ihre Oberfläche kann glatt, genarbt, gekörnt, gerippt oder gekuppt sein.

Arten. Bodenfliesen gibt es als Quadrate mit 2, 5, 10, 15 und 25 cm Seitenlänge und als Rechtecke von 10 cm × 15 cm und 7,5 cm × 15 cm. Die Dicke beträgt je nach Plattengröße 5, 9, 13 und 18 mm.

Neben den genormten Abmessungen werden auch sechseckige, dreieckige und gerundete Formen hergestellt.

Für bestimmte Zwecke sind verschiedenartige, besonders geformte Fliesen im Handel (z. B. Sockelfliesen, Rinnenfliesen u. a.).

Platten aus Klein- und Mittelmosaik entsprechen in Zusammensetzung und Materialeigenschaften den Bodenfliesen. Sie werden auf Papier oder Kunststoffbänder

---

[1]) Aber nicht gegen Flußsäure

mit dem notwendigen Fugenabstand zu größeren Tafeln zusammengeklebt (14 ··· 20 Steinchen je Reihe). So vorbereitet, lassen sie sich sehr rationell verlegen.

Wandfliesen ähneln in ihren Bestandteilen den Bodenfliesen, enthalten jedoch einen geringeren Anteil Feldspat. Dadurch behält der Scherben sein poriges Gefüge, womit auch seine Haftfähigkeit besonders günstig beeinflußt wird.

Herstellung. Unter Zusatz von Wasser wird das Rohmaterial gründlich gemischt, anschließend durch Filter entwässert, getrocknet, gemahlen und durch Pressung geformt. Die frisch geformten Platten werden zweimal gebrannt, beim ersten Mal der Scherben, beim zweiten Mal die Glasur.

Arten

Weiße, elfenbeinfarbene- und Industriefliesen. Ihre Glasur ist farblos oder gedeckt (gelb). Industriefliesen enthalten meist einen größeren Anteil Schamotte (daher auch Schamottefliesen); hierdurch wird eine bessere Frostbeständigkeit erreicht. Industriefliesen gibt es auch mit farbigen Glasuren.

Majolikafliesen sind farbig (auch geflammt) mit überwiegend deckender Glasur und glänzender, matter oder kristalliner Oberfläche.

Frostsichere Fliesen haben einen dichten, gesinterten Scherben und nehmen deshalb nur begrenzt Wasser auf (1 ··· 2 %). Sie sind – außer gegen Flußsäure – säurebeständig. Als Vorzugsformate gelten 15 × 15 und 10,8 cm × 10,8 cm.

Daneben gibt es Größen von 10 × 10, 10 × 20, 10,8 × 21,8, 15 × 30, 15 cm × 7,5 cm und Streifen von 1,5 × 15 ··· 5 cm × 15 cm.

Wand- und Bodenfliesen sind leicht sauber zu halten und werden aus hygienischen Gründen für Bäder, Küchen, Dielen und Flure bevorzugt. Sie dienen ferner als vielseitig verwendbares Gestaltungselement.

Folgende Eigenschaften der keramischen Fliesen unterliegen der Normenüberwachung: Rohdichte, Biegefestigkeit, Härtegrad, Frostbeständigkeit, Temperaturwechselbeständigkeit, Säure- und Laugenbeständigkeit, Farb- und Lichtbeständigkeit, lineare Wärmeausdehnung. Darüber hinaus müssen bei Bodenfliesen noch Reindichte und Wasseraufnahme genormten Anforderungen entsprechen.

9.2. Bodenplatten aus Betonwerkstein

Zu den Platten aus Betonwerkstein gehören Kunststeinplatten (z. B. Terrazzo-Platten) und Zementplatten.

Kunststeinplatten bestehen aus Zement und Zuschlägen, die unter Zugabe von Wasser intensiv gemischt, verdichtet und z. T. gepreßt werden. Nach genügender Erhärtung erhalten die Platten eine geschliffene Oberfläche.

Kunststeinplatten über 20 cm × 20 cm werden überwiegend zweischichtig hergestellt, die unter 20 cm Kantenlänge hingegen einschichtig.

Zweischichtige Platten bestehen aus einer Kiesbetonschicht und einer ≧ 1 cm dicken Deckschicht, deren Zuschlag nach Größe, Form, Gesteinsart und Gesteinsfarbe verschieden sein kann, z. B. Marmor, Terrazzo, Travertin, Muschelkalk u. a. Deck- und Kiesbetonschicht müssen fest miteinander verbunden sein. Einschichtige Platten bestehen nur aus Kunststeinmischung.

Allgemein werden folgende Anforderungen gestellt: gleichmäßig dichtes Gefüge, scharfe Ecken, gerade und saubere sowie nicht bröckelnde Kanten und gleichmäßige Dicke.

Kunststeinplatten werden in Größen von 15/15/2, 20/20/2, 25/25/2 oder 30/30/3, 40/40/5 und 50/50/5 cm hergestellt.

Zementplatten gibt es in Größen von 25/25, 50/25, 30/30, 40/40, 50/50 und 50/75 cm und 3 ··· 6 cm Dicke. Sie bestehen im unteren Teil aus einer gröberen, im oberen Teil aus einer feineren Betonschicht. Durch Zusätze können Zementplatten farbig gestaltet werden. Waschbetonplatten erhalten eine Deckschicht aus grober Zuschlagkörnung. Die Oberfläche der Deckschicht wird nach dem Verdichten durch Auswaschen vom Zementleim befreit, so daß die oberen Körner leicht vorstehen. Die Platte wird dadurch griffiger und weniger schmutzempfindlich.

Aufgaben

1. Fertigen Sie eine Übersicht über Boden- und Wandfliesen mit ihren Abmessungen, Eigenschaften und Verwendungszwecken an.
2. Beschreiben Sie den Unterschied zwischen Kunststeinplatten und Zementplatten. Nennen Sie Beispiele für ihre Verwendung.

10. Verarbeiten von Fliesen

10.1. Schneiden und Zwicken von Wand- und Bodenfliesen

Beim Verlegen von Fliesen stellt sich dem Handwerker oft die Aufgabe, genaue Paßstücke abzutrennen und gerundete Aussparungen auszuarbeiten (z.B. bei Rohrdurchbrüchen).

Ungenau bearbeitete Fliesen stören das Gleichmaß von Fliese und Fuge. Behauen, Trennen, Zwicken und Lochen sind daher mit größter Sorgfalt auszuführen.

Zum Anreißen von Wandfliesen benutzt man Meterstab, Bleistift (auch Alustift), Anschlagwinkel, Widia- oder Glasschneider (**114.1**). Sind mehrere Teilstücke gleicher Größe herzustellen, empfiehlt sich die Benutzung der Hauschiene. Sie erspart das wiederholte Abmessen und Anzeichnen der Rißlinien und erleichtert die Einhaltung von Gleichmaß und Genauigkeit. Da die Verstellvorrichtung an der Hauschiene infolge rauher Behandlung leicht ungenau wird, empfiehlt es sich, beim Einstellen der Teilmaße den Meterstab zu benutzen. Um einen rechtwinkligen Abschnitt zu erhalten, sollte man die Einstellung der Teillänge auf beiden Seiten der Anschlagleiste vornehmen. Ferner ist zu beachten, daß mögliche Schadstellen der Fliese stets dem Abfallstück zugeordnet werden. Die Fliese liegt beim Anreißen und Schneiden mit der Glasurseite auf dem Führungsstab der Hauschiene. Fliesenkante und Anschlagschiene müssen dabei stramm aneinanderliegen, weil sonst beim Anriß ein schiefer Winkel entsteht.

Das Schneiden erfolgt auf fester Unterlage. Man benutzt dazu Widiastahl oder Glasschneider (**114.**2). Zum Trennen der angeschnittenen Fliese sind drei Methoden üblich:

Man bricht die Fliese beidhändig gegen den Scherben nach rückwärts ab (**114.**3);

die Scherbenseite wird mit der Rißlinie über einen 40 · · · 65 mm langen Drahtstift auf harter Unterlage gelegt und leicht nach unten abgedrückt;

leichte Schläge mit dem Fliesenhammer rückseitig entlang der Trennungslinie spalten die Fliese in gewünschter Weise.

Zum Abtrennen einzelner Stücke benutzt man statt der Hauschiene auch den Anschlagwinkel.

Gerundete Abschnitte werden stückweise mit der Zwickzange ausgearbeitet (**114.**4).

Beim Lochen der Fliesen ist mit besonderer Sorgfalt vorzugehen. Voraussetzung für das Schlagen eines passenden Loches ist der genaue Anriß. Anschließend kann das Loch mit der spitzen Seite des Fliesenhammers vorgeschlagen werden (**114.**5), wobei die Fliese mit ihrer Rückseite vollflächig auf der Hammerbahn eines Fäustels liegt. Mit der Loch- oder der Habichtsschnabelzange kann die vorgeschlagene Öffnung dann leicht ausgearbeitet werden (**114.**6). Das Vorschlagen des Loches kann auch mittels Dorn und Fliesenhammer erfolgen. Dabei liegt die Fliese mit ihrer Rückseite auf dem Oberschenkel. Der Dorn wird beim Anschlagen mit dem Fliesenhammer schräg auf der Lochmitte aufgesetzt. Unter Drehung der Fliese wird der Durchbruch erweitert und anschließend mit der Zwickzange sauber ausgearbeitet.

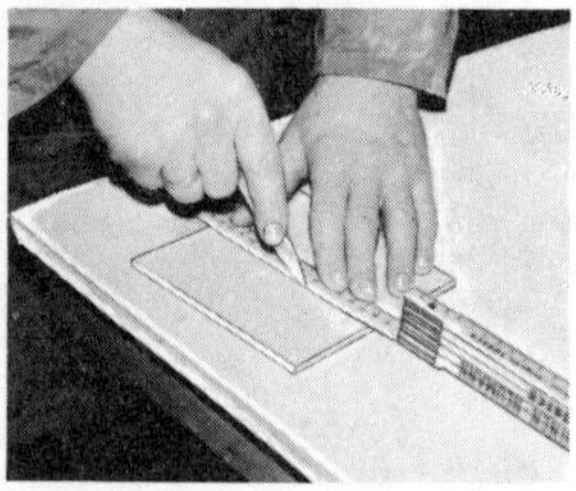

114.1 Anreißen einer Einzelfliese mit Meterstab und Alu-Stift

114.2 Trennen von Fliesen mit Hilfe der Hauschiene

114.3 Brechen der Fliese, beidhändig rückwärts gegen den Scherben

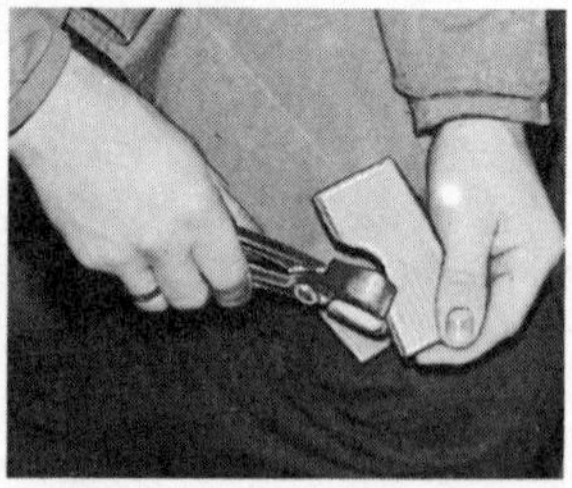

114.4 Herstellen von Ausrundungen mit der Fliesenzange

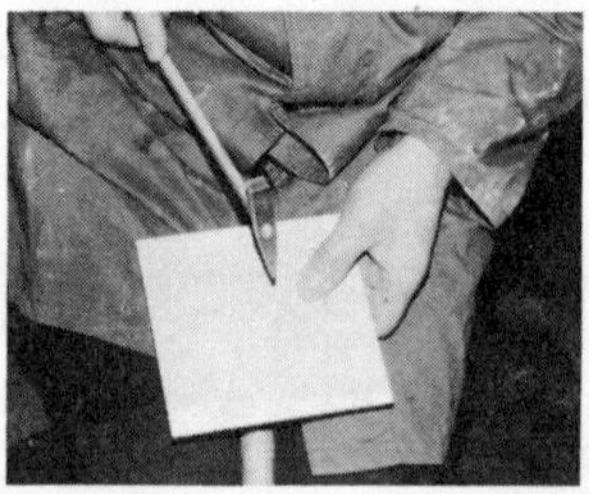

114.5 Vorschlagen eines Loches mit Hilfe von Fliesenhammer und Fäustel

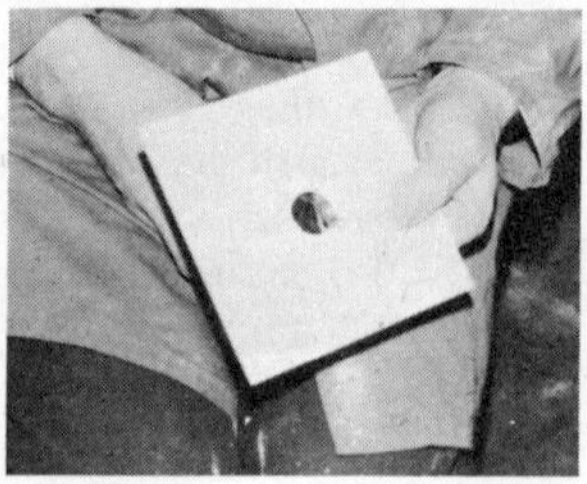

114.6 Ausarbeiten eines vorgeschlagenen Loches mit der Habichtsschnabelzange

Steinzeugfliesen sind infolge ihres dichten Gefüges schwerer zu bearbeiten als Wandfliesen.

Beim Trennen mit der Hauschiene wird die Fliese mit Meißel und Hammer an der Rißlinie vorgehämmert (**115**.1). Sie läßt sich dann durch leichte Hammerschläge auf die Rückseite leicht abtrennen. Die Bruchkante wird sauberer, wenn man sie an ihren Enden rückseitig leicht aushaut.

Das Trennen ohne Hauschiene erfolgt in ähnlicher Weise. Die Fliese wird dabei auf weicher Unterlage (Oberschenkel) entlang der vorgezeichneten Trennungslinie angehauen und in der oben beschriebenen Weise getrennt (**115**.2).

Kleinere Abschnitte kann der Fliesenleger durch freies Hauen entfernen. Dabei wird die Fliese durch schräggeführte Schläge auf der entsprechenden Stirnseite erst hinterhauen und anschließend an der Vorderseite durch leichte Schläge begradigt (**115.3**).

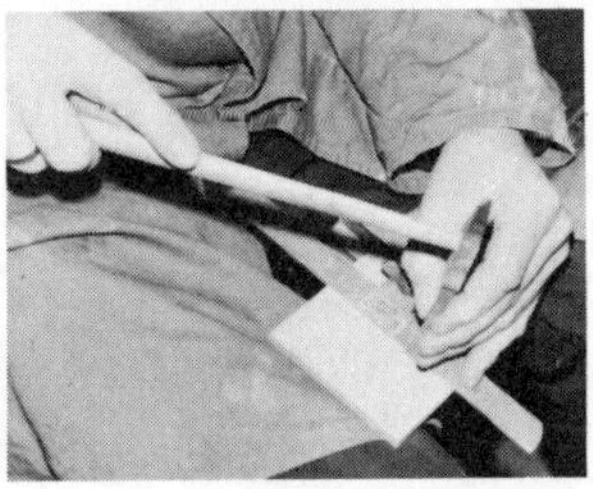

115.1 Trennen von Bodenfliesen mit Hauschiene, Fliesenhammer und Meißel

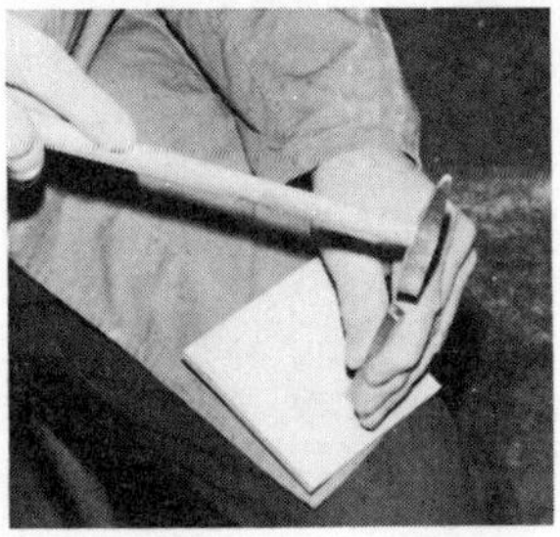

115.2 Die Rißlinie der Bodenfliese wird vorgehauen

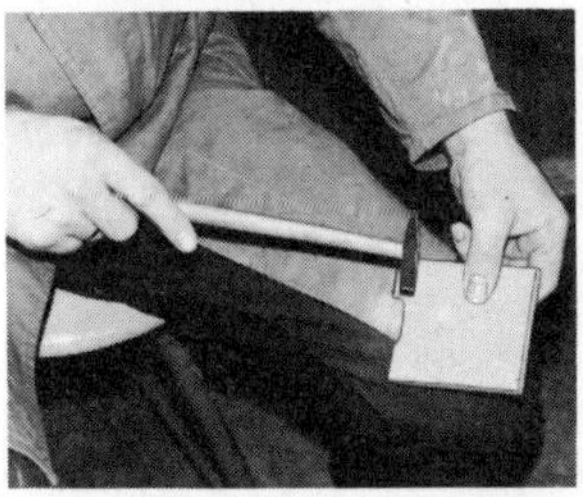

115.3 Kleinere Abschnitte werden durch freies Hauen entfernt

10.2. Verlegen von Boden- und Wandfliesen

Verlegen von Bodenfliesen

Vor Beginn des Verlegens muß zunächst geprüft werden, ob die Raumwände genau im rechten Winkel zueinander stehen. Ein rechter Winkel kann leicht nach dem Seitenverhältnis 3:4:5 des rechtwinkligen Dreiecks ausgemessen werden (z.B. 1,50/2,00/2,50 m). Bei kleineren Flächen genügt ein Vergleich der Raumdiagonalen (**115**.4). Stimmen beide Diagonalen überein, ist der Raum rechtwinklig angelegt. Beachtet man diese Vorsichtsmaßnahme nicht, entstehen in ungenau eingewinkelten Räumen auch schiefwinklig angeordnete Plattenböden mit einem unharmonischen Fugenbild.

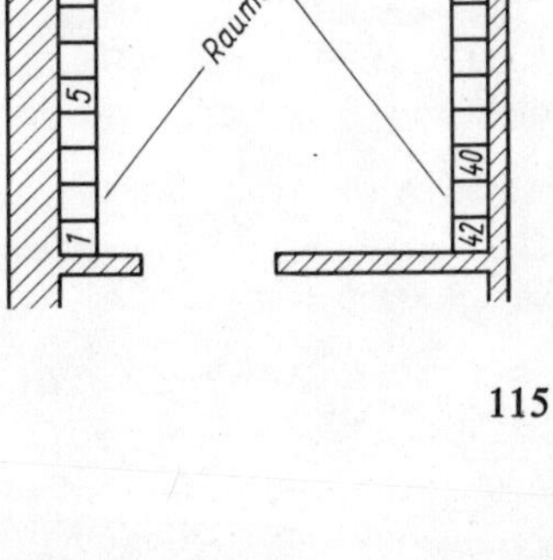

115.4 Anordnung der ersten Fliesenreihen

Beim Ausmitteln der Bodenfläche werden Anzahl und Anordnung der Bodenfliesen festgelegt. Um die Größe möglicher Teilstücke zu bemessen, legt man zweckmäßigerweise die erste Schicht jeweils trocken aus. Dabei soll von der Mitte des Raumes ausgegangen werden. Ferner ist zu beachten, daß die Teilfliese größer ausfällt als eine Fliesenhälfte Beim Ausmitteln sollte außerdem bedacht werden, daß an der Eingangsöffnung mit einer Reihe aus ganzen Fliesen oder aus großen Teilfliesen begonnen wird. Die Höhe der Fußbodenschicht richtet sich nach der Oberkante vorhandener Türschwellen, Anschlagschienen und Fußböden sowie nach der bereits gesetzter Antritts- oder Austrittsstufen.

Um eine waagerechte Ebene einhalten zu können, werden zweckmäßigerweise in den Raumecken Höhenpunkte markiert. Dazu können benutzt werden:

Nivelliergerät Richtscheit und Wasserwaage Schlauchwaage

Es ist vorteilhaft, die Höhenpunkte jeweils 1 m über der Fußbodenoberkante anzubringen und von dort aus zur fertigen Fußbodenhöhe hinunterzumessen, weil Bleistiftrisse in Fußbodenhöhe beim Verlegen leicht durch Mörtel verwischt werden können.

Beim Verlegen beginnt man mit der ersten Reihe der Längswand, nachdem der Untergrund gründlich gesäubert und angenäßt worden ist. Dabei setzt man die Fliesen geradlinig entlang der gespannten Fluchtschnur und mit Fugenabstand von der Wand. Der verwendete Zementmörtel soll im Verhältnis 1:5 · · · 1:6 gemischt und feucht angemacht sein. Er ist so dick aufzutragen, daß nach dem Anklopfen der Fliese ein Mörtelbett von etwa 2 cm verbleibt. In gleicher Weise verlegt man anschließend die erste Fliesenreihe an der Quer- und der Parallelwand. Längs- und Querreihe müssen dabei genau im rechten Winkel stehen. Soll der Fußboden im Gefälle verlegt werden, so ist dies beim Anlegen der ersten Reihen zu berücksichtigen.

Alle weiteren Fliesen können jetzt mit Hilfe der Fluchtschnur reihenweise verlegt werden (**116.1**). Besonders wichtig ist es, die in Reichweite frisch verlegten Fliesen durch mehrfaches Abwaschen gründlich zu reinigen. Mangelhaft gesäuberte Fliesen hinterlassen einen von Mörtelresten verursachten und nachträglich nur sehr schwer entfernbaren Grauschleier.

116.1 Verlegen kleiner Steinzeugplatten. Die Platten werden in das Mörtelbett gelegt und angeklopft
a) Mörtel b) Schnur c) Wasserwaage

Erst nach genügender Erhärtung des Mörtelbettes darf mit dem Ausfugen begonnen werden. Als Fugenmörtel verwendet man eine Zementschlämme 1:3, die mit Besen oder Bürste verteilt wird. Der satt eingeschlämmte Plattenbelag ist vor dem Erhärtungsbeginn des Fugenmörtels gründlich auszufegen und anschließend mehrfach mit Weichholzsägemehl zu reinigen. Nach Erhärtung der Fugen ist der Boden begehbar.

Ansetzen von Wandfliesen

Die Ausmittlung der Wandflächen geschieht hier in gleicher Weise wie bei der Ausführung von Bodenbelägen.

Ausgleichsfliesen liegen allgemein am Wandende. Sie sollen größer als eine Fliesenhälfte ausfallen, damit ein möglichst gleichmäßiges Fugenbild entsteht. Ergibt sich am Wandende ein kleineres Reststück, so kann man je Fliesenreihe die Anzahl der ganzen Fliesen um 1 verringern und die so entstandene größere Restlänge auf beide Wandenden verteilen.

Beispiel. Wandlänge = 3,55 m, Fliesenabmessungen 15/15 cm. Die Fugenaufteilung ist so vorzunehmen, daß Reststücke von weniger als 15/2 cm Breite vermieden werden.

Lösung. Fliesenanzahl = 355 : 15,2 = 23 bei einem Rest von 5,4 cm. Gewählt 22 ganze Fliesen. Gesamtrest 15,2 cm + 5,4 cm = 20,6 cm. Es ergeben sich 2 Ausgleichsstücke mit 20,6 cm : 2 = 10,3 cm ($> 1/2$ Fliesenbreite).

Wenn Wände von Öffnungen, Nischen, Vorlagen oder Pfeilern unterbrochen werden, ist zu beachten, daß die senkrechten Fugen an den Leibungen durchgehend verlaufen. Man gliedert die Wand dann in entsprechend viele Teilflächen.

Beispiel. Wand nach nebenstehendem Bild

Lösung. Es ergeben sich

für die linke Teilfläche 130 : 15,2 = 8 Reihen, Rest = 8,4 cm am linken Wandende

für die mittlere Teilfläche 75,8 : 15,2 = 5 Reihen (eine Stoßfuge entfällt)

für die rechte Teilfläche 175 : 15,2 = 11 Reihen, Rest = 7,8 cm am rechten Wandende

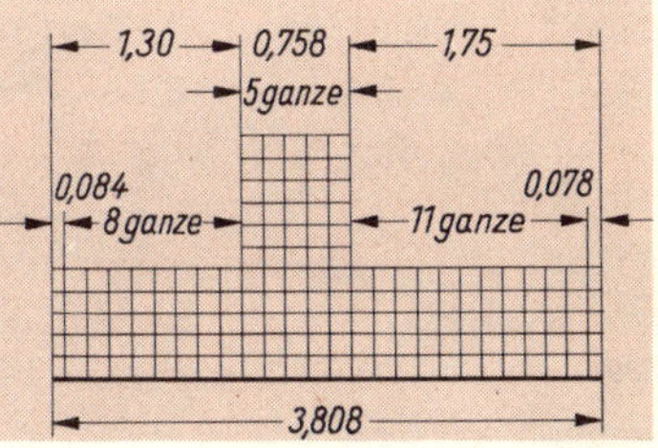

Wenn innerhalb eines Raumes Wand- und Bodenbeläge aus Fliesen vorgesehen sind, empfiehlt es sich, zunächst die Wandbeläge herzustellen. Man verhindert so grobe Verschmutzungen oder auch Beschädigungen des Bodenbelags.

Bevor mit dem Ansetzen der Wandfliesen begonnen werden kann, sind verschiedene Vorbereitungen zu treffen.

Die genaue Fußbodenhöhe ist festzulegen, sofern der Bodenbelag noch nicht eingebaut ist. Wichtige Anhaltspunkte sind dabei Treppenantrittsstufen, Anschlagschienen, Türschwellen bzw. bereits vorhandene Bodenbeläge angrenzender Räume.

Mit Senklot oder Wasserwaage prüft man die lotrechte Richtung der Wand. Ausgehend von der oben angrenzenden Putzschicht wird die Wand nun senkrecht ausgeschnürt. Gleichzeitig wird die Belagstärke festgelegt. Sie ist so zu bemessen, daß die Abdeckfliese (obere Abschlußfliese) noch über der Putzschicht vorsteht.

Punktfliesen (z. B. im Bereich von Fenster- und Türpfeilern, an Aussparungen oder Installationsobjekten) müssen besonders sorgfältig und genau eingemessen und angesetzt werden.

Bei nachträglichem Einbau des Bodenbelags werden die Sockelfliesen ausgespart. Dazu bringt man eine gerade Latte an, deren Oberkante in Höhe der Sockelfliesen plus einer Fugendicke liegt. Die erste Fliesenreihe kann dann auf die Latte aufgesetzt werden.

Das Ansetzen der Fliesen erfolgt mit Zementmörtel 1 : 4 · · · 1 : 6. Die Fliesen werden dabei kurz getaucht und nach vollflächigem Aufziehen des Mörtels von unten nach oben an die Wand gedrückt. Anschließend werden sie mit dem Kellengriff leicht angeklopft und genau nach der Schnur ausgerichtet. Da die Fliesen das Mörtelwasser sehr schnell aufsaugen, soll später nicht mehr nachgeklopft werden, weil dadurch die Mörtelhaftung beeinträchtigt wird. Man beginnt allgemein mit den beiden äußeren Wandfliesen. Anschließend setzt man die Zwischenfliesen entlang der gespannten Fluchtschnur.

Vor- oder zurückspringende Fliesenkanten (Zähne) stören das Gesamtbild. Bei seitlich einfallendem Licht verursachen sie außerdem auffälligen Schlagschatten. Fliesenbeläge sind deshalb mit möglichst hoher Genauigkeit flucht- und lotrecht auszuführen. Der Abstand der waagerechten Fugen kann durch Abstandhalter (Holzkeile, Nägel) gesichert werden. Vielfach werden die Fliesen auch auf einer Lagerfuge aus Ansetzmörtel verlegt. Von Vorteil ist hier, daß im oberen Bereich der Fliese alle Hohlräume dicht mit Mörtel verfüllt sind.

Die Fugen sind vor Beginn der Mörtelerhärtung auszukratzen. Dazu soll man keine scharfkantigen Metallgegenstände verwenden, weil damit leicht die Glasur der Fliesen beschädigt werden könnte. Anschließend ist die geflieste Fläche sorgfältig abzuwaschen, denn durch nachträgliches Entfernen bereits erhärteter Mörtelreste kann ebenfalls eine Glasurbeschädigung entstehen.

Weitere Ansetzmethoden sind:

Die Fliese wird in dünnflüssigen Zementbrei getaucht und nach Aufziehen des Mörtels (1:4) angesetzt. Die Haftfähigkeit der Fliese wird dadurch besonders günstig beeinflußt.

Dichte und wenig saugende Fliesen bestreut man zunächst mit Zementpulver. Dann wird Ansetzmörtel 1:4, der nicht allzu steif sein darf, aufgetragen. In der oben beschriebenen Weise drückt und klopft man die Fliese dann an. Auch hier verbessert der aufgetragene Zement die Haftung von Fliese und Mörtel.

Das Dünnbettverfahren hat in den letzten Jahren zunehmend Verbreitung gefunden. Hierbei werden die Fliesen mit Hilfe von Fliesenklebern auf fertig verputzte Wandflächen gesetzt. Der Putz aus Kalkzementmörtel muß besonders eben, glatt und sauber in Senkel und Flucht ausgeführt sein, weil sonst ein einwandfreier Wandbelag nicht herstellbar ist.

Fliesenkleber werden als fertige Mischungen geliefert und mit Wasser angemacht. Auf die ungewässerte Fliese trägt man eine 2 ··· 3 mm dicke Mörtelschicht auf, die durch Anreiben leicht verdichtet wird. Das Ansetzen der Platten erfolgt dann in einer der oben beschriebenen Weise. Auch hier müssen die Fugen rechtzeitig ausgekratzt und die Flächen anschließend gründlich gesäubert werden.

Das Ausfugen der Fliesenbeläge soll nicht unmittelbar nach dem Verlegen, sondern erst nach einer angemessenen Trocknungszeit erfolgen. Als Fugenmörtel verwendet man meist Marmorgips sowie weiße und graue Zemente. Bei der Verarbeitung von Marmorgips ist zu beachten, daß ungeschützte Eisenteile nicht mit dem Gipsmörtel in Berührung kommen dürfen, weil Gips die Rostbildung fördert. Weiter muß daran gedacht werden, daß Gipsmörtel nicht wasserbeständig ist. Wandbeläge, die häufig mit Wasser in Berührung kommen, sind deshalb nicht mit Gipsmörtel zu verfugen.

Den fertig angemachten Fugenmörtel verteilt man mit Hilfe von Pinsel oder Schwamm zunächst gleichmäßig auf der Wand. Mit dem Ausfuggummi werden dann die Fugen dicht ausgestrichen. Vor Beginn des Abbindeprozesses muß der Belag gründlich abgewaschen werden.

Die Hauschiene erspart wiederholtes Anzeichnen der Rißlinie. Mit Widiastahl oder Glasschneider werden die Fliesen geschnitten, Steinzeugfliesen mit Meißel und Hammer getrennt.

Für Bodenfliesen muß die Rechtwinkligkeit der Räume geprüft werden. Wie?

Beim Ausmitteln der Bodenfläche legt man die erste Schicht der Fliesen trocken aus. Warum?

An der Fluchtschnur entlang werden die Wandfliesen in Zementmörtel 1:5 ··· 1:6 so verlegt, daß nach dem Anklopfen noch ein Mörtelbett von 2 cm Dicke bleibt.

Aufgaben

1. Beschreiben Sie das Anreißen und Schneiden von Wandfliesen und Bodenfliesen.
2. Wie vermeidet man schiefwinklig angeordnete Plattenböden?
3. Beschreiben Sic das Ansetzen der Wandfliesen.
4. Wie werden Plattenböden und Wandfliesen ausgefugt?

11. Mauern aus klein- und mittelformatigen Steinen

11.1. Unterscheiden der Mauersteine nach Formaten

Zum Ausführen von Mauern steht uns eine Vielzahl unterschiedlicher künstlicher Mauersteine in verschiedenen Formaten zur Verfügung. Für Steine der verschiedenen Formate lassen sich nur zum Teil einheitliche Bezeichnungen, Verarbeitungsweisen und Verbandregeln aufstellen; es ist deshalb nötig, daneben auf die sich aus der Steingröße ergebenden Besonderheiten einzugehen. Die Aufgabe wird aber erleichtert durch Unterscheidung zwischen klein- und mittelformatigen Mauersteinen (**119.1**) (über Mauern aus großformatigen Steinen wird in Teil 1 der „Fachkunde für Maurer“ berichtet).

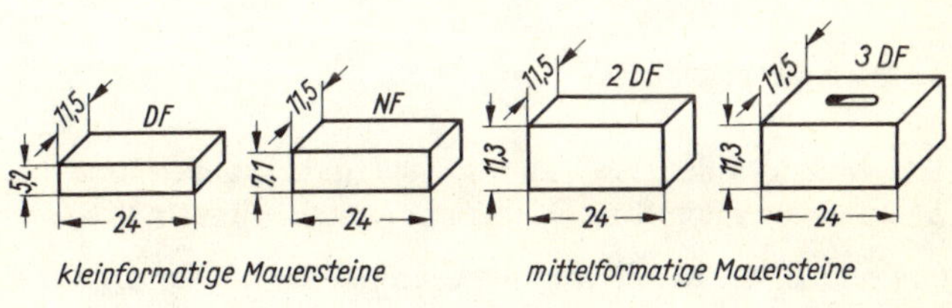

119.1 Unterscheiden der Mauersteinformate

Als k l e i n f o r m a t i g e M a u e r s t e i n e gelten solche, die in den Formaten DF (24 cm × 11,5 cm × 5,2 cm) und NF (24 cm × 11,5 cm × 7,1 cm) hergestellt werden. Sie sind nur einen Handgriff breit; man kann sie deshalb als Einhandsteine ohne Griffhilfe verarbeiten.

Als mittelformatige Mauersteine sind hier Steine in den Formaten 2 DF = $1^1/_2$ NF (24 cm × 11,5 cm × 11,3 cm) und 3 DF = $2^1/_4$ NF (24 cm × 17,5 cm × 11,3 cm) bezeichnet. In den folgenden Ausführungen werden nur die Bezeichnungen 2 DF und 3 DF gebraucht. Steine 2 DF können wie die kleinformatigen Steine DF und NF als Einhandsteine ohne Griffhilfe gegriffen und nach den gleichen Verbandregeln vermauert werden, weil sie die gleiche Grundfläche haben. Steine 3 DF sind Einhandsteine, aber wegen ihrer größeren Breite mit einem Griffschlitz versehen.

Kleinformatige Steine gibt es als Mauerziegel (DIN 105), Kalksandsteine (DIN 106), Hüttensteine (DIN 398). Als mittelformatige Steine sind außer den bei den kleinformatigen Steinen genannten Arten noch Vollsteine aus Leichtbeton (DIN 18152) erhältlich.

Wir sprechen von klein- und mittelformatigen Steinen. Welche Formate sind gemeint?

Die Mehrzahl der klein- und mittelformatigen Steine sind Einhandsteine ohne Griffhilfe. Welche machen eine Ausnahme?

11.2. Mörtelfugen und Steinflächen

Lagerfugen und Stoßfugen entstehen, wenn Steine aufeinander lagern und aneinanderstoßen (**120**.1). Vermörtelte Lagerfugen verbinden die einzelnen Schichten; sie verlaufen gewöhnlich waagerecht, bei Böschungsmauern und Mauerbogen auch geneigt. Vermörtelte Stoßfugen verbinden rechtwinklig zur Lagerfläche aneinanderstoßende Steinflächen.

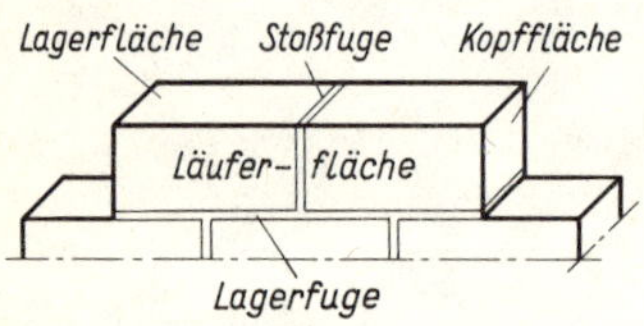

An die Lagerflächen rechtwinklig mit den Längsseiten anschließende Steinflächen heißen Läuferflächen, die an den Breitseiten anschließenden Kopfflächen (**120**.1).

120.1 Benennung der Fugen und Steinflächen im Mauerwerk

Lagerfugen verbinden die Schichten, Stoßfugen verbinden die Steine innerhalb einer Schicht. Um welche Steinflächen handelt es sich?

11.3. Mauerdicken

Die Mauer- oder Wanddicke wird nach ganzen und halben Steinlängen (Steinlänge 24 cm), kurz nach Steinen, benannt – z. B. einsteindick, eineinhalbsteindick – und in cm angegeben. Sie hängt von den Steinmaßen ab, für die die Baunormzahlen 25 cm, $\frac{25}{2}$ cm (12,5 cm), $\frac{25}{3}$ cm und $\frac{25}{4}$ cm zugrunde gelegt sind. Für die Ermittlung der Mauerdicken und Mauerlängen ist von der Baunormzahl 12,5 cm (Achtelmeter) auszugehen. Die Mauerdicke ist gleich 12,5 cm oder ein Vielfaches davon, abzüglich 1 cm für eine Fuge (**121**.1).

Die Wanddicken sind

$1 \times 12{,}5\,\text{cm} - 1\,\text{cm} = 11{,}5\,\text{cm} = \frac{1}{2}$ Stein
$1\frac{1}{2} \times 12{,}5\,\text{cm} - 1\,\text{cm} \approx 17{,}5\,\text{cm} = \frac{3}{4}$ Stein
$2 \times 12{,}5\,\text{cm} - 1\,\text{cm} = 24\,\text{cm} = 1$ Stein
$2\frac{1}{2} \times 12{,}5\,\text{cm} - 1\,\text{cm} \approx 30\,\text{cm} = 1\frac{1}{4}$ Steine
$3 \times 12{,}5\,\text{cm} - 1\,\text{cm} = 36{,}5\,\text{cm} = 1\frac{1}{2}$ Steine
$4 \times 12{,}5\,\text{cm} - 1\,\text{cm} = 49\,\text{cm} = 2$ Steine

Die Mauerdicke benennt man nach ganzen Steinlängen und Teilen davon. Nennen Sie Wanddicken in cm!

Für die Ermittlung der Mauerdicke ist von der Baunormzahl 12,5 cm (Achtelmeter) auszugehen. Wie führt man sie durch?

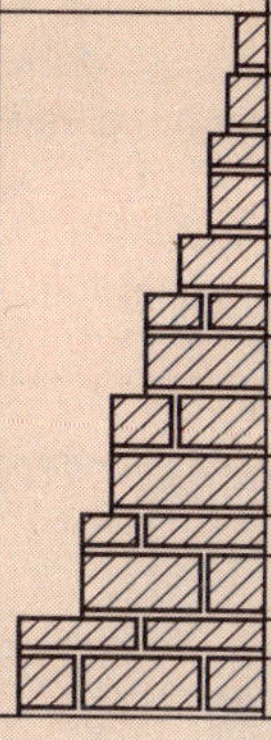

Mauerdicken	Steinformate	Benennung in Stein	Benennung in cm
	DF		5,2
	NF		7,1
	DF, NF 2 DF	1/2	11,5
	3 DF	3/4	17,5
	DF, NF 2u.3 DF	1	24
	2u.3 DF SF	1 1/4	30
	DF, NF 2 DF	1 1/2	36,5
	DF, NF 2 DF	2	49

121.1 Abhängigkeit der Mauerdicken von den Steinformaten

11.4. Arten der Mauerschichten

Mauern errichtet man durch schichtenweises Verlegen von Steinen.

In Mauerschichten können die Steine mit den Kopfflächen aneinanderstoßen – sie bilden dann Läuferreihen (**121**.2) – oder mit den Läuferflächen – man nennt sie dann Binderreihen (**121**.3). Die Mauerschichten bestehen aus Läufer- oder Binderreihen allein oder werden durch Nebeneinanderlegen von Läufer- und Binderreihen gebildet (**121**.4). Benannt werden die Schichten nach der in der Ansicht außen sichtbaren Steinfläche. Läuferschichten zeigen also die Läuferflächen der Steine, Binderschichten die Kopfflächen.

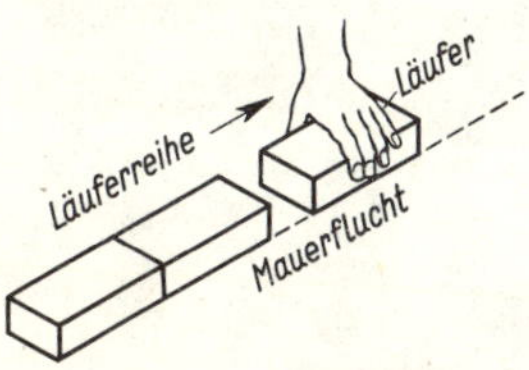

121.2 Legen von Läuferreihen (Läuferschichten)

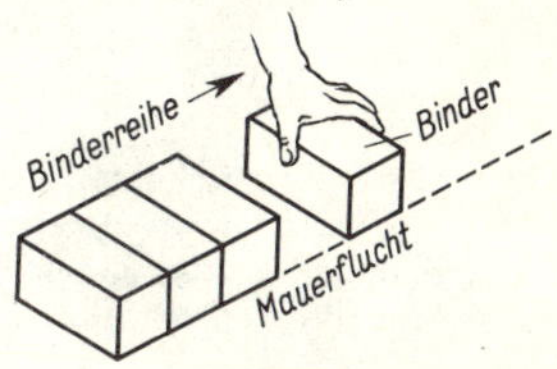

121.3 Legen von Binderreihen (Binderschichten)

In der Regel stößt man die Steine in der Schicht so zusammen, daß die zur Längsrichtung der Mauer rechtwinklig verlaufenden Stoßfugen durch die Wand gerade hindurchgehen, sie heißen Schnittfugen. Ausnahmen davon gibt es bei Schichten, die aus nebeneinanderliegenden Läuferreihen bestehen.

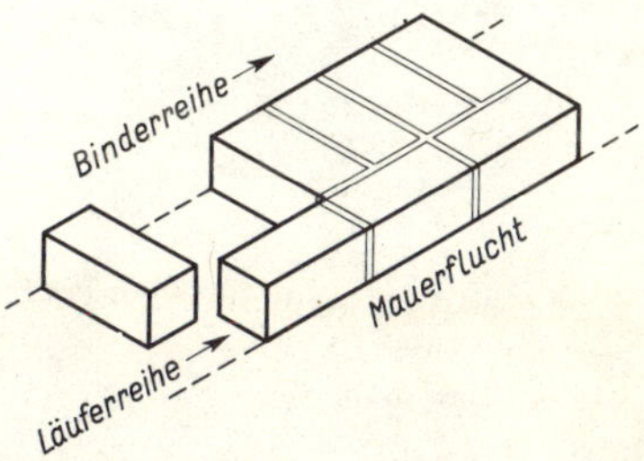

121.4 Läuferschicht, bestehend aus äußerer Läuferreihe und innerer Binderreihe

Mauerschichten werden mit Rücksicht auf die in der Ansicht erscheinende Steinfläche benannt. Inwiefern?

Für die Mehrzahl der Mauerschichten gilt es, Schnittfuge zu mauern. Was heißt das?

11.5. Mauerlängen

Mauerlängen werden wie Mauerdicken von der Baunormzahl 12,5 cm = 1 Achtelmeter abgeleitet. Gleichbedeutend mit Achtelmeter wird in der Baupraxis gewöhnlich der Begriff „Kopf“ gebraucht. Das darunter zu verstehende Maß von 12,5 cm ergibt sich aus der Breite der Kopffläche bei 11,5 cm breiten Steinen unter Hinzurechnung von 1 cm für eine Fuge. Vielfache von einem Achtelmeter (Kopf) ergeben Baurichtmaße, z. B. 12,5 cm, 25 cm, 37,5 cm (**122**.1). Die wirkliche Länge einer Mauer (Nennmaß) erhält man aus dem Baurichtmaß, wenn man eine Fuge (1 cm) berücksichtigt. Wenn die Anzahl Achtelmeter (Köpfe) mit „n“ bezeichnet wird, ergeben sich für die Ermittlung der Mauerlänge L nachstehende Regeln (**122**.2):

a) für eine beiderseits frei endende Mauer ist $L = n \cdot 12{,}5\ \text{cm} - 1\ \text{cm}$
b) für eine einseitig angebaute Mauer ist $L = n \cdot 12{,}5\ \text{cm}$
c) für eine beiderseits angebaute Mauer ist $L = n \cdot 12{,}5\ \text{cm} + 1\ \text{cm}$

Soll umgekehrt aus einer gegebenen, nach der Maßordnung bemessenen Mauerlänge die Anzahl Achtelmeter (Köpfe) errechnet werden, lauten die Regeln

zu a) $n = (L + 1\ \text{cm}) : 12{,}5\ \text{cm}$
zu b) $n = L : 12{,}5\ \text{cm}$
zu c) $n = (L - 1\ \text{cm}) : 12{,}5\ \text{cm}$

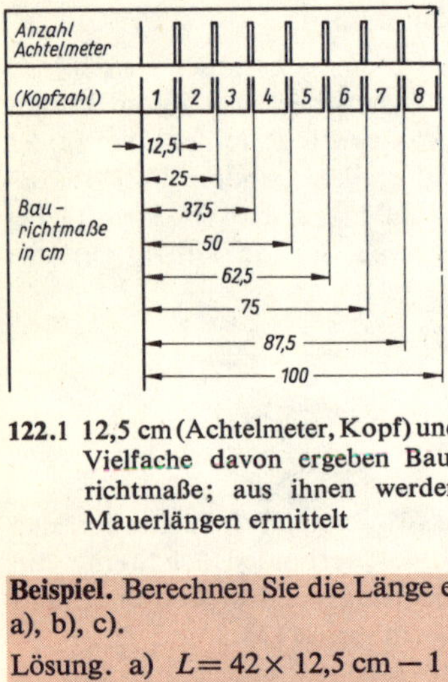

122.1 12,5 cm (Achtelmeter, Kopf) und Vielfache davon ergeben Baurichtmaße; aus ihnen werden Mauerlängen ermittelt

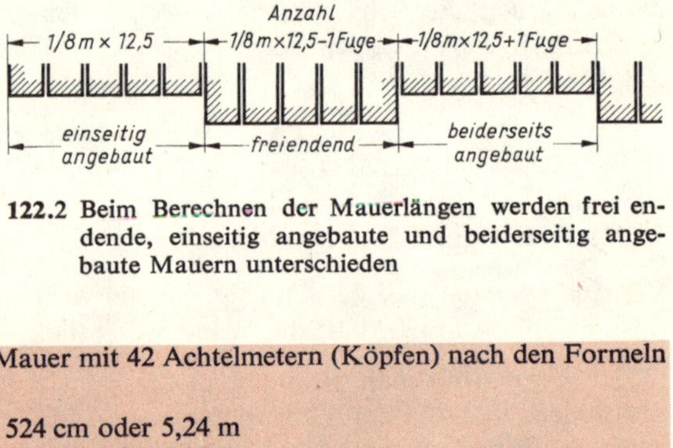

122.2 Beim Berechnen der Mauerlängen werden frei endende, einseitig angebaute und beiderseitig angebaute Mauern unterschieden

Beispiel. Berechnen Sie die Länge einer Mauer mit 42 Achtelmetern (Köpfen) nach den Formeln a), b), c).

Lösung. a) $L = 42 \times 12{,}5\ \text{cm} - 1\ \text{cm} = 524\ \text{cm}$ oder 5,24 m
b) $L = 42 \times 12{,}5\ \text{cm} = 525\ \text{cm}$ oder 5,25 m
c) $L = 42 \times 12{,}5\ \text{cm} + 1\ \text{cm} = 526\ \text{cm}$ oder 5,26 m

Beispiel. Ermitteln Sie für eine beiderseits frei endende Mauer mit 4,615 m Länge die Anzahl der Achtelmeter (Köpfe).

Lösung. $n = (461{,}5\ \text{cm} + 1\ \text{cm}) : 12{,}5\ \text{cm} = 37$ Achtelmeter

Die Baunormzahl 12,5 cm (Achtelmeter, Kopf) und Vielfache davon ergeben Baurichtmaße. Nennen Sie Baurichtmaße zwischen 1,00 m und 2,00 m!

Bei der Ermittlung der wirklichen Mauerlängen (Nennmaße) sind 3 Fälle zu unterscheiden. Welche?

11.6. Mauerhöhen

Mauerhöhen hängen von den nach den Baunormzahlen bemessenen Steinhöhen ab, deren Höhe unter Berücksichtigung der Fugendicke so bemessen ist, daß auf 25 cm Mauerhöhe die Schichtenzahl 4, 3, 2 oder 1 beträgt (**123**.1). Aus der Übersicht sind Angaben über Höhenmaße für Mauern und Schichten aus klein- und mittelformatigen Steinen sowie aus großformatigen Steinen mit 23,8 cm Höhe, ersichtlich.

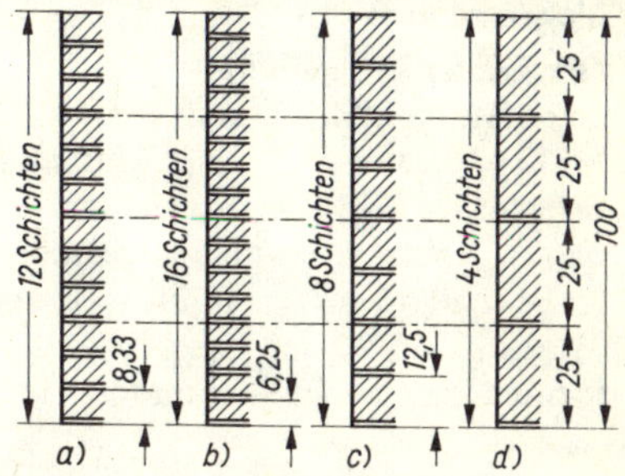

123.1 Alle genormten Mauersteine sind so bemessen, daß sie auf 25 cm Mauerhöhe Schichtgleiche ergeben.
a) Normalformat c) 2 DF und 3 DF
b) Dünnformat d) verschiedene Großformatsteine

Tafel **123**.2 **Höhenmaße für Mauerschichten, Steine und Fugen**

Höhenangaben	Steinformate			
	DF	NF	2 DF 3 DF	verschiedene Großformatsteine
Schichtenzahl je 25 cm Mauerhöhe	4	3	2	1
Schichtenzahl je m Mauerhöhe	16	12	8	4
Schichtenhöhe in cm	6,25	8,33	12,5	25
Steinhöhe in cm	5,2	7,1	11,3	23,8
Fugendicke in cm (angenähert)	1	1,2	1,2	1,2

Die Höhen der Mauerschichten aus klein- und mittelformatigen Steinen betragen 6,25; 8,33; 12,5 cm. Wieviel Schichten gehen auf Mauerhöhen von 25 cm und 1,00 m?

11.7. Arten der Mauerverbände

Verband bedeutet das Verbundene. Mörtel verbindet die Mauersteine miteinander, den Zusammenhalt aber erhält die Wand wesentlich durch das Überbinden der Steine von Schicht zu Schicht. Das Überbindemaß muß in Längsrichtung der Mauer mindestens $^1/_4$ Stein (5,25 cm), soll aber möglichst $^1/_2$ Stein lang (11,5 cm) sein (**123**.3 und 4).

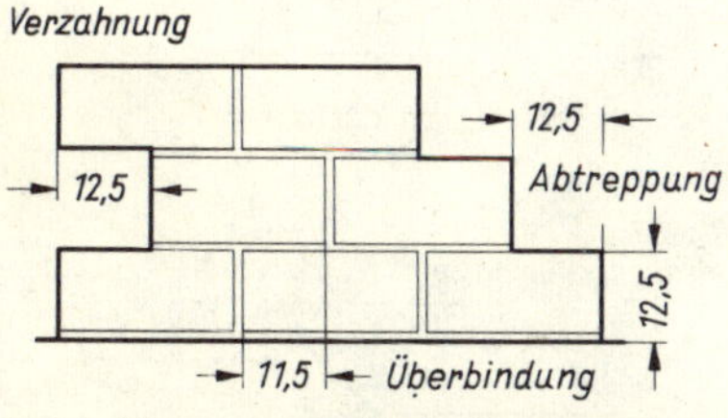

123.3 Mauerausschnitt im Läuferverband. Es betragen Überbindung 11,5 cm ($^1/_2$ Stein lang), Abtreppung und Verzahnung je 12,5 cm (Achtelmeter, Kopf)

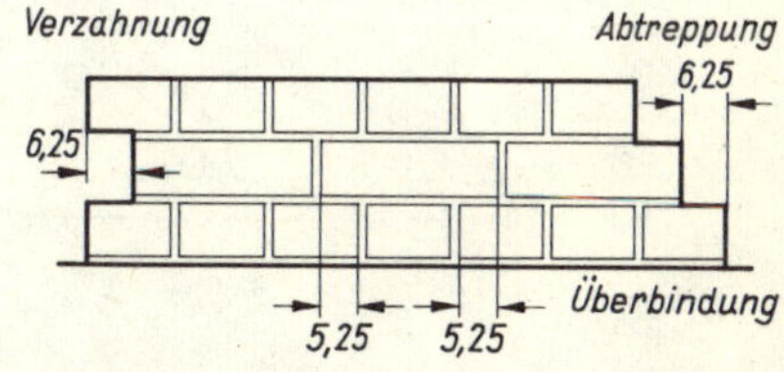

123.4 Mauerausschnitt im Block- und Kreuzverband. Es betragen Überbindung 5,25 cm ($^1/_4$ Stein lang), Abtreppung und Verzahnung je 6,25 cm ($^1/_2$ Achtelmeter, $^1/_2$ Kopf)

Stoßfugendeckung übereinanderliegender Schichten (Fuge auf Fuge) ist in Wandabschnitten zwischen Endigungen nicht zulässig, in beschränktem Umfang dagegen im Innern an Mauerenden, Mauerecken u.a. (s. Abschn. 13 bis 18).

Schichtenbildungen mit klein- und mittelformatigen Steinen für verschiedene Wanddicken zeigt Bild **124.1**.

Der Läuferverband entsteht durch versetztes Übereinanderlegen von Läuferschichten zu einer Mauer (**123.3** und **124.1** a). Dabei soll das Überbindemaß in Längsrichtung der Mauer $^1/_2$ Stein lang sein (Halbläuferverband); nur in Fällen, in denen die Mauer nicht belastet ist (z.B. bei Vormauerwerk), kann es auch $^1/_4$ Stein lang sein (Viertelläuferverband). Abtreppung und Verzahnung sind regelmäßig einen Achtelmeter (12,5 cm) breit. Angewendet wird der Läuferverband aus klein- und mittelformatigen Steinen für 11,5 cm, 17,5 cm und 30 cm dicke Wände, möglich sind auch – bei Verwendung von mittelformatigen Steinen – Wanddicken von 36,5 und 49 cm (**124.1** c)

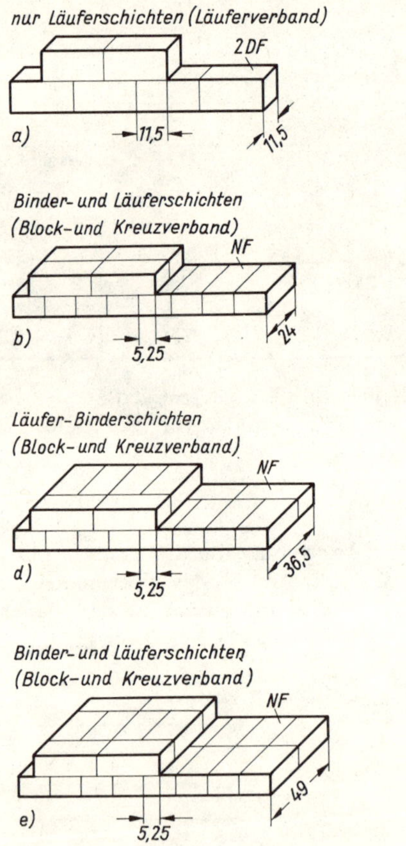

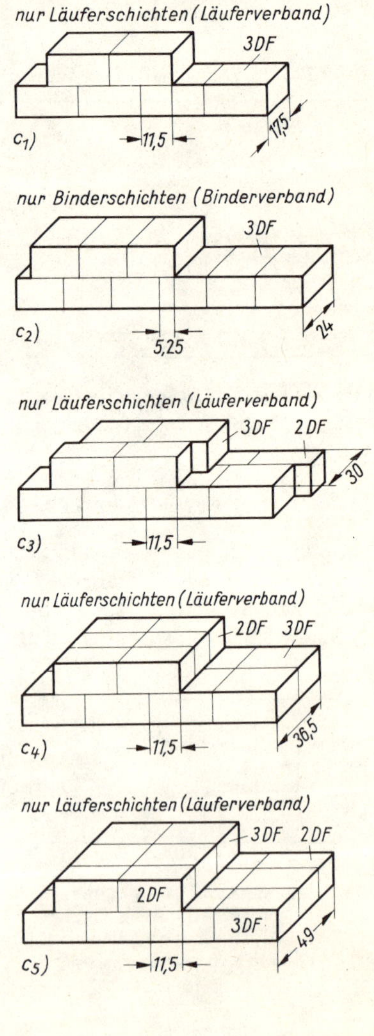

124.1 Schichtenbildungen aus klein- und mittelformatigen Steinen für die üblichen Wanddicken mit Angabe der Überbindemaße

Das Überbindemaß beträgt bei Mauern im Läuferverband 11,5 cm, im Binder-, Block- und Kreuzverband 5,25 cm.

Der Binderverband ergibt sich durch versetztes Übereinanderlegen von Binderschichten zu einer Mauer (**125**.1). Anwendbar ist er nur für 24 cm dicke Wände, wobei man fast ausschließlich mit Steinen 3 DF in schleppendem Verband arbeitet, d. h., es ergibt sich als kleinstes Überbindemaß in Längsrichtung der Mauer 5,25 cm ($^1/_4$ Stein lang). Dementsprechend fallen Abtreppung und Verzahnung unterschiedlich aus.

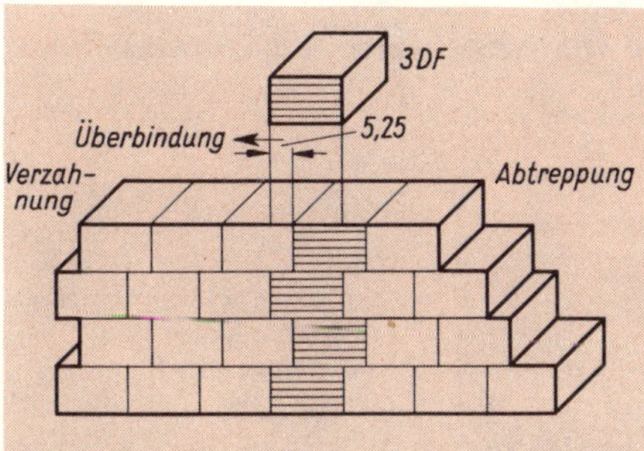

125.1 Mauerausschnitt im Binderverband; die kleinste Überbindung beträgt 5,25 cm

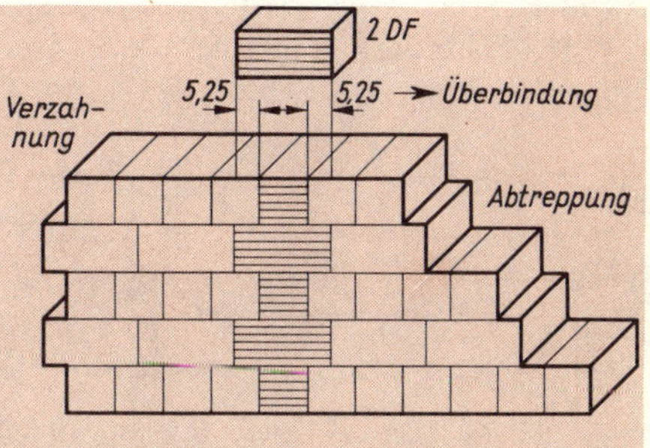

125.2 Mauerausschnitt im Blockverband; die Überbindung beträgt 5,25 cm

Beim Blockverband wechseln in der Wand Läufer- und Binderschichten regelmäßig ab. Die Stoßfugen aller Läuferschichten liegen übereinander, ebenso die aller Binderschichten (**125**.2). Übereinanderliegende Läufer und Binder bilden deshalb Blöcke, sie überbinden in Längsrichtung der Mauer um die Länge von $^1/_4$ Stein. Die Verzahnung ist regelmäßig $^1/_2$ Achtelmeter (6,25 cm), die Abtreppung abwechselnd 6,25 cm und 18,75 cm breit. Ausführbar ist der Blockverband bei Wanddicken von 24 cm, 36,5 cm und weiteren jeweils um 12,5 cm dickeren Wänden.

Der Kreuzverband ergibt sich wie der Blockverband aus abwechselnd in einer Wand verlegten Läufer- und Binderschichten, nur sind die Läuferschichten untereinander jeweils um einen Achtelmeter (Kopf) versetzt (**125**.3). Das Überbindemaß in Längsrichtung der Mauer ist $^1/_4$ Stein lang. Die Verzahnung ist unregelmäßig, die Abtreppung regelmäßig 6,25 cm breit.

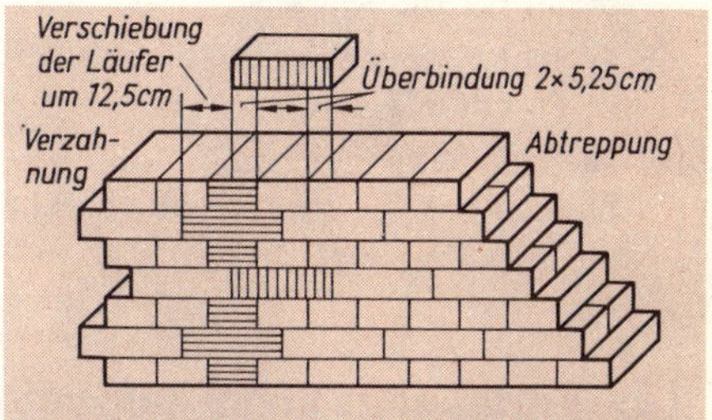

125.3 Beim Kreuzverband sind die Läuferschichten jeweils um einen Achtelmeter (Kopf) versetzt

Es darf nicht „Fuge auf Fuge“ gemauert werden. Weshalb nicht?

Durch versetztes Übereinanderlegen von Läuferschichten entsteht der Läuferverband. Wie groß ist das Überbindemaß in Längsrichtung der Mauer?

Binderverband ist nur bei 24 cm dicken Wänden ausführbar. Welches Steinformat ist dafür üblich?

Beim Block- und Kreuzverband wechseln Läufer- und Binderschichten regelmäßig ab. Worin besteht der Unterschied?

Aufgaben

1. Berechnen Sie die Mauerlängen in m für einseitig angebaute Mauern mit 7, 15, 43 und $17^1/_2$ Achtelmetern.
2. Berechnen Sie die Mauerlängen in m für beiderseitig frei endigende Mauern mit 9, 14, 37 und $21^1/_2$ Achtelmetern.
3. Berechnen Sie die Mauerlängen für beiderseitig eingebaute Mauern mit 6, 17, 54 und $18^1/_2$ Achtelmetern.
4. Rechnen Sie die in Bild **126.1** in der Anzahl von Achtelmetern angegebenen Maße in m um.

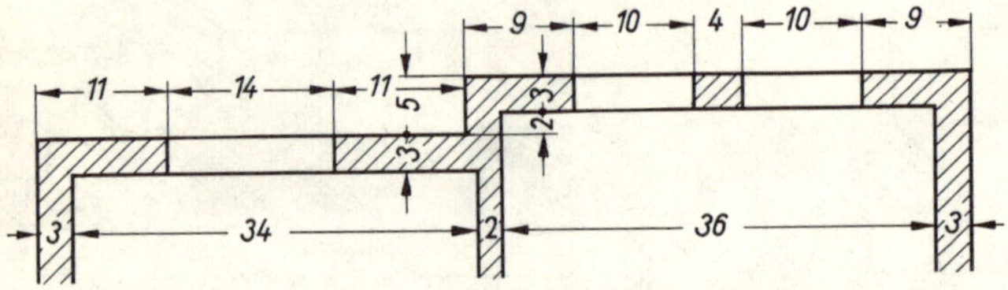

126.1
Teil eines Hausgrundrisses mit Mauerdicken und Mauerlängen in Achtelmetern

5. Wie groß sind die Außenmaße eines Siedlungshauses bei 68 × 64 (75 × 61) Achtelmetern?
6. Die Innenmaße eines Zimmers betragen 32 × 28 (37 × $28^1/_2$) Achtelmeter. Wie groß sind die Maße in m?
7. Wieviel Achtelmeter sind bei folgenden Gebäude-Außenmaßen anzulegen: 5,24 m, 6,49 m, 7,74 m, 8,99 m, 9,365 m und 5,678 m?
8. Im Grundriß eines Siedlungshauses sind folgende Zimmer-Innenmaße in m eingetragen: 4,01 × 4,76; 3,24 × 2,51; 3,93 × 2,885. Berechnen Sie die Anzahl der Achtelmeter für die Wände.
9. Welche Mauerhöhe ergibt sich bei 37 Schichten und einer Schichthöhe von $8^1/_3$ cm ($12^1/_2$ cm, $6^1/_4$ cm)?
10. Wieviel Schichten muß man bei 3,00 m (2,75 m, 2,625 m) Stockwerkshöhe und Steinen von 7,1 cm (5,2 cm, 11,3 cm) Höhe mauern?

12. Vermauern klein- und mittelformatiger Steine

12.1. Einrichten des Arbeitsplatzes

Der Mörtelkasten (Mörtelbalge, Mörtelfaß) wird für jeden Maurer so aufgestellt, daß er bei der Arbeit nicht hinderlich ist, aber leicht erreicht werden kann. Er soll so stehen, daß der Weg zum Verlegen der Steine hauptsächlich im Vorwärtsschreiten zurückzulegen ist. Als Abstand von der Mauer genügen 50 · · · 60 cm. Wenn der Mörtel am Arbeitsplatz „weichgemacht" wird, müssen es etwa 80 cm sein (**127.1**). Der Bauhelfer bringt den mauerfertigen Mörtel mit Hilfe von Aufzügen und Karren heran. Ein gefüllter Mörtelkasten enthält etwa 80 l Mörtel.

Die Steine werden mit Hilfe geeigneter Geräte oder Maschinen zum Arbeitsplatz befördert und überwiegend links vom Kasten so abgesetzt, daß sie der Maurer „zur Hand“ hat, d.h. mit der linken Hand leicht greifen kann (**127**.2). Gerüste dürfen dabei nicht überbelastet werden. Zum Annässen der Steine und des Mörtels werden Wassereimer (Kübel) und Pinsel (Quast) nach Bedarf bereitgehalten.

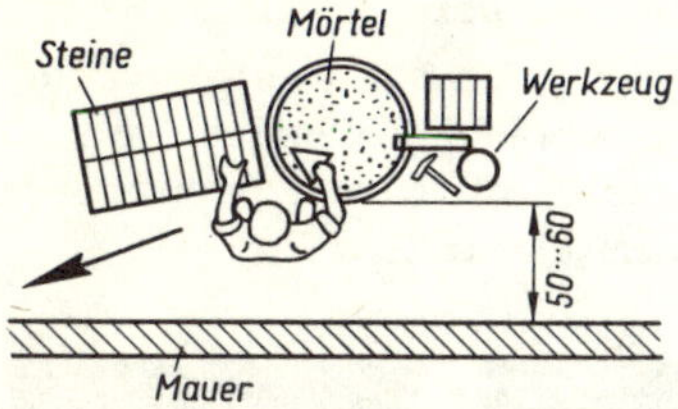

127.1 Einrichtung des Arbeitsplatzes für einen Maurer

127.2 Befördern von Kalksandstein-Paketen auf Abstellbrettern mit einer Hubkarre

Zum Mauern legt man Kelle, Hammer, Lot, Wasserwaage sowie Waagscheit und Schnur so ab, daß sie schnell griffbereit, jedoch beim Fassen von Steinen und Mörtel sowie beim Schreiten und Arbeiten nicht hinderlich sind.

Mörtel soll vor dem Erhärten oder Platzwechsel aufgebraucht werden. Warum?
Steine müssen zur Hand liegen. In welcher Weise?
Steinreste und Werkzeuge dürfen nicht unordentlich umherliegen. Gefahren?
Werkzeuge sind zum Feierabend zu säubern und sicher aufzubewahren. Wo?

12.2. Arbeitsgang beim Vermauern der Steine

Die Arbeitsweise „einmal Mörtel und ein Stein“ wird bei uns allgemein bevorzugt.

Ein wesentlicher Vorteil dieser Arbeitsweise ist, daß jeder Stein in frisch aufgebrachten Mörtel kommt, der sich ohne Störung am Stein festsaugen und erhärten kann. Jedoch ist das Haften des Mörtels auch von anderen Einflüssen abhängig.

Rauhe Oberflächen der Steine begünstigen das Haften, weil sich an ihnen die Mörtelteilchen gut festkrallen können. Das gilt besonders für porige Steine und die Lagerflächen der Maschinenziegel. Bei saugfähigen Steinen dringen infolge der Haarröhrchenkraft Teile des Bindemittels etwas in die Feinporen ein und schaffen so eine innige Verbindung mit den Steinen. Bei trockenem, warmem Wetter müssen saugende Steine jedoch angefeuchtet werden, weil sie dem Mörtel sonst so viel Wasser entziehen, daß er vorzeitig abbindet und schlecht haftet. Dazu sollen am Arbeitsplatz Sprengpinsel und Wasserfaß zur Verfügung sein. Bei Klinkern würde das Wasser eine störende Trennschicht zwischen Steinen und Mörtel bilden.

Beim Mauern ergeben sich fünf Arbeitsstufen, die sich in rascher Folge stetig wiederholen. Sie werden hier am Beispiel einer 17,5 cm dicken Wand gezeigt.

a) Stein greifen (**128**.1). Greifen mit der linken Hand. Auswahl so treffen, daß fehlerhafte Steine nicht an Mauerenden, Ecken usw. verlegt werden.

b) Stoßfugenmörtel am Stein angeben (**128.2**). Mit der Spitze der Kelle Mörtel an der Kopffläche abstreichen, die angeschoben werden soll. Dadurch werden Stoßfugen gut geschlossen. Geschmeidiger, nicht zu grobkörniger Mörtel haftet am Stein.

c) Lagerfugenmörtel aufbringen (**128.3**). Der Stein bleibt in der linken Hand. Mit der Kelle so viel Mörtel aus dem Mörtelkasten entnehmen, wie zur Bettung eines Steins in der Lagerfuge nötig ist; Mörtel aufwerfen und in passender Dicke verteilen.

d) Stein in das Mörtelbett drücken (**128.4**). Der Stein wird in den ausgebreiteten Mörtel gedrückt, angeschoben und in die richtige Lage gebracht. Kellenschläge sind dabei möglichst zu vermeiden; denn durch starkes und nachträgliches Beklopfen der Steine wird der anhaftende und abbindende Mörtel wieder gelockert.

128.1 Stein greifen

128.2 Stoßfugenmörtel angeben

128.3 Lagerfugenmörtel aufbringen

128.4 Stein in das Mörtelbett drücken

e) Hervorquellenden Mörtel abstreichen (**129.1**). Der beim vollfugigen Mauern hervorquellende Mörtel wird mit der Kelle abgestrichen. Er kann zum Angeben der Stoßfuge des nächsten Steines benutzt werden.

Das Haften des Mörtels ist abhängig von der Oberflächenbeschaffenheit und Saugfähigkeit der Steine und dem Bindemittel- und Wassergehalt des Mörtels. Beschreiben Sie das unterschiedliche Verhalten verschiedener Steinarten!

Die Arbeitsweise „einmal Mörtel und einmal Stein“ verläuft in 5 Arbeitsstufen. Worauf ist bei den einzelnen Handgriffen zu achten?

129.1 Hervorquellenden Mörtel abstreichen

12.3. Schlagen von Teilsteinen

Die für einen richtigen Verband nötigen Teilsteine (Halb-, Viertel-, Dreiviertelsteine) werden vom Maurer nach Bedarf mit dem Maurerhammer geschlagen (**129.2**).

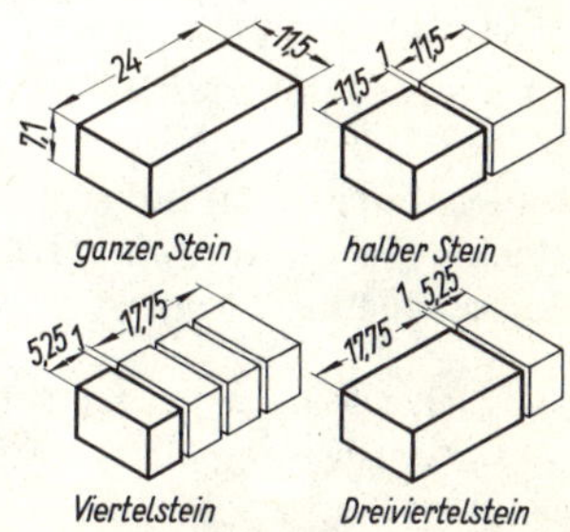

129.2 Abmessungen eines Mauersteines NF und seiner Teilsteine

Beispiel. Berechnen Sie die Länge a) des halben Steins; b) des Viertelsteins; c) des Dreiviertelsteins.

Lösung. a) Halbe Steinlänge = Ganze Steinlänge minus Dicke der Stoßfuge geteilt durch 2, also (24 cm − 1 cm) : 2 = **11,5 cm**

b) Viertelsteinlänge = (11,5 cm − 1 cm) : 2 = **5,25 cm** (5,2 cm)

c) Dreiviertelsteinlänge = Ganze Steinlänge minus Viertelsteinlänge mit Fuge, also 24 cm − (5,25 cm + 1 cm) = **17,75 cm** (17,8 cm)

Zum Schlagen von Teilsteinen eignen sich nur Steine, die ein gleichmäßiges Gefüge haben. Aus rissigen Steinen (plärriger Klang beim Anschlagen mit dem Hammer), ungleich gebrannten und sonst schadhaften Steinen kann man keine einwandfreien Teilsteine hauen. Wohl aber kann zum Schlagen von halben oder Viertelsteinen, die in das Mauerinnere kommen, „Bruch“ aufgebraucht werden, der auf dem Transport entstanden ist und sonst nur an unbedeutenden Stellen als Ersatz für ganze Steine zum „Füllen“ genommen werden kann.

Beim Schlagen bestimmt man die Länge der Teilsteine für zu verputzendes Mauerwerk meist nach Augenmaß. Bei besonders sauberer Arbeit, wie sie im Ziegelfugbau nötig ist, müssen die Längen genau angerissen werden. Hierzu stellt man sich aus einem Brettstück ein Stichmaß her oder versieht den Stiel des Maurerhammers mit entsprechenden Einkerbungen (**130.1**).

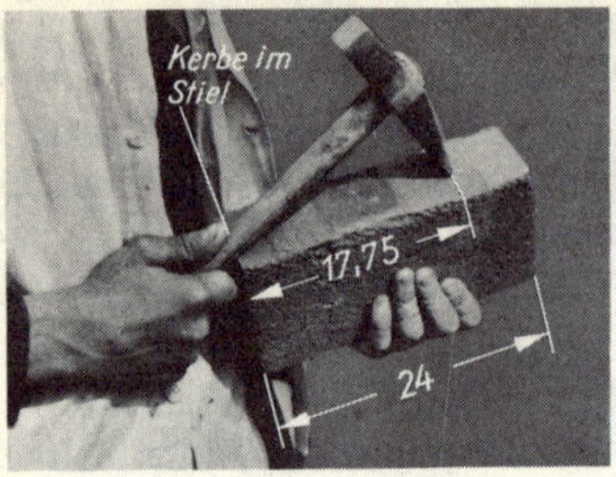

Zum Schlagen von Teilsteinen wählt man Steine mit gleichförmigem Gefüge. Arbeitsgang?

Für Fugmauerwerk werden die Teilsteine angerissen. Auf welche Weise?

130.1 Beim Fugbau werden die Teilsteine vor dem Schlagen angerissen

12.4. Anlegen und Nachprüfen rechter Winkel. Hochführen der Schichten

Schon vor Beginn der eigentlichen Mauerarbeiten werden die Eckpunkte und Mauerfluchten für das zu errichtende Gebäude festgelegt. Mit dem Hochführen der Mauern wird an den meist rechtwinkligen Ecken begonnen. Dabei sind die Winkel mit einem Bauwinkel oder nach dem Seitenverhältnis im rechtwinkligen Dreieck zu überprüfen.

Bauwinkel stellt man aus zwei rechtwinklig verblatteten, schmalen Brettern her, die durch eine Strebe unverschieblich gehalten werden. Kleine Abweichungen vom rechten Winkel in der Herstellung oder beim Ablesen bringen bei langen Mauerfluchten grobe Meßfehler. Sie werden um so größer, je kürzer die Winkelschenkel und je länger die Mauerfluchten sind. Bauwinkel in handlicher Größe werden deshalb besonders bei kurzen Mauerfluchten, Mauervorsprüngen usw. benutzt (**130.2**).

Beispiel. Die Ungenauigkeit eines Bauwinkels beträgt bei 80 cm Schenkellänge 5 mm. Wie groß ist der Meßfehler bei 9,60 m Mauerlänge, wenn der Winkel an beiden Ecken angelegt werden kann?

Lösung. Der Meßfehler wird $\frac{960}{2 \cdot 80} = 6$mal größer; er beträgt also $6 \cdot 5$ mm $=$ **30 mm.**

Dreiecke mit dem Seitenverhältnis 3:4:5 sind rechtwinklig (pythagoreischer Lehrsatz, **130.3**). Der Maurer wendet diese Verhältniszahlen (Verreihung, Lattendreieck) beim

130.2 Anlegen einer Mauerecke. Der Bauwinkel wird mit einem Schenkel genau in die Mauerflucht gelegt. Dann prüft man, ob die Steine der anderen Flucht „im Winkel" liegen

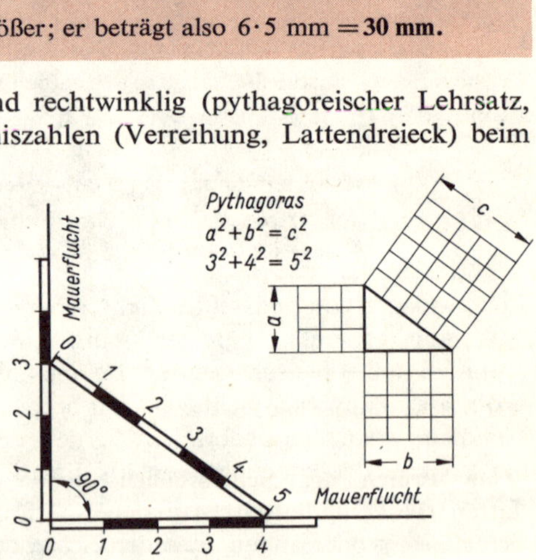

130.3 Dreiecke mit dem Seitenverhältnis 3:4:5 sind rechtwinklig

Herstellen der Bauwinkel, ferner ohne Bauwinkel beim Festlegen rechtwinkliger Mauerfluchten und beim Nachprüfen rechtwinklig zusammentreffender Mauern an. Dabei trägt er in der einen Flucht 3 Längenteile, in der anderen 4 an. Die Entfernung zwischen beiden Endpunkten muß dann 5 Längenteile betragen. Bei langen Mauerfluchten nimmt er 5 m-Latten (**130**.3), bei kurzen den Meterstab von 1 oder 2 m Länge (**131**.1).

Die Fluchtschnur ist beim Hochführen der Mauern zu verwenden, um fluchtrechte und ebene Schichten ausführen zu können. Zuerst führt man an den Ecken und Mauerenden sorgfältig eingelotete „Schnurmauern" mit Abtreppung hoch (**131**.2). An diesen wird die Schnur mit Nägeln von Oberkante zu Oberkante Schicht straff gespannt, um das Zwischenmauerwerk fluchtrecht nachzuholen (**131**.3).

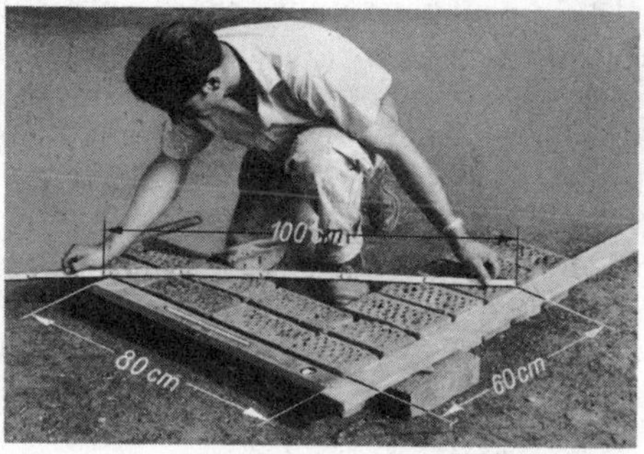

131.1 Verwendung des Meterstabs und einer 80 cm langen Wasserwaage zum Prüfen des rechten Winkels einer Mauerecke

131.2 Ausschnitt (Schnurmauer) an einer rechtwinkligen Mauerecke mit Abtreppungen, von innen gesehen

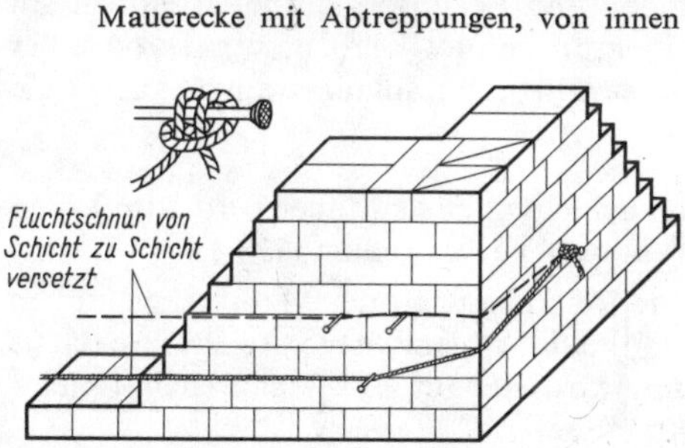

131.3 Schnurmauer mit Fluchtschnur

Zum Prüfen der Schichthöhen dienen Schichtmaßlatten (Hochmaßlatten, Aufstiche). Darauf sind die errechneten oder angenommenen Schichthöhen, ferner die Fensterbrüstungen, Fensterstürze, Stockwerkshöhen usw. aufzutragen (**131**.4). Auch Eck- und

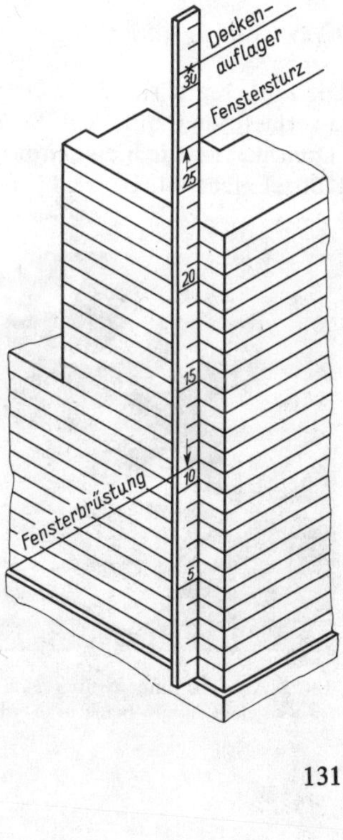

131.4 An einer Mauerecke befestigte Schichtmaßlatte

Öffnungslehren werden zum Einhalten der Schichthöhen und Mauerfluchten benutzt (**132.1**). Durch richtige Anwendung der Schichtmaßlatten oder Lehren an allen Ecken und Vorsprüngen eines Gebäudes wird die waagerechte Lage aller Mauerschichten gewährleistet.

Zum Anlegen und Nachprüfen rechtwinkliger Ecken dienen Bauwinkel und die Verhältniszahlen 3:4:5. Worauf ist beim Anlegen und Messen zu achten?

Große Bauwinkel sind unhandlich, kleine eignen sich jedoch nur beim Anlegen oder Nachprüfen kurzer Mauerfluchten. Weshalb?

Die Verhältniszahlen sind beim 1 m-Maßstab 60, 80 und 100 cm. Beim 2 m-Maßstab?

Schichtmaßlatten, Eck- und Öffnungslehren gewährleisten bei richtiger Anwendung die waagerechte Lage aller Mauerschichten und erleichtern das maßgerechte Anlegen der Höhen von Brüstungen, Stürzen, Auflagern usw. Wie werden Schichtmaßlatten angewandt?

132.1 Arbeiten mit Lehren

12.5. Loten und Wiegen

Die lotrechte Richtung prüft man an Mauerenden und Ecken bei größeren Höhen am zuverlässigsten mit dem Senklot. „Überhand" muß gelotet werden, wenn von einer Innenrüstung aus gearbeitet wird (**132.2**). Lote sind trocken aufzubewahren, damit die Kordel nicht mürbe wird.

Bei den ersten Schichten einer Mauer wird zum Loten besser die Wasserwaage verwendet (**133.1**).

Die waagerechte Richtung prüft der Maurer bei kurzen Längen (Pfeiler) mit der Wasserwaage. Reicht ihre Länge nicht aus, dann wird sie auf ein Waagscheit (Richtscheit, Setzlatte) gesetzt.

132.2 Loten „über Hand" von der Innenrüstung aus. Dabei nimmt man die Schnur auf den Zeigefinger, läßt das angehobene Lot zur Ruhe kommen und fluchtet mit einem Auge, indem man den Blick von unten nach oben und dann in die Mauerflucht wandern läßt

133.1 Loten mit der Wasserwaage bei geringer Mauerhöhe

Bei größeren Entfernungen kann die waagerechte Richtung durch mehrmaliges Versetzen des *Richtscheites* auf genau festgelegten Punkten bestimmt werden. Mit der Zahl der Waagepunkte wächst jedoch die Ungenauigkeit. Man nimmt dann zweckmäßiger die *Schlauchwaage*. Diese füllt man so mit Wasser, daß die in gleicher Höhe gehaltenen Glasröhrchen etwa zur Hälfte gefüllt sind. Dann verschließt man die Glasröhrchen. Ein Mann hält ein Röhrchen an den Punkt, von dem aus das Höhenmaß übertragen wird (Festpunkt), der andere das zweite ungefähr in die Höhe, wo das Maß angeschrieben werden soll. Dann werden die Röhrchen geöffnet. Nach einem Ausgleich der Wasserspiegel wird das Höhenmaß angeschrieben (**133.2**). Ist die Entfernung größer als die Länge des Schlauches, kann man von dem neuen Punkt aus weiter wiegen. Nach Gebrauch ist der Schlauch ringförmig auf einer Raste an der Baubudenwand aufzuhängen, damit er nicht einknickt. Die Glasröhrchen werden so aufbewahrt, daß sie nicht zerbrechen können.

133.2
Wiegen mit der Schlauchwaage

Man lotet wenige Schichten mit der Wasserwaage ein, größere Höhen mit dem Senklot. Wie lotet man?

Die Waagerechte prüft man bei kurzen Längen mit der Wasserwaage. Wozu dient das Waagscheit?

Schlauchwaagen werden bei größeren Längen benutzt. Auf welche Weise?

12.6. Ermitteln des Werkstoffbedarfs für Wände

Mauerwerk wird bis 11,5 cm Dicke nach Flächenmaß (m^2), bei mehr als 11,5 cm und bis 40 cm Dicke nach Flächenmaß oder Raummaß (m^3), bei größerer Dicke stets nach Raummaß abgerechnet[1]).

Der Bedarf an Steinen wird in Stück, der Bedarf an Mörtel in Litern festgestellt.

Tafel **134.1** **Stein- und Mörtelbedarf**

Format	1 m^2 Mauerwerk (halbsteindick)		1 m^3 Mauerwerk (Mittelwert)	
	Steine	Mörtel (l)	Steine	Mörtel (l)
DF	66	28	550	290
NF	50	26	412	265
2 DF	33	19	273	210
3 DF	—	—	184	180

Für 1 m^2 bzw. 1 m^3 Mauerwerk wurden Zahlen aufgestellt, die nur Richtwerte sind, da der genaue Bedarf je nach der Mauerdicke, dem Steinmaß, der Fugendicke usw. schwankt.

Als brauchbare Mittelwerte können für Mauerziegel unter Berücksichtigung von 3 % Verlust für Bruch und Verhau bei den Steinen und unvermeidlichem Mörtelverlust die Werte der Tafel **134.1** angenommen werden.

Kalksandsteine, Hüttensteine und Leichtbeton-Vollsteine erfordern die gleichen Steinzahlen, aber etwas weniger Mörtel.

Beispiel. Berechnen Sie den Bedarf an Steinen und Mörtel für eine halbsteindicke Wand von 9,65 m^2 Flächeninhalt aus NF-Mauerziegeln.

Lösung. Steinbedarf $9{,}65\ m^2 \cdot 50\ St./m^2 =$ **483 Stück** Mörtelbedarf $9{,}65\ m^2 \cdot 26\ l/m^2 =$ **251 l**

Aufgaben

1. Wie ist der Arbeitsplatz des Maurers einzurichten?
2. Wie kann der Maurer das Haften des Mörtels an den Steinen günstig beeinflussen?
3. Welche Steine eignen sich besonders gut zum Schlagen von Teilstücken?
4. Die Meßungenauigkeit eines Bauwinkels von 2,00 m Schenkellänge beträgt 1 cm. Wie groß ist der Meßfehler bei einer Mauerlänge von 8,00 m (12,50 m, 21,65 m), wenn der Winkel an beiden Mauerecken angelegt wird? Wie groß würden die Meßfehler bei der gleichen Ungenauigkeit, aber einer Schenkellänge von 1,25 m sein? Wie groß würden die Meßfehler bei den genannten Mauerlängen sein, wenn die Meßungenauigkeit 3 mm beträgt?
5. Weshalb eignet sich zum Loten größerer Höhen das Senklot besser als die Wasserwaage?
6. Wie kann man auf größere Entfernung die waagerechte Richtung prüfen?
7. Wieviel Steine NF und wieviel l Mörtel sind für 26,765 m^3 Mauerwerk erforderlich?
8. Wieviel Steine DF und wieviel l Zementmörtel sind für 46,58 m^2 Klinkerverblendung erforderlich?
9. Wieviel Hochlochziegel 2 DF und 1 Kalkzementmörtel sind für 38,675 m^3 Außenmauerwerk nötig?
10. Wieviel Steine kann man mit 1 m^3 Mörtel vermauern, wenn zu 1 m^3 Mauerwerk 412 Steine und 265 l Mörtel benötigt werden?

---

[1]) Die VOB (= Verdingungsordnung für Bauleistungen) gibt an, welche Abzüge für Maueröffnungen, Schornsteine usw. und welche Zuschläge für Mauervorsprünge, Gesimse usw. bei der Kostenberechnung zu machen sind.

13. Verbände für Mauerenden

13.1. Allgemeine Regeln für den Verband

Mit geraden Mauerenden bezeichnet man Wände, die an einem oder beiden Enden ohne Verzahnung senkrecht hochzuführen sind. Sie kommen an Türleibungen ohne Anschlag und bei Einfriedungsmauern vor.

Der Verband läßt sich bei Verwendung klein- und mittelformatiger Steine mit ganzen Steinen und Teilsteinen ausführen. Bevorzugt sind Verbände mit möglichst wenig Teilsteinen, weil das Schlagen der Steine Zeit- und Materialverlust bedeutet. Mittelformatige Steine ergeben in einigen Fällen auch ohne Teilsteine einen einwandfreien Verband.

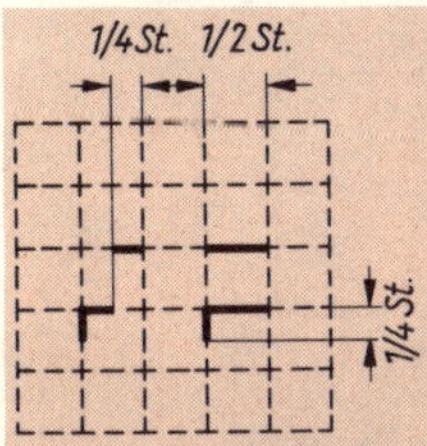

Fugendeckung ist an Mauerenden, Mauerecken usw. in beschränktem Ausmaß zulässig, nicht aber in den daran anschließenden Wandabschnitten (s. Abschn. 11.7). Als zulässig gelten in einer Richtung eine Länge von $^1/_4$ Stein oder $^1/_2$ Stein, zusammenhängend höchstens von $^3/_4$ Stein (**135.1**). Größere Fugendeckung gefährdet die Tragfähigkeit des Mauerwerks.

135.1 Zulässige Stoßfugendeckung an Mauerenden und anderen Mauerkörpern mit Endverbänden

Bei 11,5 und 17,5 cm dicken Wänden im Halbläuferverband wechseln in den Schichten am Mauerende ganze mit halben Läufern ab. Durch die Mauerlänge bedingt können auch Dreiquartiere erforderlich sein (**135.2**).

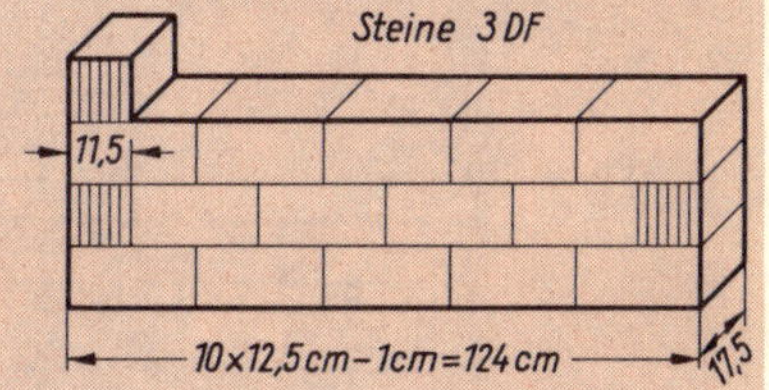

135.2 Teilsteine an Mauerenden. Bei Mauerlängen mit gerader Anzahl Achtelmeter wechseln in den Schichten an den Enden ganze und halbe Läufer ab

An Mauerenden verlangt der Verband mit klein- und mittelformatigen Steinen außer ganzen auch Teilsteine. Warum möglichst Teilsteine einsparen?

In beschränktem Ausmaß ist Fugendeckung an Mauerenden zulässig. Inwieweit?

Halbläuferverband wendet man bei 11,5 und 17,5 cm dicken Wänden an. Welche Regeln gelten dafür?

13.2. Verbände mit kleinformatigen Steinen

Beim Verband mit Dreiviertelsteinen kann Fugendeckung ganz vermieden werden. Man sollte ihn da ausführen, wo das Mauerwerk besonders stark belastet wird, gegebenenfalls auch mit Rücksicht auf die Ansicht (Sichtmauerwerk). Aber auch durch Einsparung von Dreiviertelsteinen sind bei sehr geringer Fugendeckung gute Verbandlösungen möglich.

Verband mit Dreiviertelsteinen. In den Binderschichten beginnt man bei einsteindicken Wänden mit ganzen Steinen als Binder (**136.1** a), bei dickeren Wänden an der Außen- und Innenseite mit je einem Dreiviertelstein als Binder (**136.1** b und c). Zur Vermeidung jeder Fugendeckung sind je zwei Dreiviertelsteine zu verlegen.

Die Läuferschichten beginnen mit soviel Dreiviertelsteinen als Läufer, wie die Wand halbe Steine dick ist (**136.1** a bis c).

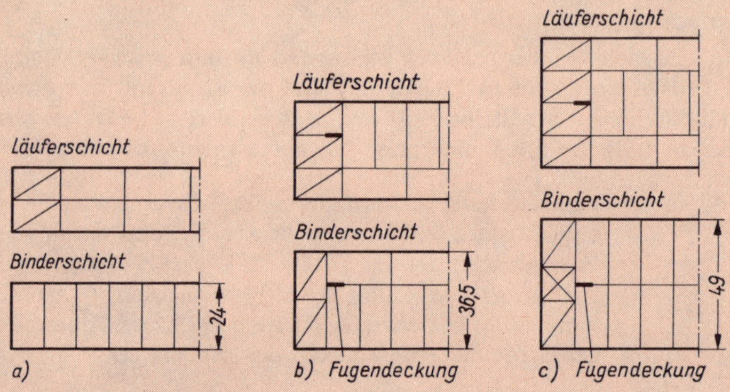

136.1 Regelbilder zum Mauerende bei kleinformatigen Steinen. Verbände mit Dreiviertelsteinen für Wanddicken von a) 24 cm b) 36,5 cm c) 49 cm

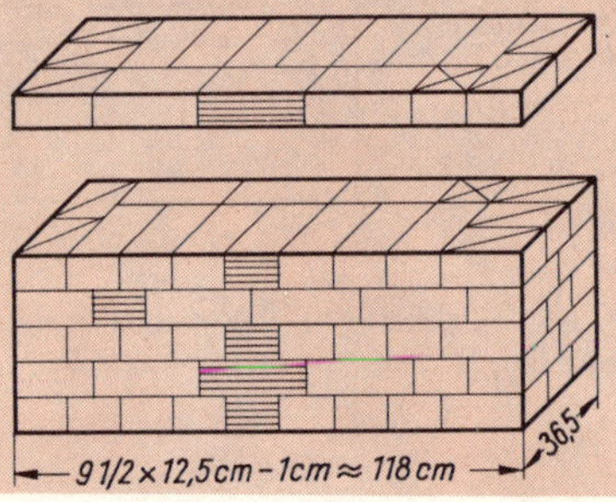

Beim Kreuzverband legt man in jeder zweiten Läuferschicht hinter die Dreiviertelsteine einen Binderstein (**136.2**).

136.2 Frei endende Mauer im Kreuzverband. Der Verband ist umgeworfen, weil die Mauerlänge nach halben Achtelmetern (Köpfen) aufgeht

Umgeworfener Verband ist anzuwenden, wenn die Mauerlänge nicht nach ganzen, sondern nach halben Achtelmetern (6,25 cm) aufgeht. Dabei beginnt man die Binderschicht an einem Ende der Wand mit der Läuferendigung, die Läuferschicht mit der Binderendigung (**136.2**).

Verband mit Viertelsteinen. Die Binderschichten beginnt man in den Binderreihen mit einem ganzen Stein als Binder und zwei anschließenden Quartierstücken. In ihren Läuferreihen – bei 36,5 cm dicken Wänden – ist ein Dreiviertelstein als Läufer zu verlegen (**137.1** a bis c).

In den Läuferschichten wird mit ganzen Läufern begonnen. Bei 49 cm dicken Wänden sind auch in den Läuferschichten Viertelsteine erforderlich (**137.1** a bis c).

Für den Kreuzverband und umgeworfenen Verband gelten die oben stehenden Regeln.

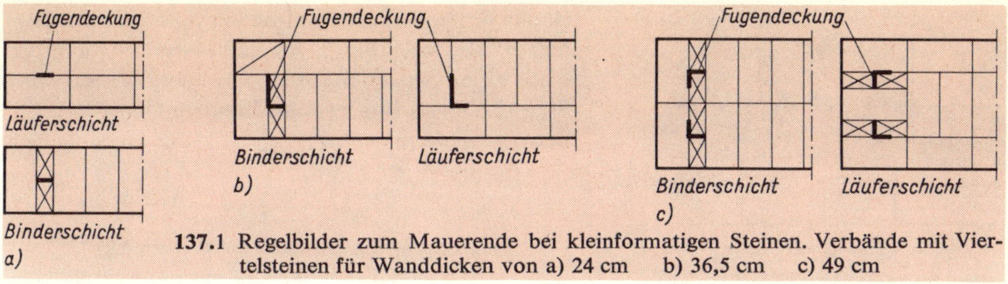

137.1 Regelbilder zum Mauerende bei kleinformatigen Steinen. Verbände mit Viertelsteinen für Wanddicken von a) 24 cm b) 36,5 cm c) 49 cm

13.3. Verbände mit mittelformatigen Steinen

Läuferverband (Wanddicken 30, 36,5 und 49 cm). Die Wände bestehen nur aus nebeneinanderliegenden Läuferreihen (Läuferschichten). In der ersten Schicht beginnt man am Ende mit ganzen Steinen als Läufer. Bei einem Überbindemaß von 11,5 cm muß die zweite Schicht mit Steinen 2 DF in Binderrichtung beginnen, deren Länge sich aus der Wanddicke ergibt (**137.**2a bis d). Sollen bei 30 cm dicken Wänden die Stoßfugen versetzt werden, sind an der Rückseite jeweils hinter die Endsteine Viertelsteine zu setzen (**137.**2b).

Umgeworfener Verband. Bei Mauern, deren Länge nach einer geraden Zahl von Achtelmetern (Köpfen) aufgeht, ist der Verband an beiden Enden gleich (**135.**2); ist die Zahl der Achtelmeter ungerade, liegen an einem Ende einer Schicht ganze Steine als Läufer, am anderen Bindersteine 2 DF. Nach halben Achtelmetern aufgehende Mauerlängen sind nach Möglichkeit zu vermeiden. Notfalls sind dann hinter den Endläufern und Endbindern Quartierstücke bzw. Bindersteine 3 DF zu verlegen (**137.**3).

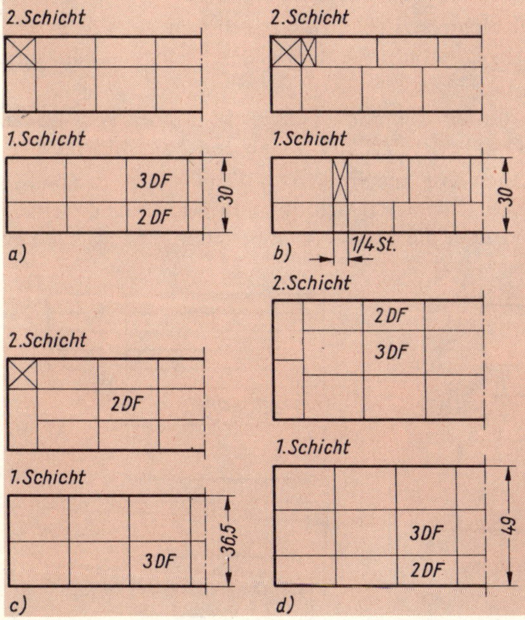

137.2 Mauerenden im Läuferverband aus mittelformatigen Steinen. Bei a), c) und d) mit Schnittfugen, bei b) mit versetzten Stoßfugen

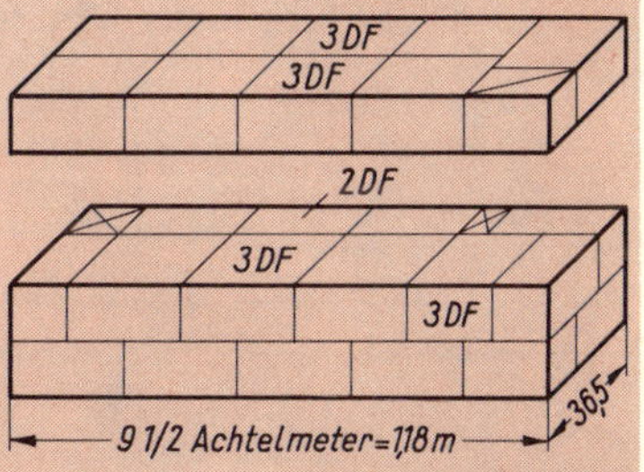

137.3 Mauerende im umgeworfenen Läuferverband. Am rechten Ende liegen hinter den Endläufern und Endbindern Quartierstücke und Bindersteine 3 DF

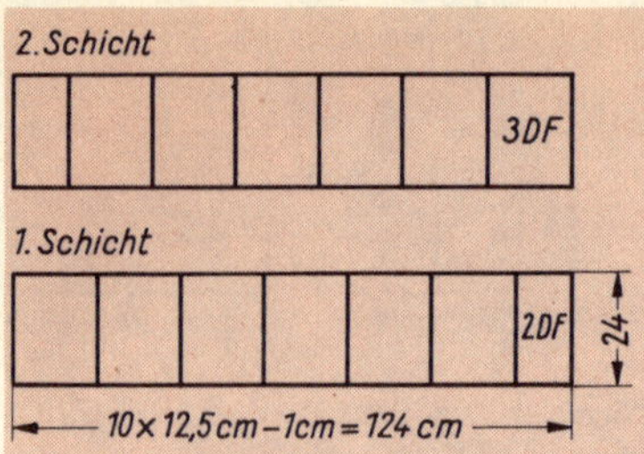

Binderverband. Bei 24 cm dicken Wänden aus Steinen 3 DF verlegt man in der ersten Schicht am Ende einen ganzen Stein 3 DF, in der zweiten einen Stein 2 DF als Binder. Das kleinste Überbindemaß beträgt 5,25 cm (**138.1**).

138.1 Binderverband für Mauer aus Steinen 3 DF

Block- und Kreuzverband (Steine 2 DF). Hierbei können Mauerenden nach den Regeln für kleinformatige Steine im Viertelsteinverband gemauert werden. Eine Verbesserung des Verbandes läßt sich erreichen, wenn man die Binderreihen mit Steinen 3 DF beginnt (**138.2**).

Aufgaben

1. Legen Sie 5 Schichten zu einer 24 cm dicken, 1,365 m langen Mauer aus Steinen NF im Blockverband.
2. Legen Sie 5 Schichten zu einer 24 cm dicken, 1,49 m langen Mauer aus Steinen NF im Kreuzverband a) nach den Regeln für den Verband mit Dreiviertelsteinen, b) für den Verband mit Viertelsteinen.
3. Legen Sie 5 Schichten zu einer 17,5 cm dicken, 1,365 m langen Mauer aus Steinen 3 DF im Läuferverband.
4. Wieviel Steine 3 DF und l Mörtel werden für eine 17,5 cm dicke Mauer von 3,74 m Länge und 2,50 m Höhe gebraucht (1 m^2 erfordert 33 Steine und 29 l Mörtel)?
5. a) Legen Sie und zeichnen Sie 2 Schichten zu einer 30 cm dicken, 1,24 m langen Mauer aus Steinen 2 DF und 3 DF. b) Ermitteln Sie daraus den Steinbedarf für eine 2,25 m hohe Mauer.
6. Wieviel Steine 2 DF und l Mörtel werden für eine 24 cm dicke Mauer von 4,24 m Länge und 2,50 m Höhe gebraucht (1 m^3 erfordert 275 Steine und 207 l Mörtel)?
7. Eine Wand soll 36,5 cm dick und 1,30 m lang aus Steinen 2 DF nach dem Beispiel in Bild **138.2** ausgeführt werden. Zeichnen Sie unter Beachtung von Bild **138.3** die ersten beiden Schichten in der Draufsicht, darüber die Vorder- und Seitenansicht 5 Schichten hoch.

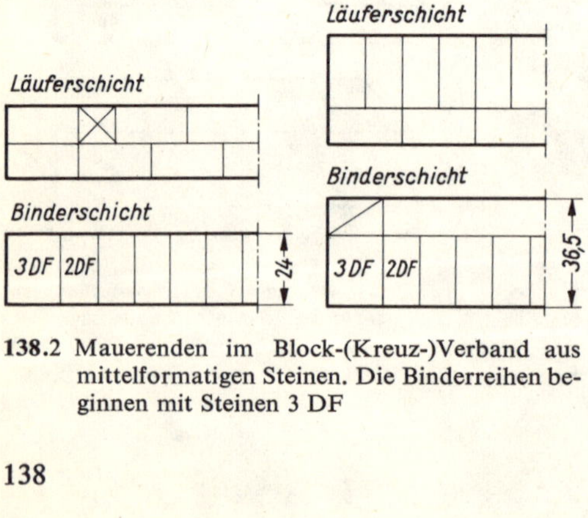

138.2 Mauerenden im Block-(Kreuz-)Verband aus mittelformatigen Steinen. Die Binderreihen beginnen mit Steinen 3 DF

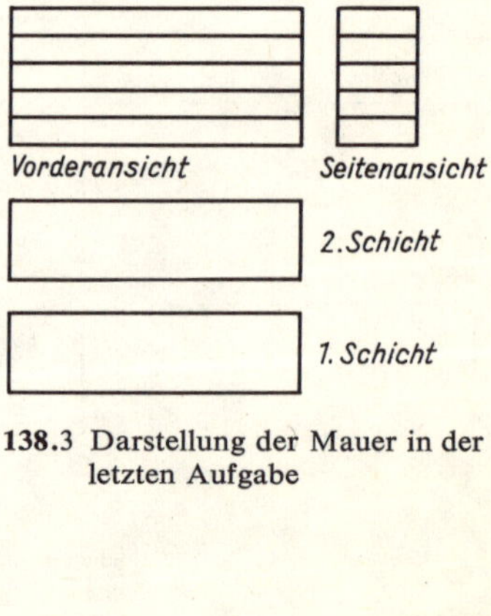

138.3 Darstellung der Mauer in der letzten Aufgabe

14. Verbände für rechtwinklige Mauerecken

Die an der Ecke zusammentreffenden Mauern müssen ineinandergreifen und miteinander gut verbunden werden (**139**.1). Man führt sie deshalb von Schicht zu Schicht von der Ecke aus abwechselnd durch. Die durchgeführte Schicht ist gewöhnlich die Läuferschicht, während die Binderschicht angestoßen wird.

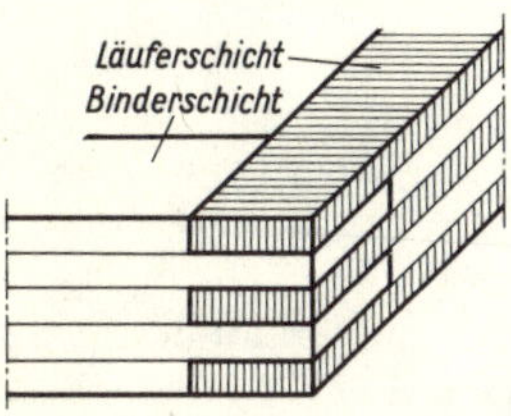

139.1
An Mauerecken binden die Schichten abwechselnd durch

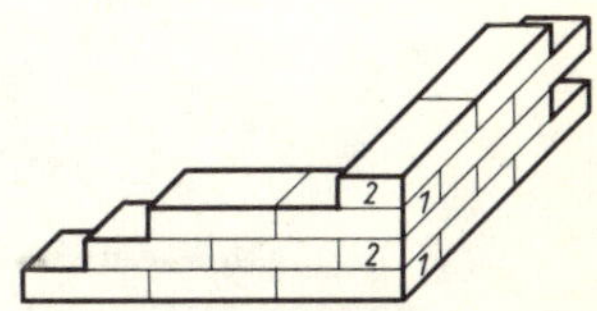

139.2
Mauerecke im Läuferverband (Wanddicken 11,5 cm)

14.1. Verbände mit kleinformatigen Steinen

Verband mit Dreiviertelsteinen. Beim Läuferverband beginnt man an der Ecke mit ganzen Steinen und schließt in beiden Richtungen ganze Steine an. In der zweiten Schicht wechselt die Richtung. Die Schnittfuge der durchbindenden Schicht ist von der inneren Ecke einen Achtelmeter (12,5 cm) entfernt (**139**.2).

Beim Block- und Kreuzverband beginnt man in der Läuferschicht mit soviel Dreiviertelsteinen als Läufer, wie die Mauer halbe Steine dick ist. Die Binderschicht stößt mit einem ganzen Binder an die Läuferschicht an. In der zweiten Schicht wechselt die Richtung. Die Schnittfugen der durchbindenden Läuferschichten sind von der inneren Ecke 6,25 cm entfernt (**139**.3). Beim Kreuzverband ist in jeder zweiten Läuferschicht nach den Dreiviertelsteinen ein Halbstein zu setzen (**139**.4).

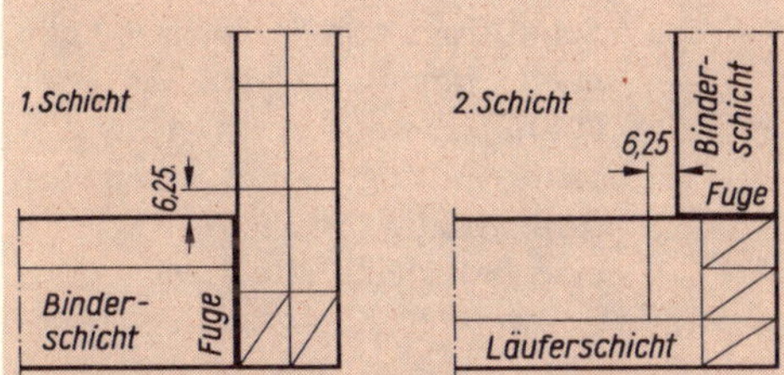

139.3
Regelbild der rechtwinkligen Mauerecke aus kleinformatigen Steinen. Verband mit Dreiviertelsteinen

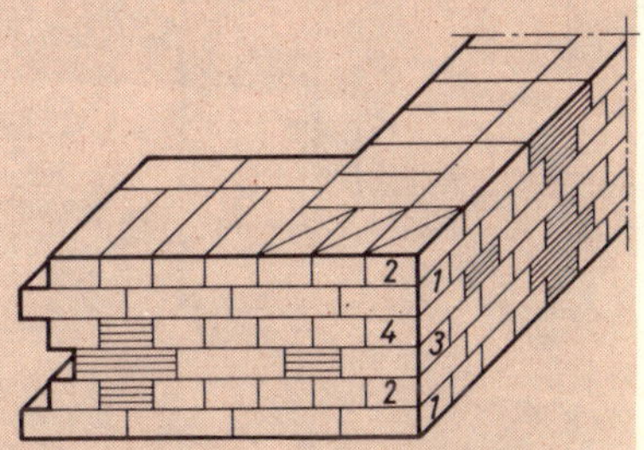

139.4
Mauerecke im Kreuzverband aus kleinformatigen Steinen. Verband mit Dreiviertelsteinen

Umgeworfener Verband wird nötig, wenn die Länge der Mauer nur durch halbe Achtelmeter teilbar ist. Dann muß an einer Ecke jeweils die Binderschicht mit Läuferdreiviertelsteinen durchbinden und die Läuferschicht mit ganzen Läufern angestoßen werden (**140**.1).

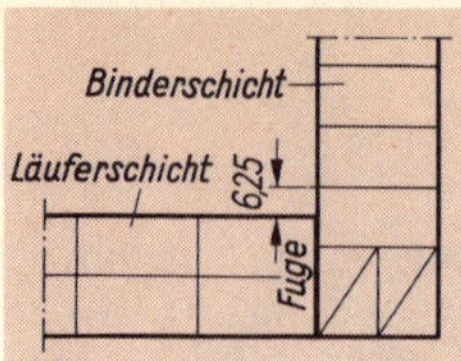

140.1 Mauerecke einsteindicker Wände aus kleinformatigen Steinen im umgeworfenen Verband

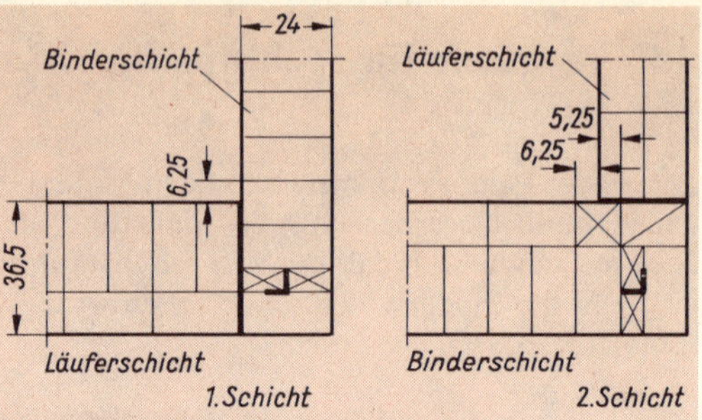

140.2 Regelbild zur rechtwinkligen Mauerecke aus kleinformatigen Steinen, Verband mit Viertelsteinen

Verband mit Viertelsteinen. Es wird die Binderschicht durchgeführt und die Läuferschicht angestoßen (**140.2**). Die durchgehende Binderschicht ist an der Ecke wie bei Mauerenden auszubilden (**137.1**). Die Läuferschicht schließt mit ganzen Läufern an (**140.2**).

14.2. Verbände mit mittelformatigen Steinen

Wie beim Verband mit kleinformatigen Steinen führt man an der Ecke die Schichten abwechselnd (**140.3** a), bei 30 cm dicken Wänden auch versetzt (**140.3** b) durch. Das Überbindemaß beträgt beim Läuferverband eine Halbsteinlänge (11,5 cm), beim Binderverband eine Viertelsteinlänge (5,25 cm). Es ist für die Lage der Fuge, von der bei einer Verbandlösung auszugehen ist – man nennt sie Regelfuge – zu berücksichtigen.

Läuferverband. Die Regelfuge ist in der durchgehenden Schicht von der inneren Ecke nach außen einen Achtelmeter (12,5 cm), die Schnittfuge von der inneren Ecke nach innen 11,5 cm entfernt (**140.3**). Durch Verlängerung dieser Schnittfuge ergibt sich in der rechtwinklig anstoßenden Schicht eine halbsteinbreite Läuferreihe. So werden Kreuzfugen vermieden.

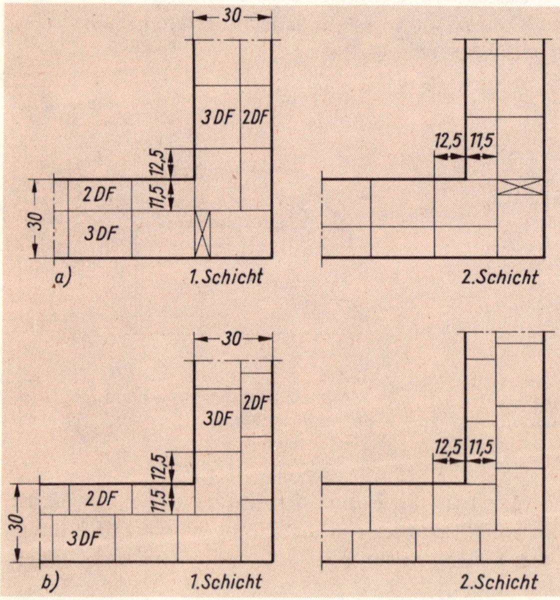

140.3
Rechtwinklige Mauerecken im Läuferverband aus mittelformatigen Steinen
a) mit Schnittfugen
b) mit versetzten Fugen

Binderverband. Bei 24 cm dicken Wänden aus Steinen 3 DF ist die Regelfuge in der durchgehenden Schicht von der inneren Ecke nach außen $^1/_2$ Achtelmeter (6,25 cm) entfernt (**141**.1).

Block- und Kreuzverband (Steine 2 DF). Läufer- und Binderschichten wechseln wie beim Verband mit kleinformatigen Steinen ab (**140**.2). Den Regeln des Verbandes mit Viertelsteinen entsprechend geht die Binderschicht an der Ecke durch. Die Regelfuge darin ist von der inneren Ecke nach außen 6,25 cm entfernt. Die durchbindende Binderschicht beginnt mit einem Eckstein 3 DF (**141**.2).

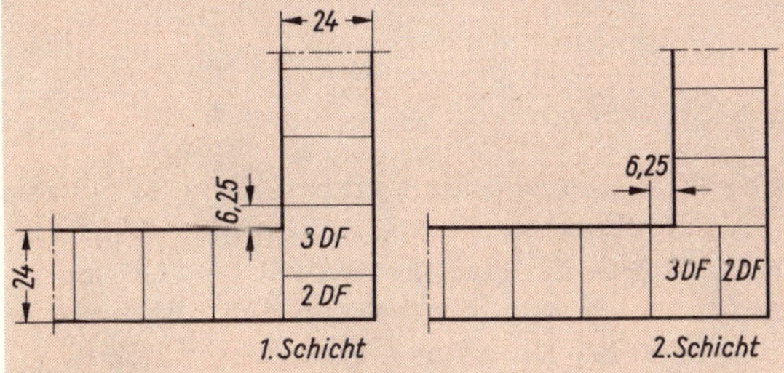

141.1 Rechtwinklige Mauerecke im Binderverband aus Steinen 3 DF

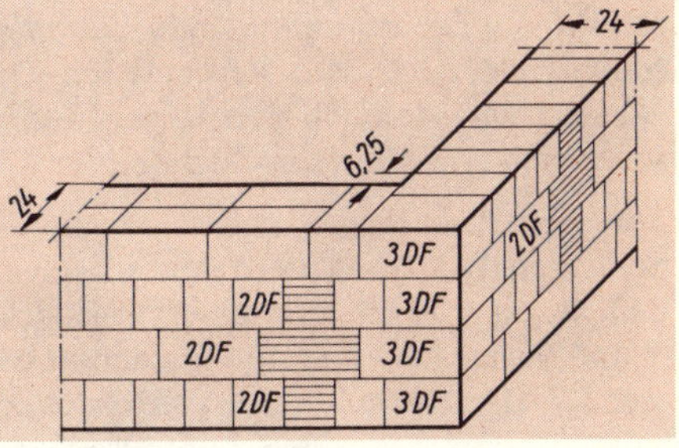

141.2 Rechtwinklige Mauerecke im Kreuzverband aus Steinen 2 DF

Aufgaben

1. Legen Sie 5 Schichten zu einer rechtwinkligen Mauerecke mit Abtreppungen aus Steinen NF für Wanddicken von 24 cm und 36,5 cm im Kreuzverband (Verband mit Dreiviertelsteinen).

2. a) Legen Sie 5 Schichten zu einer rechtwinkligen Mauerecke mit Abtreppungen aus Steinen 2 DF und 3 DF, beide Wände 30 cm dick, im Läuferverband mit versetzten Stoßfugen. b) Zeichnen Sie die beiden ersten Schichten in der Draufsicht, darüber die Vorder- und Seitenansicht 5 Schichten hoch.

3. Legen Sie und zeichnen Sie 2 Schichten zu einer rechtwinkligen Mauerecke mit Abtreppungen aus Steinen 3 DF, beide Wände 24 cm dick, im Binderverband.

4. a) Legen Sie 5 Schichten zu einer rechtwinkligen Mauerecke mit Abtreppungen aus Steinen 2 DF (Ecksteine 3 DF), beide Wände 36,5 cm dick, im Kreuzverband nach Bild **141**.2. b) Zeichnen Sie die ersten beiden Schichten in der Draufsicht.

15. Verbände für rechtwinklige Mauerstöße und Mauerkreuzungen

Bei rechtwinkligen Mauerstößen (Maueranschlüssen) trifft eine Mauer auf eine andere, z. B. auf eine Außen- oder Innenmauer, die hier zum Unterschied gegenüber der Anschlußmauer mit Hauptmauer bezeichnet wird. Die Schichten sind nach der Außenansicht der Hauptmauer zu benennen.

An rechtwinkligen Mauerkreuzungen werden die Mauern nach beiden Richtungen gleich dick fortgesetzt, mitunter auch in der Dicke abgesetzt.

15.1. Verbände mit kleinformatigen Steinen

Am Mauerstoß binden die Schichten beider Mauern abwechselnd durch. Geht die Schicht der Hauptmauer durch, stößt die der Anschlußmauer an. Die Schicht der Anschlußmauer bindet durch, wenn sie auf eine Stoßfuge in der Hauptmauer trifft (**142.**1 und 2). Die Regelfuge muß in der durchbindenden Schicht von einer inneren Ecke nach außen stets $^1/_2$ Achtelmeter (6,25 cm) entfernt sein, wobei Kreuzfugen vermieden werden.

In der Regel legt man den Verband so an, daß die durchbindende Schicht eine Läuferschicht ist. Die durchbindende Läuferschicht der Anschlußmauer ist wie beim geraden Mauerende nach dem Verband mit Dreiviertelsteinen auszuführen (**142.**1 und **143.**1). Mauert man sie nach den Regeln für den Verband mit Viertelsteinen, bindet die Anschlußmauer als Binderschicht ein und beginnt mit zwei Quertierstücken (**142.**2).

Für Mauerkreuzungen gelten die gleichen Regeln wie für Mauerstöße. Es binden die Schichten beider Mauern abwechselnd durch. Die Regelfuge in der durchbindenden Schicht ist 6,25 cm von einer Innenecke entfernt (**143.**2). Setzt an der Kreuzung eine Wand in der Dicke ab, ist für den abgesetzten Teil der Verband für Mauerenden anzuwenden (Dreiviertel- oder Viertelsteine an der Endung; **143.**3).

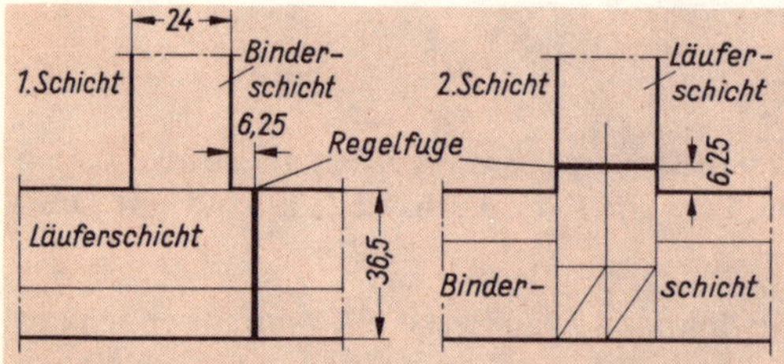

142.1
Regelbild zum rechtwinkligen Mauerstoß bei kleinformatigen Steinen. Die Läuferschichten sind durchgeführt, die endende Läuferschicht (2. Schicht) ist nach dem Verband mit Dreiviertelsteinen angelegt

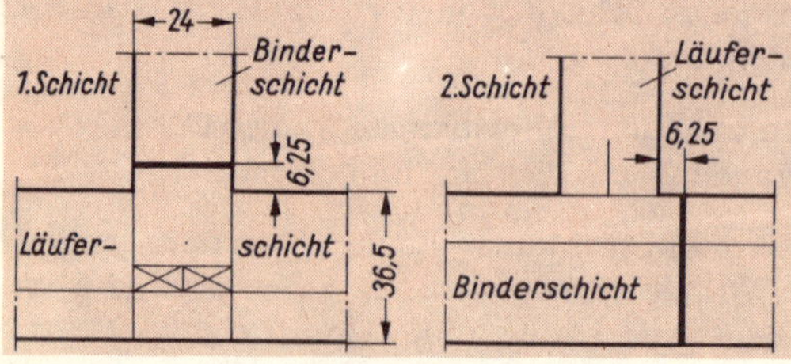

142.2
Regelbild zum rechtwinkligen Mauerstoß bei kleinformatigen Steinen. Die Binderschichten sind durchgeführt, die endende Binderschicht (1. Schicht) ist nach dem Verband mit Viertelsteinen angelegt

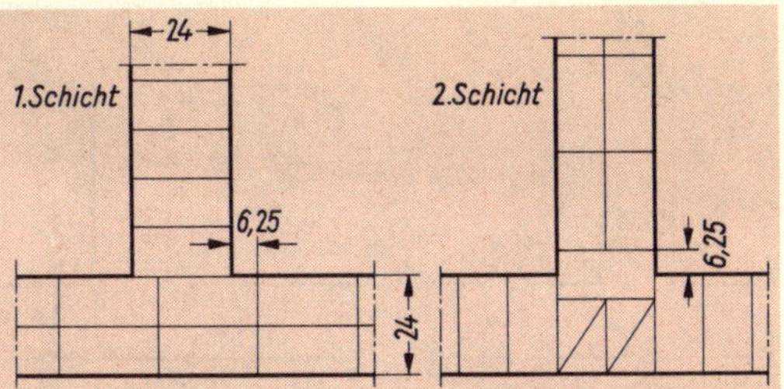

143.1
Rechtwinkliger Mauerstoß bei kleinformatigen Steinen nach dem Regelbild **142.1**

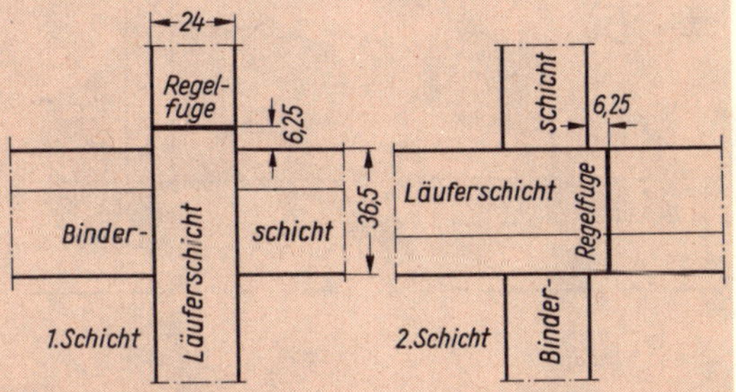

143.2
Regelbild zur rechtwinkligen Mauerkreuzung bei kleinformatigen Steinen

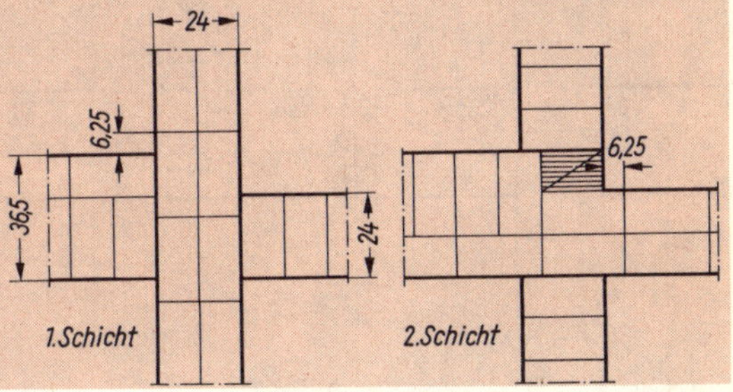

143.3
Rechtwinklige Mauerkreuzung mit einer in der Dicke abgesetzten Mauer

15.2. Verbände mit mittelformatigen Steinen

Am Mauerstoß und bei Mauerkreuzungen binden die Schichten beider Mauern abwechselnd durch bzw. ein. Bei allen Verbandlösungen ist das Überbindemaß zu beachten. Es beträgt beim Läuferverband eine Halbsteinlänge (11,5 cm), beim Binderverband eine Viertelsteinlänge (5,25 cm).

Läuferverband. Die Regelfuge ist in der durchbindenden Schicht von einer Innenecke nach außen einen Achtelmeter (12,5 cm) entfernt (**144.1** und **144.3**), in Ausnahmefällen auch 6,25 cm + 12,5 cm (**144.2** rechts). Von dieser Regelfuge aus nach innen hat die erste Schnittfuge einen Abstand von einer Steinlänge (24 cm) oder von dem Eckpunkt aus 11,5 cm (**144.1** links, **144.3**). Die Schnittfuge verlängert man nach beiden Seiten, wenn die in ihrer Verlängerung verlaufende Wand aus zwei oder mehr Läuferreihen besteht (**144.2** links, **144.3** links).

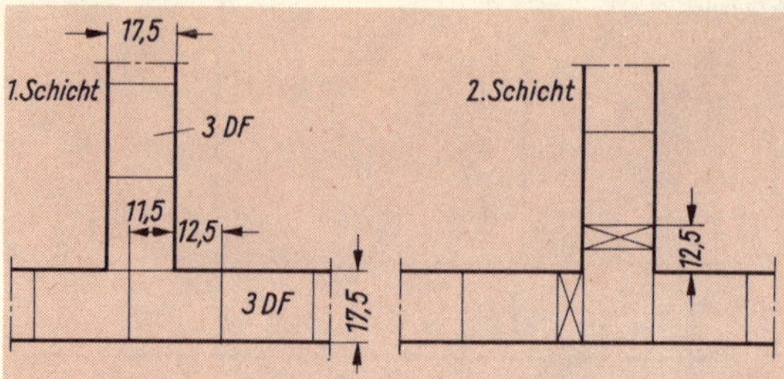

144.1
Rechtwinkliger Mauerstoß bei mittelformatigen Steinen im Läuferverband

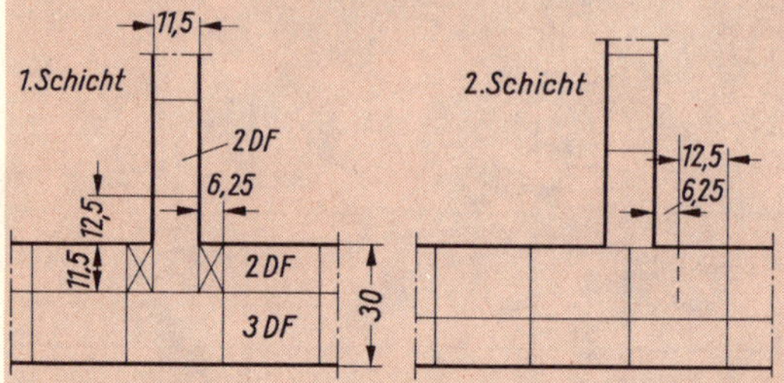

144.2
Rechtwinkliger Mauerstoß bei mittelformatigen Steinen im Läuferverband

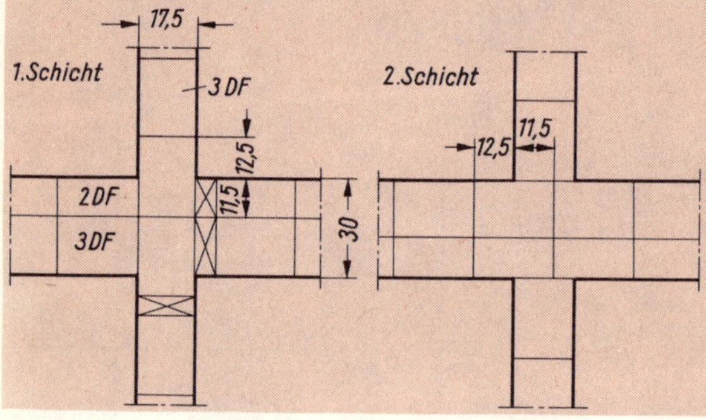

144.3
Rechtwinklige Mauerkreuzung bei mittelformatigen Steinen im Läuferverband

Binderverband. Bei 24 cm dicken Wänden aus Steinen 3 DF ist die Regelfuge in der durchbindenden Schicht von einer Innenecke nach außen $^1/_2$ Achtelmeter (6,25 cm) oder einen Achtelmeter (12,5 cm) entfernt (**144.**4 und **145.**1).

Block- und Kreuzverband (Steine 2 DF). Läufer- und Binderschichten wechseln wie beim Verband mit kleinformatigen Steinen ab. Soll eine der Wände 24 cm dick aus Steinen 3 DF gemauert werden, gilt dafür der Binderverband (**145.**1 und **145.**2). Besonders bei Mauern, deren Dicke an der Kreuzung abgesetzt ist, lassen sich Dreiviertel- und Viertelsteine durch Steine 3 DF einsparen.

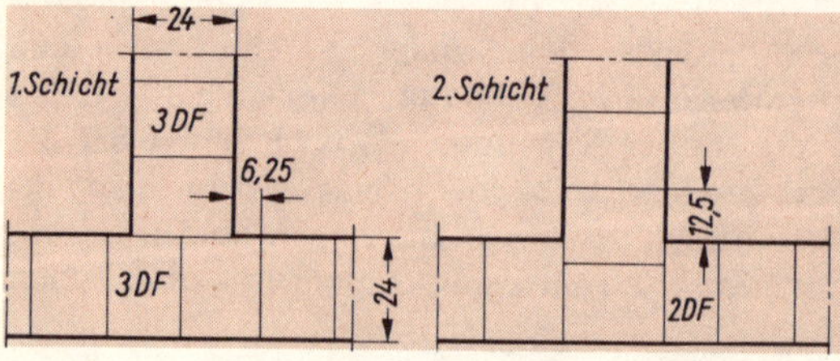

144.4
Rechtwinkliger Mauerstoß bei mittelformatigen Steinen im Binderverband

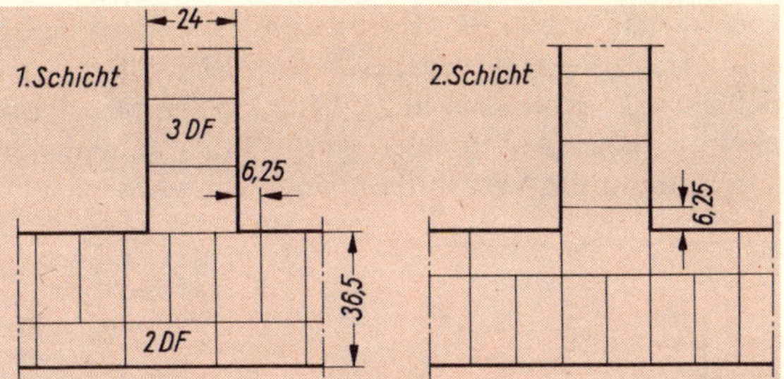

145.1
Rechtwinkliger Mauerstoß bei mittelformatigen Steinen im Block-(Kreuz-)Verband und Binderverband

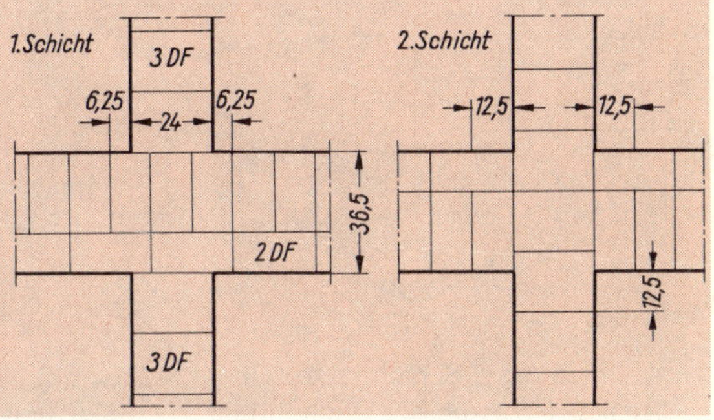

145.2
Rechtwinklige Mauerkreuzung bei mittelformatigen Steinen im Block-(Kreuz-)-Verband und Binderverband

15.3. Abtreppungen und Verzahnungen

In der Regel mauert man die Anschlußmauer zunächst nicht oder nur zum Teil mit der Hauptmauer gleichzeitig hoch.

Eine Abtreppung ist die beste Ausführung für einen vorläufigen Mauerabschluß, weil beim späteren Weitermauern eine einwandfreie Vermörtelung der Anschlußfugen möglich ist (**145**.3). Allerdings ist bei zunehmender Wandhöhe auch eine entsprechend größere Länge für die Grundfläche der Abtreppung nötig. Die Abtreppung ist bei Mauern aus klein- und mittelformatigen Steinen im Läuferverband regelmäßig einen Achtelmeter (12,5 cm), im Kreuzverband regelmäßig $^1/_2$ Achtelmeter (6,25 cm) breit. Unregelmäßig ist sie beim Binderverband aus Steinen 3 DF und beim Blockverband.

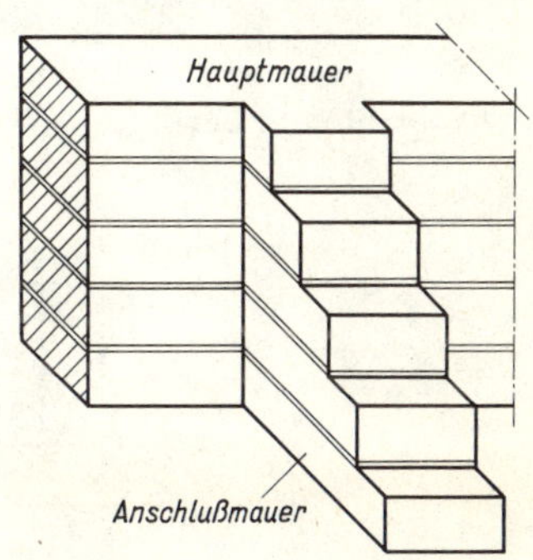

145.3
Mauerausschnitt an einem Mauerstoß mit Abtreppung bei mittelformatigen Steinen im Läuferverband

Bei Verzahnungen wird die Anschlußmauer in ganzer Höhe und Länge später hochgeführt. Sie werden durch Vor- und Zurückspringen übereinanderliegender Steine von Schicht zu Schicht gebildet, so daß die anschließende Mauer eingreifen kann. Stehen die Steine der Hauptmauer an der Anschlußstelle in jeder zweiten Schicht um 6,25 cm vor, spricht man von einer stehenden Verzahnung (**146.1**). Bei einer Lochverzahnung spart man die Hauptmauer beim Hochführen an der Anschlußstelle in jeder zweiten Schicht 6,25 cm aus (**146.2**). Eine Verzahnung kann nur dann als geeignete Lösung für nachträgliches Anschließen einer Mauer gelten, wenn die Steine mit reichlichem Mörtel sorgfältig in die Verzahnung eingebunden werden.

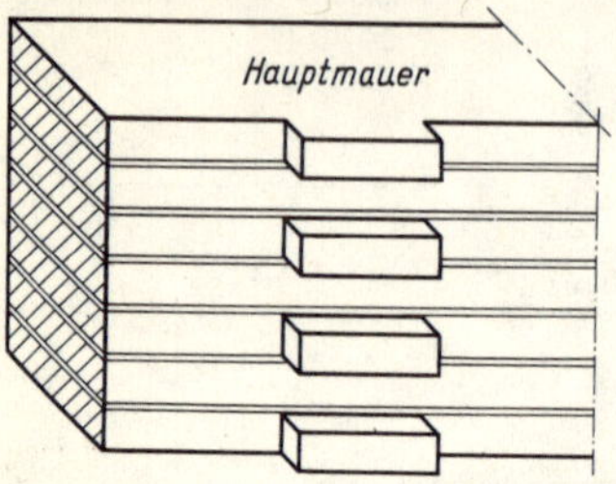

146.1 Mauerausschnitt mit stehender Verzahnung bei kleinformatigen Steinen

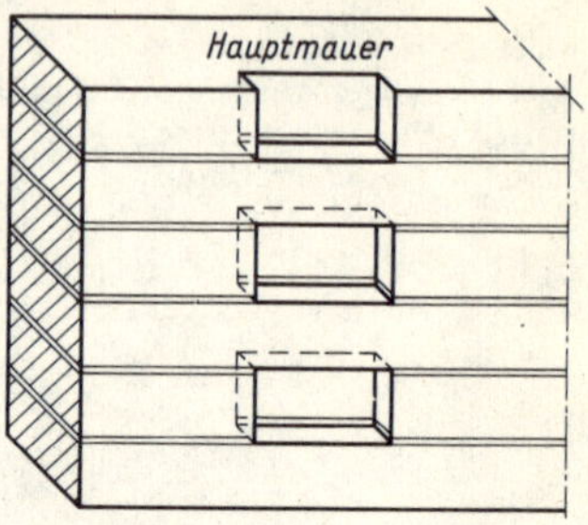

146.2 Mauerausschnitt mit Lochverzahnung bei mittelformatigen Steinen

Aufgaben

1. a) Legen Sie 5 Schichten zu einem rechtwinkligen Mauerstoß mit Abtreppungen aus Steinen NF nach den Regelbildern in **142.1** und 2. b) Zeichnen Sie die beiden ersten Schichten nach **142.1** in der Draufsicht, darüber die Vorder- und Seitenansicht 5 Schichten hoch.
2. Legen Sie 5 Schichten zu einer rechtwinkligen Mauerkreuzung mit Abtreppungen aus Steinen NF für Wanddicken von 24 cm und 36,5 cm.
3. a) Legen Sie 5 Schichten zu einem rechtwinkligen Mauerstoß mit Abtreppungen, die Hauptmauer 30 cm dick aus Steinen 2 DF und 3 DF mit Schnittfugen, die Anschlußmauer 17,5 cm dick aus Steinen 3 DF, beide im Läuferverband. b) Zeichnen Sie die ersten beiden Schichten in der Draufsicht.
4. Legen Sie 5 Schichten zu einem rechtwinkligen Mauerstoß mit Abtreppungen nach Bild **146.3**, die 36,5 cm dicke Wand aus Steinen 2 DF im Kreuzverband, die 24 cm dicken Wände aus Steinen 3 DF im Binderverband. b) Zeichnen Sie die ersten beiden Schichten in der Draufsicht.

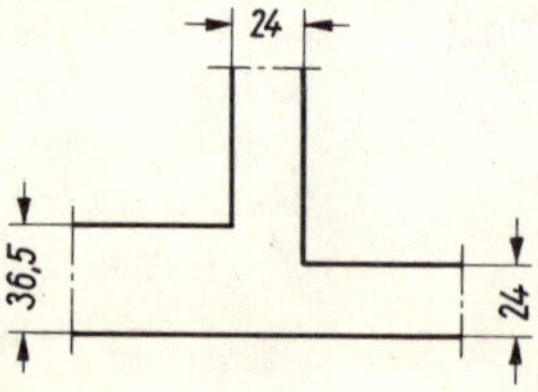

146.3 zu Aufgabe 4

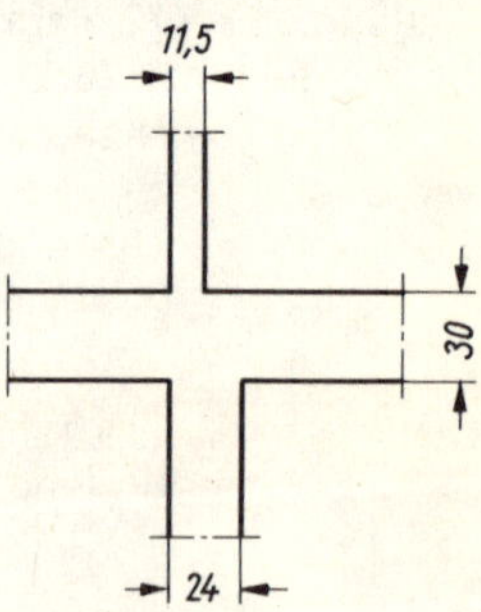

146.4 zu Aufgabe 5

5. Legen Sie 5 Schichten zu einer rechtwinkligen Mauerkreuzung mit Abtreppungen nach Bild **146.4**, die 30 cm dicke Wand aus Steinen 2 DF und 3 DF im Läuferverband, die anderen beiden Wände aus Steinen 2 DF.

16. Verbände für Mauern mit Vorlagen und Nischen

16.1. Mauern mit Vorlagen

Mauervorlagen sind Vorsprünge, die das Mauerwerk verstärken und ihm größeren Widerstand gegen Einwirkungen von Kräften und Belastungen geben. Notwendig sind sie oft zur Auflagerung von I-Trägern und Stahlbetonbalken. Der Vorsprung dafür beträgt gewöhnlich 12,5 oder 25 cm. Ebenso wie der Vorsprung wird auch die Breite der Vorlage mit Rücksicht auf den Mauerverband in Achtelmetern (Köpfen) angegeben, in besonderen Fällen, z. B. da, wo Vorlagen die Gliederung einer Ansichtsfläche bewirken, auch in halben Achtelmetern (6,25 cm).

16.1.1. Verbände mit kleinformatigen Steinen

Die Vorlage bindet in die Binderschicht ein, ihre Abmessungen sind von Achtelmetern abgeleitet (**147.1**).

Vor der durchbindenden Läuferschicht der Mauer liegt die Vorlage als Läuferreihe mit 6,25 cm Abstand von der Regelfuge. Für die Enden der vorliegenden Schicht gelten die Regeln für Verbände mit Dreiviertel- oder Viertelsteinen. Dasselbe gilt für die Enden der nächsten, in die Binderschicht der Mauer einbindende Schicht der Vorlage, wobei sich von Fall zu Fall Dreiviertelsteine einsparen lassen (**147.1** a und b).

Die Vorlage bindet in die Läuferschicht der Mauer ein, ihre Abmessungen sind von Achtelmetern abgeleitet (**147.2**).

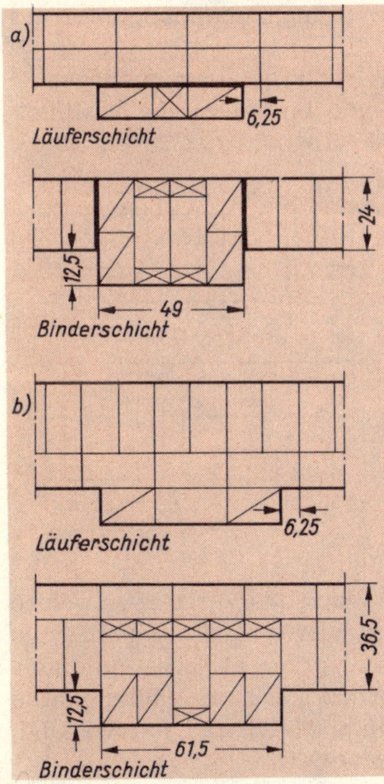

147.1
Mauern mit Vorlagen aus kleinformatigen Steinen. Die Vorlage bindet in die Binderschicht ein

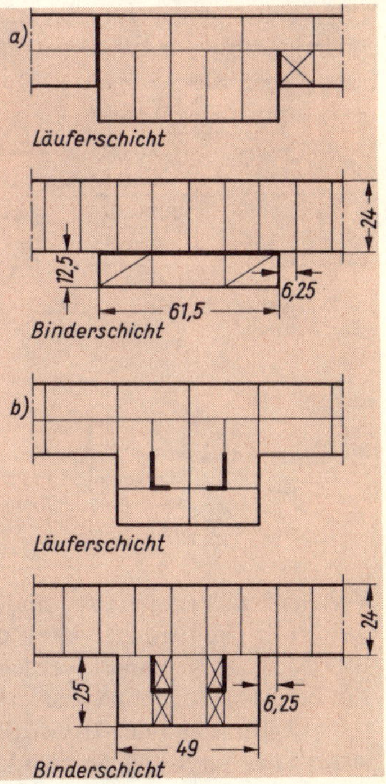

147.2
Mauern mit Vorlagen aus kleinformatigen Steinen. Die Vorlage bindet in die Läuferschicht ein

Vor der durchbindenden Binderschicht der Mauer liegt die Vorlage als Läuferreihe mit 6,25 cm Abstand von der Regelfuge. Für die Enden der vorliegenden wie der einbindenden Schicht der Vorlage gelten die Regeln für Verbände mit Dreiviertel- und Viertelsteinen (**147**.2a und b).

Beträgt der Vorsprung der Vorlage $^1/_2$ Achtelmeter (6,25 cm), so bindet die Läuferreihe der Vorlage in die Läufer- oder Binderschicht mit schräger Stoßfuge ein (**148**.1).

Geht die Breite der Vorlage nach halben Achtelmetern (6,25 cm) auf, bindet die Vorlage abwechselnd an einem Ende durch die Wand, am anderen Ende liegt sie davor.

16.1.2. Verbände mit mittelformatigen Steinen

Beim Läuferverband für Wand und Vorlage ist auf das Überbindemaß von 11,5 cm zu achten. Die Vorlage bindet mit jeder zweiten Schicht durch die Wand, wenn sie in der Breite nach einer geraden Zahl von Achtelmetern aufgeht (**148**.2a). An der durchgehenden Fuge zwischen Wand und Vorlage enden beide mit ganzen Läufern nach den Regeln für Mauerenden, wobei Kreuzfugen zu vermeiden sind. In der durchbindenden Läuferschicht der Mauer liegt die Vorlage als Läuferreihe davor. Die Schnittfuge durch Wand und Vorlage ist 11,5 cm von einer Innenecke entfernt (**148**.2a).

Die Vorlage bindet abwechselnd an einem Ende durch die Wand, am anderen Ende liegt sie davor, wenn sie in der Breite nach einer ungeraden Zahl von Achtelmetern aufgeht (**148**.2b).

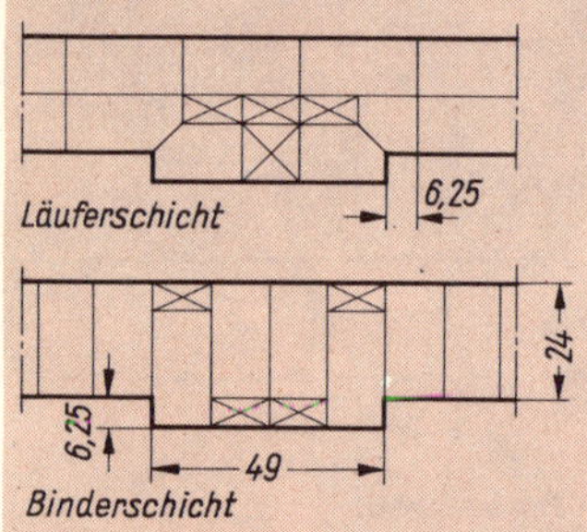

148.1
Mauer mit Vorlage aus kleinformatigen Steinen

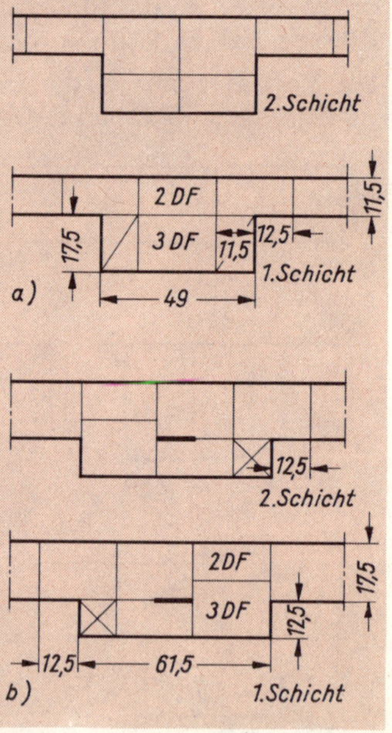

148.2 Mauern mit Vorlagen aus mittelformatigen Steinen im Läuferverband. Breite der Vorlage bei a) gerader, bei b) ungerader Zahl von Achtelmetern

Verschiedene Verbandarten sind je nach Abmessungen von Wand und Vorlagen zu wählen bzw. zu empfehlen, z. B. kann die Wand im Läufer- oder Binderverband, die Vorlage im Blockverband gemauert werden. Immer binden Wand und Vorlage abwechselnd durch. Zu berücksichtigen ist das unterschiedliche Überbindemaß zwischen Läuferverband (11,5 cm) und Binder- sowie Blockverband (5,25 cm). In Vorlagen aus Steinen 2 DF lassen sich durch Ecksteine 3 DF oft Teilsteine einsparen (**149**.1).

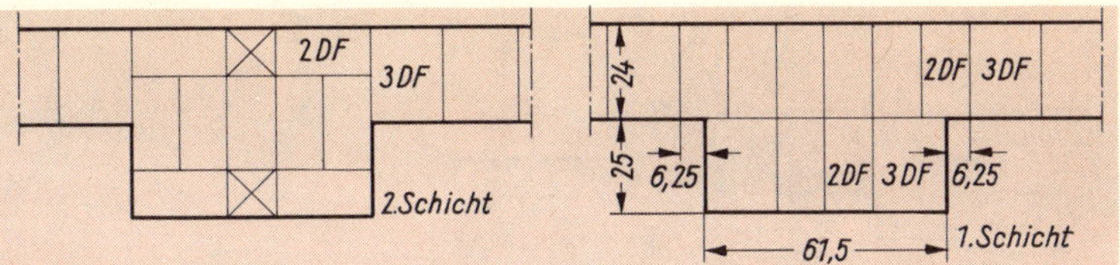

149.1 Mauer mit Vorlage aus mittelformatigen Steinen. Die Mauer ist im Binderverband (Steine 3 DF), die Vorlage im Blockverband ausgeführt

16.2. Mauern mit Nischen und Schlitzen

Nischen sind Aussparungen im Mauerwerk, die Raum für den Einbau von Wandschränken, Heizkörpern usw. geben. Sie werden je nach Wanddicke 12,5, 19 oder 25 cm tief ausgespart und sind hinten von der sie abschließenden Mauer (Schildmauer), seitlich von den Leibungen begrenzt. Falls für die dünne Schildmauer ausreichender Wärmeschutz gefordert wird, bringt man auf ihren Innenflächen Dämmplatten an.

Schlitze sind Aussparungen mit kleinem Querschnitt, die Rohrleitungen aufnehmen sollen, auch um spätere Maueranschlüsse zu ermöglichen. Sie werden meist 12,5 cm tief und 13,5, 18,5 oder 26 cm breit angelegt. Die Verbandregeln sind die gleichen wie für Nischen.

16.2.1. Verbände mit kleinformatigen Steinen

Eine Schicht des Wandmauerwerks bindet durch die Schildmauer als Läuferschicht (**149**.2a) oder als Binderschicht (**149**.2b) durch. Die Regelfuge ist in der durchbindenden Schicht von der inneren Nischenecke 6,25 cm entfernt. Für den an der Nischenleibung endenden Teil der Wand gelten die Regeln für Mauerenden.

In der nächsten Schicht gehen die Regelfugen in Verlängerung der beiden Nischenleibungen durch die Wand, wenn die Breite der Nische zwischen den Leibungen nach Achtelmetern aufgeht (**149**.2a und b). Geht die Breite nach halben Achtelmetern auf, liegt die Regelfuge an einem Ende an der Leibung, am anderen 6,25 cm von der Leibung entfernt (umgeworfener Verband) (**150**.1a).

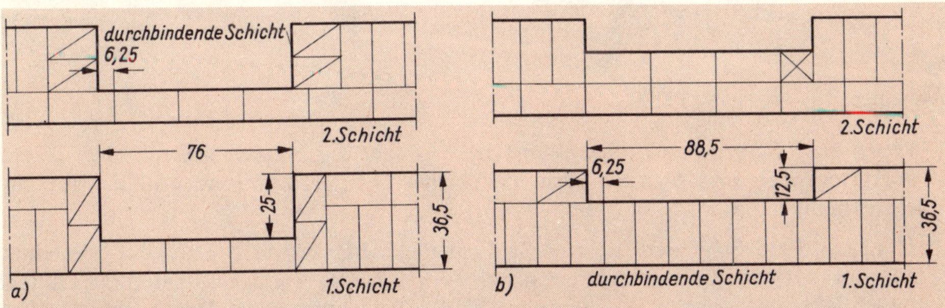

149.2 Mauern mit Nischen aus kleinformatigen Steinen. Die durchbindende Schicht des Wandmauerwerks ist bei a) die Läuferschicht, bei b) die Binderschicht

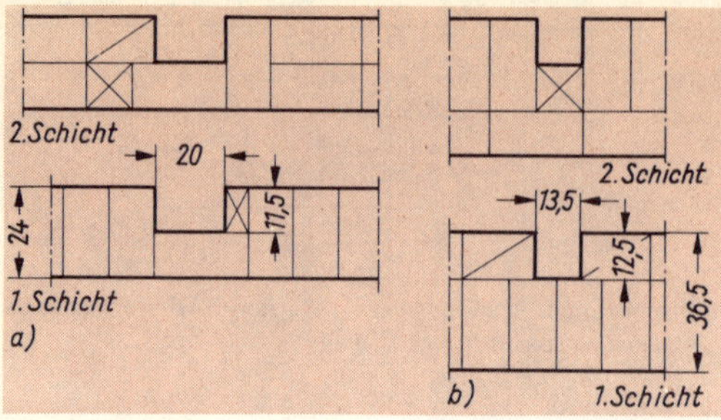

150.1 Mauern mit Schlitzen aus kleinformatigen Steinen, bei a) im umgeworfenen Verband

16.2.2. Verbände mit mittelformatigen Steinen

Wie bei kleinformatigen Steinen binden die Schichten des Wand- und Schildmauerwerks abwechselnd durch (s. auch Abschn. 16.1.2 Mauervorlagen). Von der Regelfuge aus ist der Verband anzulegen, wobei auf das Überbindemaß (11,5 bzw. 5,25 cm) zu achten ist (**150**.2 und 3).

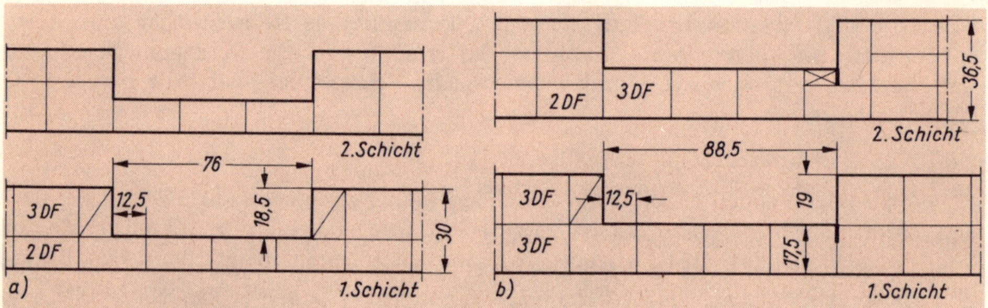

150.2 Mauern mit Nischen aus mittelformatigen Steinen; bei a) binden Schichten des Wand- und Nischenmauerwerks abwechselnd durch b) umgeworfener Verband

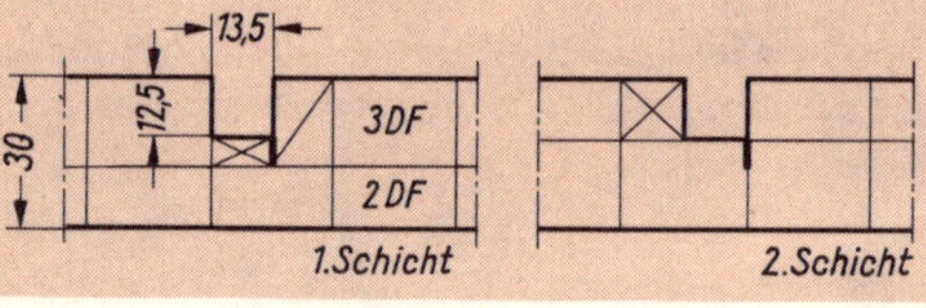

150.3 Mauer mit Schlitz aus mittelformatigen Steinen

Aufgaben

1. Legen Sie 5 Schichten für eine 24 cm dicke Mauer aus Steinen NF mit einer 25 cm vorspringenden und 61,5 cm breiten Vorlage. Die Vorlage bindet in die Binderschicht ein.

2. a) Legen Sie 5 Schichten für eine 36,5 cm dicke Mauer aus Steinen NF mit einer 12,5 cm vorspringenden und 49 cm breiten Vorlage. Die Vorlage bindet in die Läuferschicht ein. b) Zeichnen Sie die ersten beiden Schichten in der Draufsicht, darüber die Vorder- und Seitenansicht.

3. a) Legen Sie 5 Schichten für eine 30 cm dicke Mauer aus Steinen 2 DF und 3 DF mit einer 12,5 cm vorspringenden und 49 cm breiten Vorlage im Läuferverband. b) Zeichnen Sie die ersten beiden Schichten in der Draufsicht.

4. Legen Sie 5 Schichten für eine 36,5 cm dicke Mauer aus Steinen NF mit einer 1,01 m breiten und 25 cm tiefen Fensternische im Kreuzverband. Die durchbindende Schicht ist die Binderschicht.

5. Zeichnen Sie zwei Schichten für eine 30 cm dicke Mauer aus Steinen 2 DF und 3 DF mit einer 1,135 m breiten und 18,5 cm tiefen Fensternische im Läuferverband.

17. Verbände für Mauern mit Fenster- und Türanschlägen

Unterbrechungen der Mauern durch Fenster- und Türöffnungen ergeben an ihren seitlichen Begrenzungsflächen, den Leibungen, gerade oder abgesetzte Mauerenden. Gerade Mauerenden (ohne Anschlag) führt man für Innentüröffnungen aus, bei denen – wenn nicht Stahlzargen eingesetzt werden – zur Befestigung des Türfutters Holzdübel oder Dübelsteine einzumauern sind (**151**.1 a).

Abgesetzte Mauerenden haben einen Anschlag. Maueranschläge sieht man bei Fenster- und Türöffnungen in Außenwänden vor, weil sie das Abdichten der Blendrahmen am Mauerwerk erleichtern (**151**.1 b). Bevorzugt werden Innenanschläge, bei denen Blendrahmen der Fenster und Türen von innen gegen den Anschlag gesetzt werden (**151**.2). In Küstengebieten mit starkem Wind und häufigen Niederschlägen wählt man auch Außenanschläge, bei denen der Blendrahmen außen vor dem Anschlag sitzt.

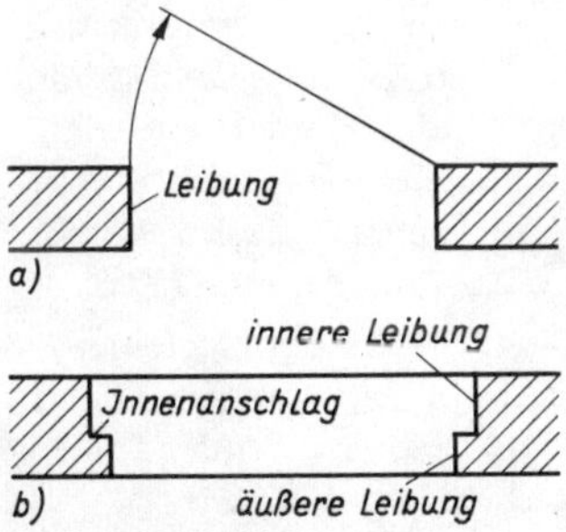

151.1 Mauern mit Öffnungen
a) ohne Anschlag für Innentüren
b) mit Anschlag für Fenster- und Außentüren

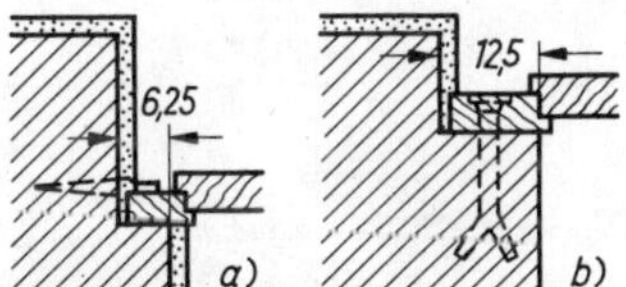

151.2 Befestigung des Blendrahmens am Innenanschlag
a) mit Stechklammer b) mit Steinschraube

Bei Fenstern liegt der Anschlag von der Außenfläche der Wand gewöhnlich 11,5 cm zurück. Üblich ist eine Anschlagbreite von 6,25 cm, seltener 12,5 cm. Anschläge für Außentüren liegen von der Wandaußenfläche meistens 24 cm zurück und sind 12,5 cm breit (**152**.1 d).

17.1. Verbände mit kleinformatigen Steinen

Die Binderschicht schließt man wie beim geraden Mauerende nach den Regeln für den Verband mit Dreiviertel- oder Viertelsteinen ab und stößt den Anschlagstein stumpf an. In der Läuferschicht binden der oder die Anschlagsteine je nach Anschlagbreite mit ganzen Läufern oder Läuferdreiviertelsteinen ein (**152.1** a bis e).

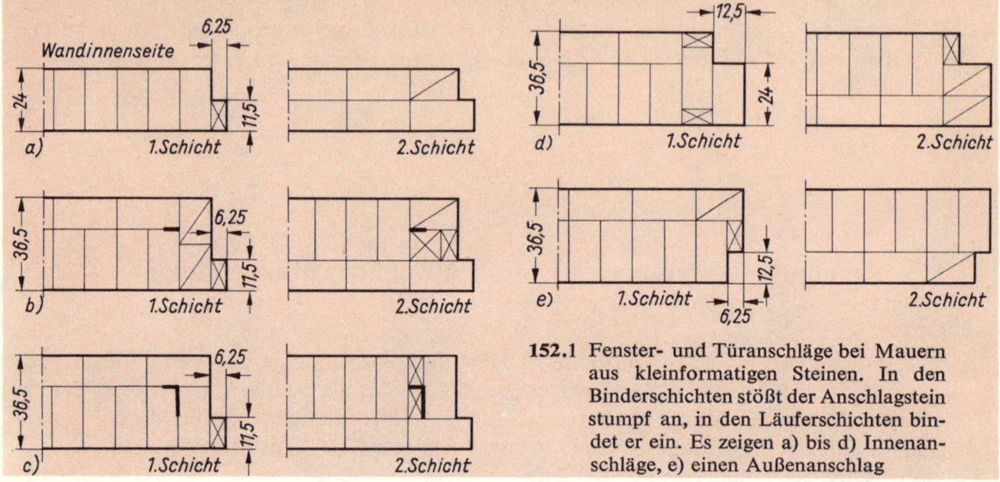

152.1 Fenster- und Türanschläge bei Mauern aus kleinformatigen Steinen. In den Binderschichten stößt der Anschlagstein stumpf an, in den Läuferschichten bindet er ein. Es zeigen a) bis d) Innenanschläge, e) einen Außenanschlag

17.2. Verbände mit mittelformatigen Steinen

Binderverband. Bei 24 cm dicken Wänden aus Steinen 3 DF stößt man in der mit einem ganzen Binder endigenden Binderschicht den Anschlagstein stumpf an. In der folgenden Binderschicht bindet der Anschlagstein je nach Breite des Anschlags mit einem ganzen Läuferstein 2 DF oder Teilstein ein (**152.2** a).

Läuferverband. Den Anschlagstein setzt man vor die mit ganzen Läufern endende Läuferschicht. Er bindet in der folgenden Läuferschicht ein (**152.2** b).

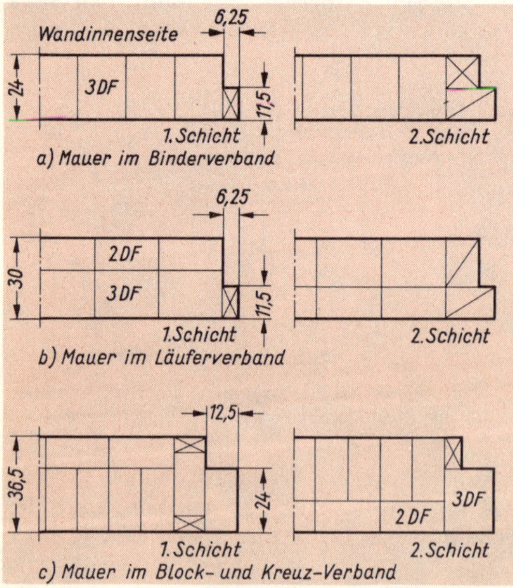

152.2 Fenster- und Türanschläge bei Mauern aus mittelformatigen Steinen

Block- und Kreuzverband (Steine 2 DF). Wie bei kleinformatigen Steinen stößt der Anschlagstein in der Binderschicht stumpf an, in der Läuferschicht wird er eingebunden. Wenn Steine 3 DF als Ecksteine verwendet werden, lassen sich Teilsteine einsparen (**152**.2c).

Aufgaben

1. Legen Sie 5 Schichten für eine 24 cm dicke Mauer aus Steinen NF mit einem 12,5 cm breiten Innenanschlag.
2. a) Legen Sie 5 Schichten für eine 36,5 cm dicke Mauer aus Steinen NF mit einem 6,25 cm breiten Innenanschlag nach den Regeln für den Verband mit Dreiviertelsteinen. b) Zeichnen Sie die ersten beiden Schichten in der Draufsicht.
3. Legen Sie 5 Schichten für eine 30 cm dicke Mauer aus Steinen 2 DF und 3 DF mit einem 6,25 cm breiten Innenanschlag im Läuferverband.
4. Legen Sie 5 Schichten für eine 36,5 cm dicke Mauer aus Steinen 2 DF (am Anschlag auch Steine 3 DF) mit einem 12,5 cm breiten Außenanschlag im Kreuzverband und zeichnen Sie die ersten beiden Schichten in der Draufsicht.

18. Verbände für Mauerpfeiler

Mauerpfeiler sind kurze Mauern mit quadratischer, rechteckiger oder gegliederter Grundfläche. Der Verband ist wie für Mauerenden und solche mit Fenster- und Türanschlägen anzulegen.

Die Verbandlösung hängt wesentlich davon ab, ob und wieweit ein Pfeiler belastet ist. Um Teilsteine soweit wie möglich einzusparen, ist Fugendeckung bei unbelasteten und gering belasteten Pfeilern zulässig und vertretbar. In solchen Fällen empfiehlt es sich, den Verband mit Viertelsteinen nach den Regeln für Mauerenden anzuwenden.

Bei Pfeilern, die zur Aufnahme großer Lasten bestimmt sind, ist Fugendeckung unzulässig. Meistens wird dann nach den Regeln für den Verband mit Dreiviertelsteinen zu verfahren sein, wobei auch Einsparungen an Teilsteinen möglich sind.

18.1. Verbände mit kleinformatigen Steinen

Verband mit Viertelsteinen, Dreiviertelsteinen und für umgeworfenen Verband s. Abschn. 13.2. Verband für Mauern mit Fenster- und Türanschlägen s. Abschn. 17 (**154.1** bis **154.4**).

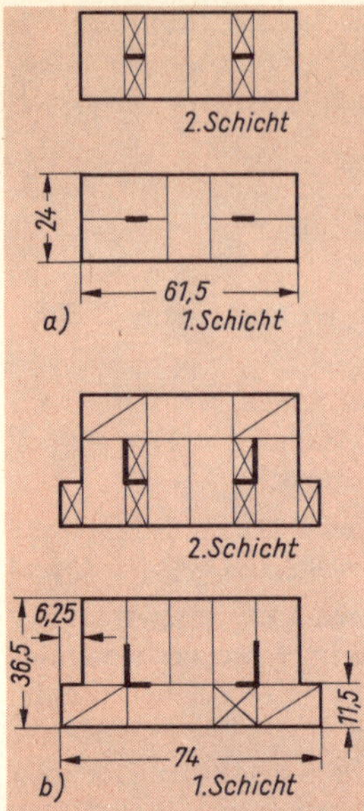

154.1 Mauerpfeiler aus kleinformatigen Steinen. Verband mit Viertelsteinen

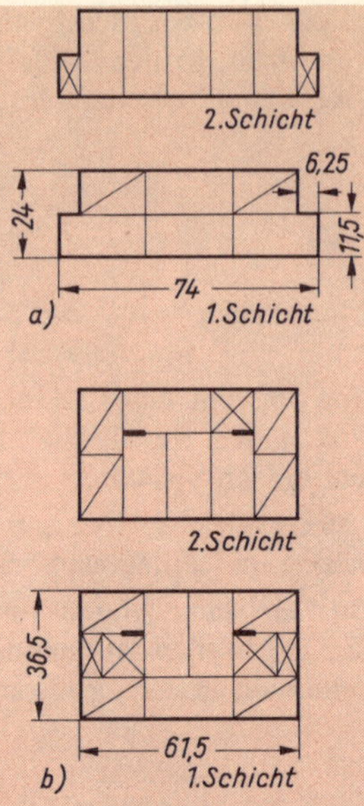

154.2 Mauerpfeiler aus kleinformatigen Steinen. Verband mit Dreiviertelsteinen

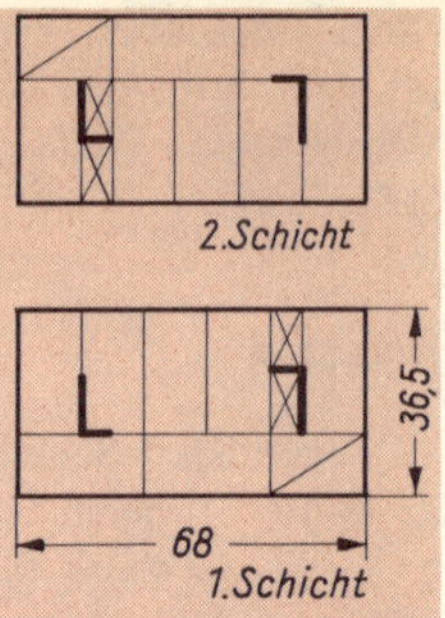

154.3 Mauerpfeiler aus kleinformatigen Steinen. Verband mit Viertelsteinen (umgeworfener Verband)

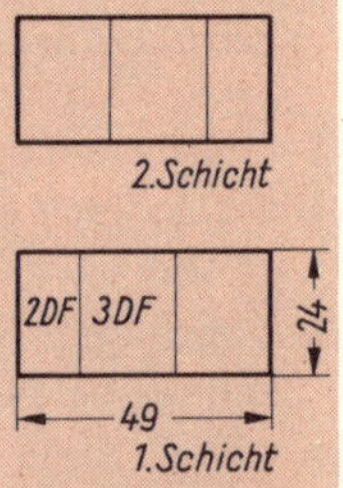

154.5 Mauerpfeiler aus mittelformatigen Steinen. Binderverband

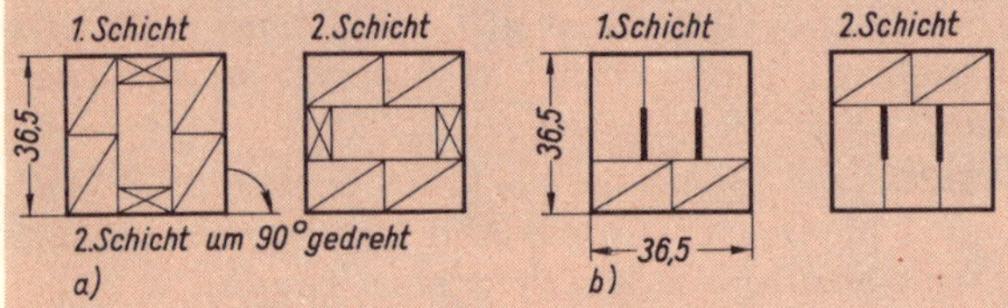

154.4 Quadratische Mauerpfeiler aus kleinformatigen Steinen

18.2. Verbände mit mittelformatigen Steinen

Verband für Mauerenden im Binderverband, Läuferverband und Blockverband s. Abschn. 17.2 (**154.5** und 6, **155.1** und 2).

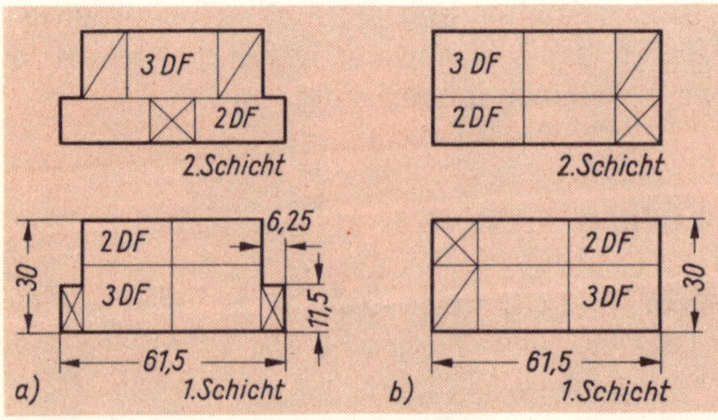

154.6 Mauerpfeiler aus mittelformatigen Steinen. Läuferverband

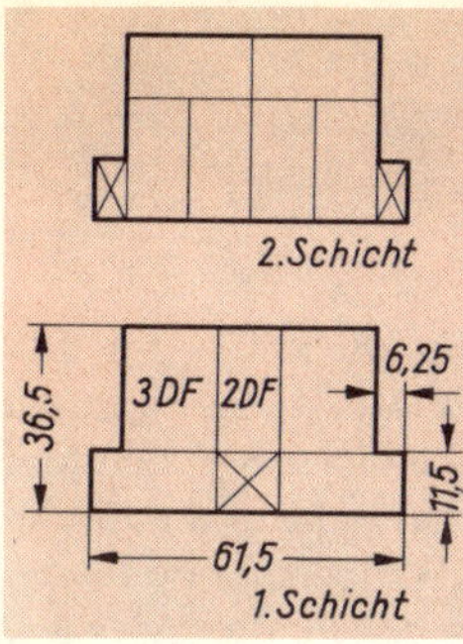

155.1 Mauerpfeiler aus mittelformatigen Steinen Blockverband

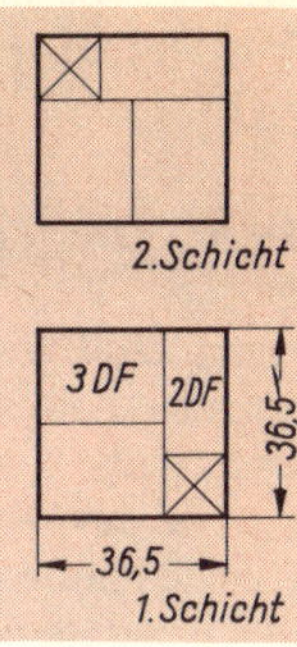

155.2 Quadratischer Mauerpfeiler aus mittelformatigen Steinen

Aufgaben

1. Legen Sie 5 Schichten für einen rechteckigen Mauerpfeiler aus Steinen NF, im Querschnitt 49/24 cm groß, nach den Regeln für den Verband mit Viertelsteinen.
2. Ein Fensterpfeiler aus Steinen NF mit 6,25 cm breiten Innenanschlägen hat im Querschnitt ein Außenmaß von 61,5 cm und eine Dicke von 36,5 cm. a) Zeichnen Sie die ersten beiden Schichten in der Draufsicht nach den Regeln für den Verband mit Viertelsteinen, darüber die Vorder- und Seitenansicht 5 Schichten hoch. b) Berechnen Sie aus den ersten beiden Schichten den Steinbedarf für den Pfeiler mit 1,75 m Höhe. c) Wieviel l Mörtel werden gebraucht, wenn 1000 Steine 700 l Mörtel benötigen?
3. Legen Sie 5 Schichten für einen rechteckigen Mauerpfeiler aus Steinen 3 DF, im Querschnitt 68/24 cm groß, im Binderverband.
4. Legen Sie 5 Schichten für einen rechteckigen Mauerpfeiler aus Steinen 2 DF und 3 DF, im Querschnitt 74/30 cm groß, im Läuferverband. b) Zeichnen Sie die ersten beiden Schichten in der Draufsicht.
5. Ein Fensterpfeiler aus Steinen 2 DF (zur Ergänzung auch aus Steinen 3 DF) mit 6,25 cm breiten Innenanschlägen hat im Querschnitt ein Außenmaß von 68 cm und ist 36,5 cm dick. a) Zeichnen Sie die ersten beiden Schichten in der Draufsicht. b) Berechnen Sie aus den beiden Schichten den Steinbedarf für den Pfeiler mit 1,50 m Höhe. c) Wieviel l Mörtel werden gebraucht, wenn 1 m^3 Mauerwerk 220 l Mörtel erfordert?

19. Mauerwerk aus Natursteinen

19.1. Die wichtigsten Natursteine

Geschichtliches. Natursteine wurden gewöhnlich in der Nähe ihrer Fundorte schon in den ältesten Zeiten zum Bauen verwandt. In Ägypten baute man aus Natursteinen Tempel und riesige Pyramiden. Griechenland und Rom bergen die Überreste vieler Steinbauten, die von der hohen Kultur vergangener Völker Zeugnis ablegen. Romanische und gotische Kirchenbauten trotzen nun fast ein Jahrtausend den Unbilden der Witterung und lassen uns bewundernd aufschauen zu den kühnen und eindrucksvollen Arbeiten alter Meister. Burgen, Stadtmauern, Rathäuser und Schlösser sind weitere Zeugen der vielseitigen Verwendung der Natursteine in vergangenen Jahrhunderten. Neuzeitliche Bauweisen, insbesondere der Betonbau, haben die Natursteine vielfach verdrängt. Doch werden sie auch heute noch beim Bau von Kirchen, öffentlichen Gebäuden, Geschäftshäusern, Brücken usw. sowie im Wohnungsbau als Sockel und Pfeiler verwendet (**156.1**).

156.1 Schichtmauerwerk aus rotem Schilfsandstein. Grundschule Maulbronn

Nach der Entstehung, die ihr Gefüge und damit ihre Verwendbarkeit für Bauzwecke wesentlich beeinflußt hat, teilt man die Natursteine in drei Gruppen ein (**156.2**).

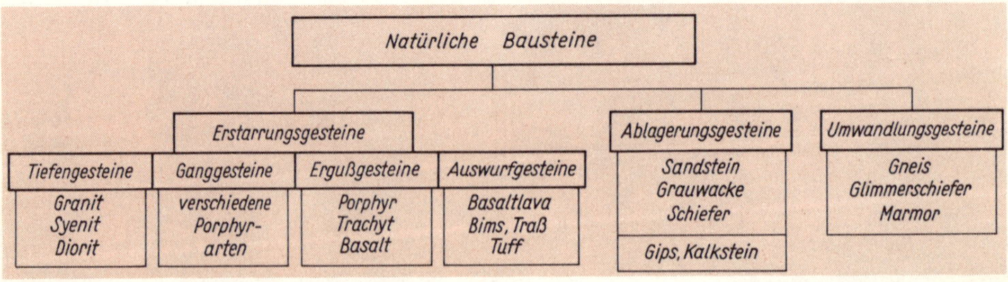

156.2 Einteilung der natürlichen Bausteine

Erstarrungsgesteine werden auch Glut-, Durchbruch-, Eruptiv- oder Massengesteine genannt, weil sie nach der Verfestigung und Schrumpfung der Erdrinde als Schmelzfluß (Magma) aus dem Erdinnern durchgebrochen und dann erstarrt sind. Wenn sie schon in der Tiefe erstarrten, dann bildeten sich gleichmäßig gekörnte Steine, die als Tiefengesteine bezeichnet werden (Granit, Syenit, Diorit). Wurden sie beim Durchbruch nach oben noch unter der Erdrinde in Spalten oder Gängen plötzlich abgekühlt, dann nennt man sie Ganggesteine. Diese weisen einzelne grobe Körner in feinkörniger, dichter Grundmasse auf, oder sie sind gleichmäßig körnig (verschiedene Porphyrarten). Ergußgesteine haben sich auf die Erdoberfläche ergossen. Dort erstarrte die glutflüssige Masse bei geringem Druck und schneller Abkühlung (Porphyrarten, Trachyt, Basalt). Auswurfgesteine stammen von Vulkanausbrüchen. Sie sind blasig oder stark porig (Basaltlava, Bims, Tuff).

Ablagerungsgesteine werden auch Absatz-, Schicht- oder Sedimentgesteine genannt. Sie sind entweder aus Ablagerung und Verkittung verwitterter Gesteinsteile (Sandstein, Grauwacke, Schiefer) oder durch Auslaugen von Gesteinsmassen und chemische Umwandlung entstanden (Gipsstein, Kalkstein).

Umwandlungsgesteine, die auch Umprägungsgesteine genannt werden, sind unter dem Einfluß von Wärme, Druck und Gasen aus Erstarrungs- oder Ablagerungsgesteinen entstanden, z.B. Gneis aus Granit und Marmor aus Kalkstein.

Die Fundorte der Natursteine liegen naturgemäß in gebirgigen und hügeligen Gebieten. Die wichtigsten Fundorte in der BRD und in der DDR sind für

Granit: fast alle deutschen Gebirge, z.B. Schwarzwald, Harz, Findlinge aus der Eiszeit in der Norddeutschen Tiefebene
Porphyr: bei Halle, in Sachsen, Thüringen, im Schwarzwald und Odenwald
Basalt: Westerwald, Hessen, Lausitz, Hegau
Basaltlava: Niedermendig (Eifel)
Trachyt: Siebengebirge
Tuffstein: Siebengebirge, Eifel, Habichtswald, Thüringer Wald, Sachsen (Rochlitz)
Sandstein: an Elbe, Weser, Ruhr, Main und Neckar; in Bayern, im Schwarzwald
Grauwacke: Rheinland, Westfalen
Muschelkalk: Rüdersdorf, Thüringen, Bayern, Württemberg
Jurakalk: Schwäbische und Fränkische Alb

19.2. Auswahl der Natursteine

Bei der Auswahl der Steine für Bauten sind ihre Eigenschaften zu berücksichtigen. So müssen z.B. Auflagersteine sehr druckfest sein; porige Steine eignen sich wegen ihrer besseren Wärmedämmung für Außenwände von Wohnräumen.

Die Farbe wird durch die Grundbestandteile der Steine bestimmt. Sie ist ein wertvolles Hilfsmittel zum Erkennen der Gesteinsart. Den Sichtflächen des Mauerwerks gibt sie unterschiedliche Wirkungen, die der Architekt beachtet.

Die Dichte ist von der Anzahl und Größe der Poren abhängig. Die meisten Natursteine haben eine verhältnismäßig dichte Grundmasse mit zahlreichen feinen, nicht sichtbaren Poren. Durch Haarröhrchenanziehung können sie Wasser aufsaugen (Bruchfeuchtigkeit, feuchtes Mauerwerk).

Die Druckfestigkeit ist von der Dichte der Steine abhängig. Dichte Steine eignen sich besonders für stark belastete Pfeiler und Grundmauern. Nach der Druckfestigkeit können die Natursteine in der Reihenfolge Basalt, Porphyr, Granit, Muschelkalk, Sandstein, Basaltlava und Tuffstein genannt werden.

Die Biegefestigkeit aller Steine ist, im Gegensatz zu Stahl und Holz, sehr gering. Bei Beanspruchung auf Biegung brechen sie leicht. Über Fensterstürzen aus ganzen Werksteinen werden deshalb Entlastungsbogen angeordnet.

Die Wärmedämmfähigkeit ist bei dichten Steinen sehr gering. Für die Außenwände von Wohnräumen sind blasige und stark porige Steine (Basaltlava, Tuffstein) besser als dichte Steine geeignet, weil die in ihnen eingeschlossene Luft wärmedämmend wirkt. Dichte Steine erfordern eine wärmedämmende Hintermauerung, z.B. aus Leichtbeton-Vollsteinen.

Tafel **158.1** **Die wichtigsten natürlichen Bausteine**

Name	äußere Kennzeichen	allgemeine Eigenschaften	Anforderungen an gute Steine	Verwendung auf dem Bau	sonstige Verwendung
Granit	Grundfarbe weißlich, rötlich, bräunlich oder grünlich, meist durch Einlagerung schwarzer Glimmerschüppchen gesprenkelt (**159.1**)	dicht, druckfest, sehr hart, polierfähig; in poliertem Zustand sehr wetterbeständig; bei Bränden leicht zerspringend	gleichmäßige, feine Körnung; keine angewitterte Oberfläche	Auflagersteine, Pfeiler, Fundamente, Sokkel, Mauerverblendung, Treppenstufen	Denkmäler, Pflaster- und Bordsteine
Porphyr	sehr dichte, meistens rötliche Grundmasse mit eingesprengten Kristallen	dicht, druckfest, sehr hart, polierfähig, wetterbeständig	nicht mit Messer ritzbar; kein Tongeruch beim Anhauchen	wie Granit	wie Granit
Trachyt	hellfarbig, sandsteinähnliche Grundmasse mit Einsprengungen	mittelfest, leicht bearbeitbar; bleibt rauh; oft wenig wetterbeständig	nicht zu hell; wenig porig	Werksteine, Verblendungen, Treppenstufen	Pflaster für steile Straßen
Basalt	blaugrau bis schwarz; meistens unregelmäßige, fünf- oder sechseckige Säulen (**159.2**)	sehr dicht, druckfest und hart, schwer bearbeitbar; leicht glatt werdend	Bruch muschelig, nicht höckerig; keine weißen Flecken	Zyklopenmauerwerk, Schotter und Splitt	Grenzsteine, kleine Pflastersteine
Basaltlava	Farbe wie Basalt, doch blasiges Gefüge	mittelfest, wärmehaltend, bruchfeucht gut bearbeitbar; bleibt rauh	gleichmäßige, dunkle Färbung	Werksteine im Hoch- und Tiefbau	Pflaster- und Bordsteine
Tuffstein	Grundfarbe weißgelb bis grau, porig; Einsprengungen verschiedener Art und Größe	bruchfeucht weich und gut bearbeitbar; erhärtet beim Austrocknen; wärmedämmend	kein Kalkgehalt (Salzsäure braust nicht auf)	Werksteine, Verblendungen	

Tafel **158**.1 (Fortsetzung)

Name	äußere Kennzeichen	allgemeine Eigenschaften	Anforderungen an gute Steine	Verwendung auf dem Bau	sonstige Verwendung
Sandstein	Grundfarbe weißlich, grünlich, gelblich, rötlich, auch mehrfarbig geschichtet; feine Quarzkörnchen mit verschiedenem Bindemittel kieselig: weiß bis graubraun tonig: beim Anhauchen Tongeruch kalkhaltig: Salzsäure braust auf eisenhaltig: gelblich bis rotbraun, auch „bunt“	gut bearbeitbar; sonstige Eigenschaften je nach Bindemittel sehr verschieden kieselig: fest, hart, wetterbeständig tonig: nur dichte Steine frostbeständig kalkhaltig: wenig fest, nicht feuer- und säurebeständig eisenhaltig: meistens fest und wetterbeständig	nicht grobkörnig, geringe Wasseraufnahme; keine Tongallen und Glimmerschüppchen	Werksteine, Verblendungen, Treppenstufen	Schleifsteine
Grauwacke	hell- bis dunkelgrau; sandsteinähnlich; feinkörnige Gesteinstrümmer mit verschiedenem Bindemittel	meistens dicht, druckfest und hart; verhältnismäßig schwer bearbeitbar	quarzhaltig, grobkörnig	Bruchstein- und Schichtenmauerwerk	Pflastersteine, Schotter
Muschelkalk [1])	weißlich bis grau; Abdrücke von Muscheln u.a. erkennbar; Salzsäure braust stark auf	dicht, druckfest, gut bearbeitbar; wetterbeständig	kein Tongeruch; Wasser darf nicht schnell einsaugen	Werksteine, Verblendungen, Treppenstufen; gebrannt als Baukalk	gemahlen oder gebrannt als Düngemittel und für Erzeugnisse der chemischen Industrie

159.1 Granit

159.2 Basalt

[1]) Jurakalk ist gleichmäßig dicht; sonst wie Muschelkalk. Travertin (Kalktuff) und Marmor sind sehr feinkörnige, polierfähige Kalksteinarten (Steinmetzarbeiten).

Die Härte ist gekennzeichnet durch den Widerstand, den ein Körper dem Angriff eines andern entgegensetzt.

Versuch 20. Ritzen Sie mit einem scharfkantigen Feuerstein oder Basalt verschiedene Gesteine und ordnen Sie diese nach der Härte!

Harte Gesteine sind schwer zu bearbeiten. Gegen Abnutzung, z.B. bei Treppenstufen, Fußbodenplatten und Pflaster, sind sie sehr widerstandsfähig. Harte Steine mit gleichmäßig dichtem Gefüge (Basalt u.a.) werden jedoch leicht glatt.

Die Spaltbarkeit ist besonders bei Schichtgesteinen beachtlich, die eine mehr oder weniger deutliche Flächenschichtung aufweisen. Schichtgesteine sollen nie „auf den Spalt gestellt", sondern „auf Lager gelegt" werden, weil sie in der Spaltrichtung durch Witterungseinflüsse und Belastung leichter zerstört werden und im Verband die natürliche Wirkung beeinträchtigen (**160.**1 und 2).

160.1 „Auf den Spalt" gestellte Natursteine. Sie wirken im Mauerwerk unruhig und beeinträchtigen den Verband

160.2 „Auf Lager" gelegte Natursteine. Sie haben eine natürliche Wirkung und einen guten Verband

Versuch 21. Prüfen Sie mit Hammer und Schlageisen die Spaltbarkeit verschiedener Gesteine!

Von der Dichte ist das Gewicht der Natursteine abhängig. Stellen Sie Vergleiche mit Mauerziegeln und Steinen aus Leichtbetonarten an!

Druckfestigkeit und Härte sind unterschiedliche Eigenschaften. Nennen Sie Beispiele der Anwendung a) von druckfesten, b) von harten Steinen!

19.3. Bearbeiten und Anliefern der Natursteine

Gewinnung. Natursteine werden in Steinbrüchen meistens im Tagebau gewonnen, in Ausnahmefällen im Schacht- oder Stollenbau aus der Erde geholt (Basaltlava u.a.). Das feste Gestein löst man – je nach Beschaffenheit und Verwendung – mit Spitzhacken, Brechstangen, Bohrern oder durch Sprengung.

Die Formgebung richtet sich nach dem Verwendungszweck.

Natürliche Steine für Bruchstein- und Zyklopenmauerwerk können unregelmäßig in der Größe und Form sein. Für Schichtenmauerwerk werden sie im Steinbruch oder am Bau an den Lagerflächen grob bearbeitet.

Naturwerksteine werden im Steinbruch so ausgewählt und ungefähr rechtwinklig bearbeitet, daß sie allseitig um den „Arbeitszoll" von etwa 3 cm größer als der fertige Stein sind. Steinmetzen behauen sie dann nach Werkzeichnungen maßgerecht.

Verblendplatten zur Außen- und Innenverkleidung von Mauerwerk sägt man in verschiedenen Größen und Dicken aus Blöcken.

Gütevorschriften für natürliche Steine sind in DIN 18330 „Mauerarbeiten" und DIN 18332 „Naturwerksteinarbeiten" festgelegt, die im Abschnitt C der „Allgemeinen Technischen Vorschriften" (ATV) der „Verdingungsordnung für Bauleistungen" (VOB) aufgenommen sind. Die Steine müssen wetterbeständig, genügend druckfest und lagerhaft sein. Sie dürfen keine Spalten, Risse, Brüche, Blätterungen, schiefrige Absonderungen u.a. aufweisen. Die Abmessungen müssen so sein, daß sich werkstoffgerechtes Mauerwerk herstellen läßt. Bei Fußbodenplatten wird gleichmäßige Härte, bei Solnhofener Platten keine Frostbeständigkeit gefordert.

Berechnung. Rohblöcke, größere Werkstücke und Vollmauerwerk werden nach dem Rauminhalt (m^3) berechnet.

Bruchsteinmauerwerk berechnet man getrennt nach Mauerwerk in Gräben, einhäuptigem (einseitig bündigem) und mehrhäuptigem Mauerwerk. Verblendmauerwerk wird unter Angabe der Dicke, Einbindetiefe und Schichtenteilung der Steine flächenweise (m^2), Gesimse, Pfeiler, Fenstereinfassungen, Stufen u.a. nach Stückpreis oder Längenmaß (m) berechnet.

Natursteine gewinnt man im Tagebau, seltener im Schacht- oder Stollenbau. Auf welche Weise?

Bruchsteine werden in der Regel vom Maurer, Werksteine und Verblendplatten vom Steinmetzen bearbeitet. Nennen Sie wichtige Gütevorschriften!

Natursteine verarbeitet man meistens bodenständig. Aus welchen Gründen?

Natursteinarbeiten werden nach m^3, m^2, m oder Stückzahl berechnet. Beispiele?

20. Bauphysik

20.1. Physikalische Grundkenntnisse

20.1.1. Körper und Stoff

Als Körper bezeichnen wir nicht nur den menschlichen Körper, sondern alle Dinge um uns her. Steine, Bauteile, Häuser, aber auch Luft und Wasser sind Körper. Verschieden und veränderlich sind Form, Zustand und Lage eines Körpers. Er kann z.B. rund oder eckig sein, sich in der Kälte zusammenziehen, zu Boden fallen. Bei allen diesen Veränderungen bleibt der Stoff, aus dem der Körper besteht, unverändert. Wenn wir einen Mauerziegel zerschlagen, bleibt der Stoff selbst in den kleinsten Bruchstücken immer derselbe.

Die uns umgebenden Gegenstände nennen wir Körper. Sie bestehen aus in der Masse begrenzten Stoffen. Mit den Körpern und ihren Eigenschaften befaßt sich die Physik; mit den Stoffen und ihren Eigenschaften beschäftigt sich die Chemie.

Hinweis für die Bauarbeit. Bekannte Stoffe sind z.B. Ton, Holz, Stahl, Beton. Soweit sie für Bauzwecke gebraucht werden, nennt man sie auch Baustoffe oder Baumaterial. Die aus Baustoffen bestehenden Körper heißen deshalb auch Baukörper oder Bauteile.

20.1.2. Körper und ihre Zustandsformen (Aggregatzustände)

Versuch. Eis wird in einer Schale erwärmt. Es schmilzt zu Wasser, das bei weiterem Erhitzen verdampft. Der Körper hat durch die Wärmezufuhr seine Zustandsform verändert.

Körper treten in festem, flüssigem oder gasförmigem Zustand auf: als Festkörper, Flüssigkeiten oder Gase. Die Zustandsformen nennt man auch Aggregatzustände.

Hinweise für die Bauarbeit. Lehmmörtel erhärtet durch Verdunsten des Wassers, wird fest und rissig. Heißflüssige Bitumenanstriche auf Mauerwerk werden nach dem Erkalten fest.

20.1.3. Masse und Dichte

Masse *m*. Um einen stehenden Muldenkipper in Fahrt zu bringen oder einen rollenden Wagen anzuhalten, brauchen wir Kraft. Ein Körper verharrt in seinem Zustand der Ruhe oder gleichförmigen Bewegung, wenn nicht eine Kraft auf ihn wirkt. Dieses Beharrungsvermögen eines Körpers nennen wir Masse. Sie ist unabhängig von dem Ort, an dem sich der Körper befindet, ist also auf der Erde ebenso groß wie im Weltraum. Abhängig ist die Masse von der Menge (Volumen) des Körpers und seiner Stoffart.

Masse ist die Eigenschaft eines Körpers, sich Veränderungen seines Bewegungszustands zu widersetzen. Masse ist unabhängig vom Ort.

Einheiten sind Kilogramm (kg) bzw. Gramm (g) und Tonne (t).
1 kg = 1000 g   1 t = 1000 kg

Wir bestimmen die Masse durch Vergleich mit Körpern bekannter Masse – mit geeichten Wägestücken. Dazu brauchen wir eine Balkenwaage (**162**.1). Wenn die Schalen der Waage im Gleichmaß stehen, haben Körper und Wägestück darauf die gleiche Masse.

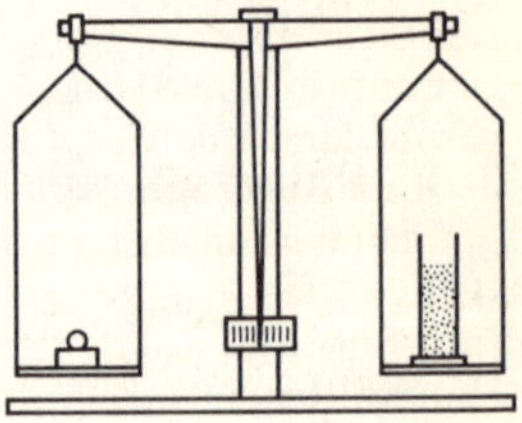

162.1 Balkenwaage zum Messen einer Masse

Dichte ϱ (sprich: rho)

Versuch. Auf einer Balkenwaage wird ein Meßzylinder mit einem Wägestück ins Gleichgewicht gebracht. Man füllt ihn zunächst mit 250 cm³ Zement, dann mit 500 cm³ und stellt jedes Mal durch Wägung die Masse der Füllung fest.

Ergebnis

Masse des Zements in kg	0,3	0,6
Volumen des Zements in dm³	0,25	0,5
$\frac{\text{Masse}}{\text{Volumen}}$ $\frac{m}{V}$	$\frac{0{,}3\ \text{kg}}{0{,}25\ \text{dm}^3} = 1{,}2\ \text{kg/dm}^3$	$\frac{0{,}6\ \text{kg}}{0{,}5\ \text{dm}^3} = 1{,}2\ \text{kg/dm}^3$

Bei verdoppeltem Volumen ergibt sich auch die doppelte Zementmasse. Der Quotient aus Masse und Volumen ergibt jedoch bei beiden Messungen den gleichen Wert von 1,2 kg/dm³. Der ermittelte Wert ist die Dichte des Zements in kg/dm³.

Die Dichte eines Körpers erhält man, wenn seine Masse durch sein Volumen dividiert wird.

$$\text{Dichte} = \frac{\textit{Masse}}{\textit{Volumen}} \quad \varrho = \frac{m}{V}$$

Einheiten der Dichte sind kg/dm³, kg/l g/cm³ und t/m³.

Beispiel. Die Dichte eines Kalksand-Vollsteins im Normalformat soll bestimmt werden.
$m = 3{,}53$ kg; $V = 2{,}4\ \text{dm} \times 1{,}15\ \text{dm} \times 0{,}71\ \text{dm} = 1{,}96\ \text{dm}^3$.

$$\frac{m}{V} = \frac{3{,}53}{1{,}96} = 1{,}8\ \text{kg/dm}^3.$$

Künstliche Bausteine, Leichtbeton und andere Baustoffe schließen gewöhnlich Poren ein Dann spricht man von Rohdichte.

Rohdichte ist die Dichte eines Körpers einschließlich der Poren und Hohlräume.

Die Dichte einiger Baustoffe in kg/dm³: Fichte 0,48; Zement (lose) 1,2; Vollziegel 1,8; Granit 3,0.

20.1.4. Gewichtskraft

Versuch. Ein Kalksand-Vollstein im Normalformat wird an einer Schnur mit der Hand freischwebend gehalten und danach auf die andere, nicht unterstützte Hand gelegt (**163**.1).

Ergebnis. Der Stein übt mit seiner Masse in der Schnur eine Zugkraft lotrecht nach unten aus und auf die den Stein tragende Hand von oben eine ebenso große Druckkraft. Dies beruht darauf, daß jeder Körper von der Erde angezogen wird, und zwar in Richtung zum Erdmittelpunkt hin (**163**.2).
In jedem Fall spürt man in den Händen beim Halten des Steines die Wirkung einer Kraft, die als Gewichtskraft bezeichnet wird.

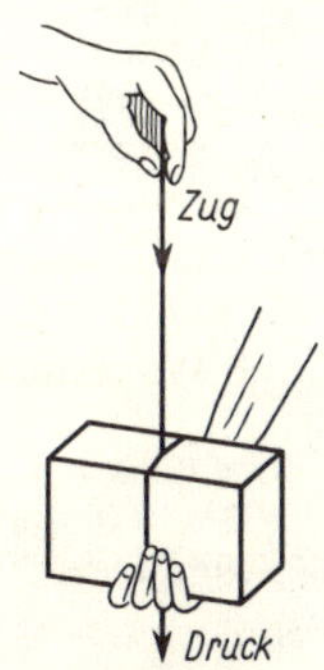

163.1 Der Kalksand-Vollstein übt auf Schnur und Hand eine Gewichtskraft aus

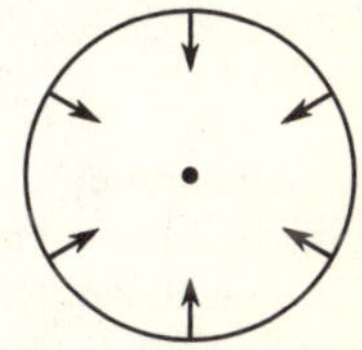

163.2 Die auf einen Körper wirkende Gewichtskraft ist zum Erdmittelpunkt gerichtet und in gleicher Entfernung davon gleich groß

Die Gewichtskraft *G* ist die Kraft, mit der ein Körper vom Erdmittelpunkt angezogen wird (Gravitation, Schwerkraft).

Die Gewichtskraft ist die Ursache dafür, daß ein frei fallender Körper immer schneller fällt; er wird beschleunigt. Diese Fallbeschleunigung g ist jedoch nicht an allen Orten gleich groß, sie nimmt mit der Entfernung vom Erdmittelpunkt ab. Das zeigen uns sehr deutlich die Bilder von Astronauten in der Raumkapsel auf dem Weg zum Mond. (Eine völlige „Schwerelosigkeit" gibt es nur dort, wo sich zwei Anziehungskräfte, etwa die von Erde und Mond, gegenseitig aufheben.)

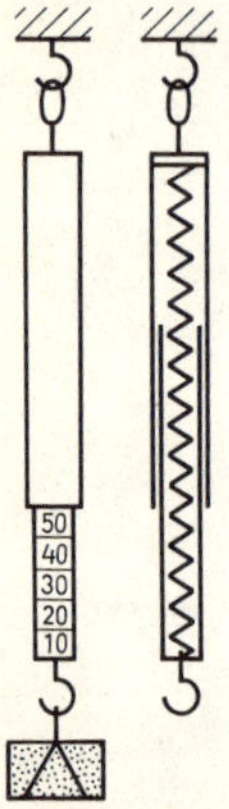

Die Gewichtskraft ist abhängig vom Ort.

Bei nicht zu großen Fallstrecken kann die Fallbeschleunigung als gleichbleibend angenommen werden. Als Normwert gilt $g_n = 9{,}80665\ \mathrm{m/s^2}$. Verwendet werden in der Regel die Annäherungswerte $g_n \approx 9{,}81\ \mathrm{m/s^2}$ oder $g_n \approx 10\ \mathrm{m/s^2}$.

Zum Messen einer Gewichtskraft verwendet man die Federwaage (**164.1**). In ihrem Inneren befindet sich eine Schraubenfeder, die am Deckel der äußeren und am Boden der inneren Hülse befestigt ist.

164.1 Zum Messen der Gewichtskraft dient die Federwaage

Die Einheit der Kraft ist das Newton (N). Davon abzuleiten sind die im Baugewerbe üblichen Einheiten Dekanewton (daN), Kilonewton (kN) und Meganewton (MN).

1 daN = 10 N 1 kN = 1000 N 1 MN = 1000000 N

Die frühere Einheit Kilopond (kp) gilt noch bis zum 31. 12. 1977.

1 kp ≈ 10 N; entsprechend 1 Megapond Mp ≈ 10 kN oder 0,01 MN.

Beispiel. Die Größe der Gewichtskraft G, die auf einen Körper mit der Masse $m = 1$ kg einwirkt, ist – bei dem angenäherten Normwert der Fallbeschleunigung $g_n = 10\ \mathrm{m/s^2}$ – nach der Formel

Kraft = Masse × Beschleunigung $G = mg_n$ $G = 1\ \mathrm{kg} \times 10\ \mathrm{m/s^2} = 10\ \mathrm{N}$

Die Wichte γ (sprich: gamma) ist die Gewichtskraft eines Körpers je Raumeinheit. Sie ist ebenfalls ortsabhängig.

$$\text{Wichte} = \frac{\text{Gewichtskraft}}{\text{Volumen}} \qquad \gamma = \frac{G}{V}.$$

Einheiten der Wichte sind $\mathrm{daN/dm^3}$, $\mathrm{kN/m^3}$.

20.1.5. Kohäsion und Adhäsion

Versuch. Einige dünne Holzleisten in die Hobelbank oder den Schraubstock einspannen und bis zum Bruch abknicken. Einen auf ein Stück Stahl und ein Stück Holz quer zur Faserrichtung gesetzten Meißel mit einem Hammerschlag eintreiben.

Ergebnis. Die Körper setzen einer äußeren Formveränderung einen verschieden großen Widerstand entgegen.

Alle Stoffe bestehen aus unvorstellbar kleinen Teilchen, den Molekülen, die bei festen Körpern durch eine Kraft – die Zusammenhangskraft oder Kohäsion – zusammengehalten werden. Von der Größe dieser Kraft sind wesentlich die mechanischen Eigenschaften – das Verhalten gegenüber äußeren Einwirkungen, z.B. durch Werkzeuge – abhängig.

Kohäsion oder Zusammenhangskraft nennen wir die zwischen den Molekülen eines Körpers wirkenden Anziehungskräfte. Sie setzen dem Eindringen anderer Körper oder Formveränderungen einen Widerstand entgegen.

Bei Festkörpern ist die Kohäsion sehr groß, bei Flüssigkeiten gering. Gase haben keine Zusammenhangskraft.

Versuch. Stricheziehen auf Zeichenkarton mit Bleistift, an der Tafel mit Kreide. Bitumenanstrich auf einen künstlichen Stein auftragen.

Ergebnis. Moleküle von Graphit und Kreide (feste Stoffe) haften auf dem Papier bzw. der Tafel, besonders gut haftet der Anstrich (flüssig) auf dem Stein.

Wie zwischen den Molekülen eines Körpers, so wirken auch zwischen den Molekülen verschiedener Körper Kräfte. Sie bewirken das Zusammenhaften von Körpern.

Adhäsion oder Anhangskraft ist die Anziehungskraft der Moleküle zweier verschiedener Körper.

Die Adhäsion tritt bei Festkörpern nur bei dichtem Zusammenfügen der Körper auf und wird zum Teil durch die Luftverdrängung zwischen den Berührungsflächen wirksam, begünstigt durch Anfeuchten oder Aufbringen von flüssigen bzw. breiigen Bindestoffen.

Hinweise für die Bauarbeit. Die Größe der Adhäsion ist bei den Baustoffen verschieden. Putz- und Fugenmörtel haften auf rauhen, porigen Steinoberflächen (Mauerziegel) besser als auf glatten, dichten Flächen (Klinker). Dasselbe gilt für Dichtungsanstriche (Bitumen) auf Mauerwerk.

Klebemörtel kann man u.a. zum Verbinden von Gasbetonblocksteinen zu Mauern an Stelle von Fugenmörtel verwenden. Er dient ferner zum Ankleben von Keramik- und Kunststoff-Fliesen.

20.1.6. Kapillarität (Haarröhrchenwirkung)

Versuch 1. Wir stellen 3 Glasröhren mit größerem, kleinem und kleinstem Durchmesser (die letzten nennt man Kapillaren oder Haarröhrchen) in eine mit gefärbtem Wasser gefüllte Glaswanne (**165**.1).

Ergebnis. Das Wasser steigt in den Röhrchen verschieden hoch, es steht in der engsten Röhre am höchsten, in der weitesten am niedrigsten.

Versuche 2 und 3. Taucht man einen Glasstab in Wasser, bleibt nach dem Hochheben ein Tropfen daran hängen. Gießt man Wasser in ein Reagenzglas, so zeigt sich, daß das Wasser an der Glaswand etwas höher steht als im mittleren Teil (**165**.2).

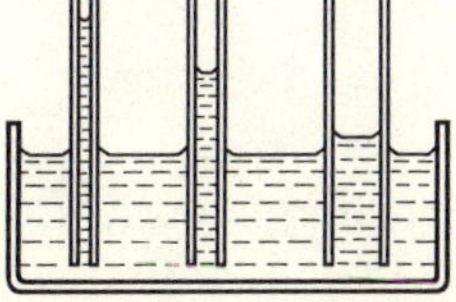

165.1 Wasser steigt in den Glasröhren hoch. Es steigt um so höher, je enger die Röhren sind

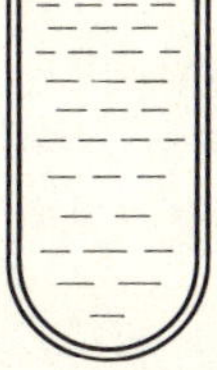

165.2 Das Wasser steht an der Glaswand etwas höher als im Inneren des Glases. Hier ist die Adhäsion größer als die Kohäsion

Ursache dieser Erscheinungen ist die Adhäsion zwischen dem Glas und den Wassermolekülen (vgl. 20.1.5.). Diese Kräfte sind größer als die nach innen gerichtete Kohäsion, also steigt das Wasser in der Kapillare nach oben, hängt am Glasstab oder wird an der Reagenzglaswand nach oben gezogen.

Hinweise für die Bauarbeit.

Versuch. Einstellen eines trockenen Mauerziegels und eines Klinkers in eine mit Wasser etwa 3 cm hoch gefüllte Glaswanne für die Dauer von 6 bis 8 Stunden.

Ergebnis. Im Mauerziegel steigt das Wasser verhältnismäßig schnell hoch, im Klinker nicht. Ein Mauerziegel hat nicht sichtbare Kapillaren mit kleinstem Querschnitt. In ihnen steigt das Wasser hoch.

Ähnliches gilt für Natursteine, Beton, Mörtel und Holz, aber auch für Dämmstoffe. Die Kapillarität verändert in der Regel auch die Eigenschaften der Baustoffe. Günstig ist die Saugfähigkeit von künstlichen Steinen für die Verbindung mit Fugen- und Putzmörtel, weil Mörtelwasser und Bindemittel vom Mörtelträger angesaugt werden. Eine vorübergehende Neubaufeuchtigkeit ist deshalb nicht zu vermeiden. Ungünstig werden dagegen Dämmstoffe von der Kapillarität beeinflußt; sie werden naß und sind dann nicht mehr voll wirksam.

Aufgaben

1. Welche Zustandsformen haben die Körper, und welches andere Wort wird dafür auch gebraucht?
2. Wodurch kann man die Zustandsform eines Körpers ändern?
3. Wie wird die Masse eines Körpers festgestellt?
4. Nennen Sie die Einheiten der Masse.
5. Was versteht man unter der Dichte eines Körpers?
6. Nennen Sie die Einheit der Dichte.
7. Wie wird die Dichte rechnerisch ermittelt?
8. Berechnen Sie die Masse eines Leichtbeton-Vollsteines 30 cm × 24 cm × 11,5 cm mit Betonrohdichte 0,8 kg/dm^3.
9. Ein Balken aus Fichtenholz hat einen Querschnitt von 12 cm × 24 cm, ist 4,20 m lang und hat die Masse 58 kg (lufttrocken). Wie groß ist seine Dichte?
10. Was versteht man unter Gewichtskraft?
11. Nennen Sie die Einheiten der Gewichtskraft.
12. Rechnen Sie 25,6 kp (die bis zum 31. 12. 1977 noch geltende Einheit) in Newton und Kilonewton um.
13. Ein Mauerpfeiler ist in der Grundfläche 0,625 m × 0,49 m groß und 3,25 m hoch. Wie hoch ist die Gewichtskraft, die er auf sein Fundament überträgt, wenn die Dichte des Mauerwerks 1,7 kg/dm^3 beträgt?
14. Womit wird die Gewichtskraft gemessen?
15. Woran erkennt man bei festen Körpern die Wirkung der Kohäsion?
16. Nennen Sie Baustoffe mit großer Kohäsion.
17. Woran ist zu erkennen, daß die Kohäsion bei Flüssigkeiten gering ist?
18. Was versteht man unter Adhäsion?

19. Unsaubere und staubige Berührungsflächen zweier Körper beeinflussen die Anhangskraft. Inwiefern?
20. Welchen Einfluß hat die Oberfläche der Bausteine auf die Haftung des Mörtels?
21. Welchen Zweck hat Klebemörtel? Nennen Sie Beispiele für die Anwendung.
22. Was ist unter Kapillarität zu verstehen?
23. Worauf beruht das Ansteigen des Wassers in engen Röhren?
24. Worauf beruht die Eigenschaft der Wasseraufnahme verschiedener künstlicher Steine, und wie nennt man diese Eigenschaft?
25. Welche Vorzüge haben Kapillaren bei künstlichen Steinen?

20.2. Kräfte an Baukörpern

20.2.1. Kräfte und Gegenkräfte

Eine Kraft ist nur erkennbar an ihrer Wirkung, die sich in der Bewegungsänderung oder Verformung eines Körpers äußert. Zum Anstoß eines Fußballs, zu einer Beschleunigung oder Richtungsänderung des Balles ist jeweils eine Kraft erforderlich. Die Verformung einer Feder wird zur Kraftmessung ausgenutzt (**164**.1).

Kraft ist die Ursache für Änderungen im Bewegungszustand eines Körpers.
Einheit der Kraft ist das Newton (vgl. 20.1.4.).

Versuch. Wir hängen einen Mauerziegel an eine Federwaage, greifen die unbelastete Feder und ziehen sie in verschiedene Richtungen.

Ergebnis. Die Gewichtskraft des Ziegels wirkt nur in eine Richtung, nämlich lotrecht. Menschliche und maschinelle Kräfte dagegen können in alle Richtungen wirken.

Eine Kraft wird bestimmt durch ihre Größe, ihre Richtung und ihren Angriffspunkt.

Versuch. Zwei Schüler mit gleichen Massen stehen sich auf Rollschuhen gegenüber. Nun zieht der erste an einem Seil, das dem anderen um den Leib gebunden ist.

Ergebnis. Beide werden gleich stark beschleunigt und treffen sich in der Mitte. Jede Kraft hat also eine Gegenkraft von gleicher Größe.

Jede Kraft hat eine gleich große Gegenkraft.

Wenn sich Kraft und Gegenkraft aufheben, herrscht Gleichgewicht.

20.2.2. Zusammensetzen und Zerlegen von Kräften

Eine Kraft wird durch eine Strecke dargestellt, an der ein Pfeil die Kraftrichtung angibt. Die Länge der in einem Kräftemaßstab gezeichneten Strecke gibt die Kraftgröße an (**167**.1)

167.1 Zeichnerische Darstellung einer Kraft in einem Kräftemaßstab

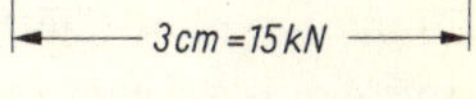

Zusammensetzen. Beim Zusammenwirken mehrerer Kräfte in derselben Richtung ergibt sich die Gesamtgröße der Kräfte (die Resultierende) durch einfache Addition, bei Gegenkräften entsprechend durch Subtraktion (**168**.1).

Wenn zwei Kräfte aus verschiedenen Richtungen auf einen Baukörper wirken, werden sie in der Zeichnung zu einem Parallelogramm ergänzt. Die Diagonale dieses Kräfteparallelogramms ergibt die resultierende Kraft (**168**.2). Bei drei und mehr Kräften aus verschiedenen Richtungen werden nacheinander entsprechend mehr Parallelogramme gezeichnet (**168**.3).

Zum Zerlegen einer Kraft in zwei Einzelkräfte mit gegebener Wirkungsrichtung gehen wir von der Gesamtkraft aus, tragen die beiden Einzelkräfte mit Hilfe der bekannten Winkel ein und ergänzen sie über der Gesamtkraft = Diagonale zum Parallelogramm (**168**.4).

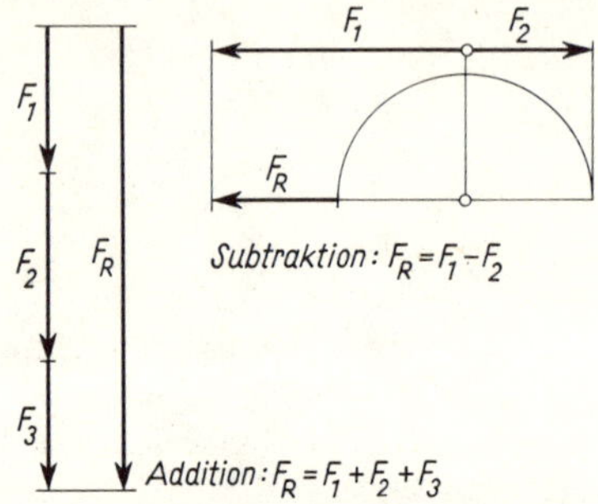

168.1 Zusammensetzen von Kräften gleicher Wirkungsrichtung

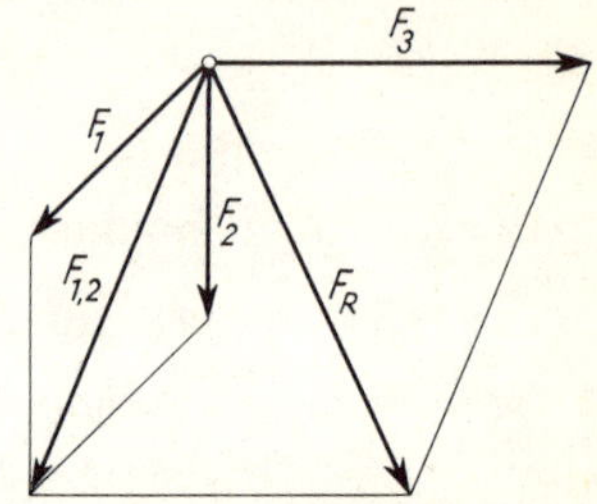

168.3 Zusammensetzen von drei Kräften verschiedener Wirkungsrichtung

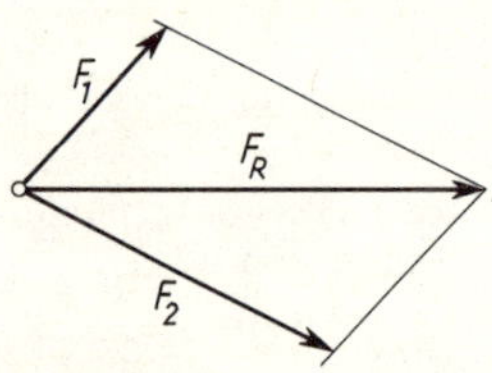

168.2 Zusammensetzen von zwei Kräften verschiedener Wirkungsrichtung

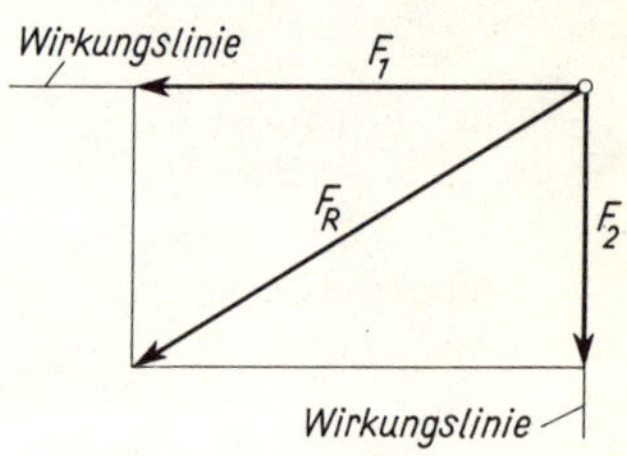

168.4 Zerlegen von Kräften

20.2.3. Hebel und Drehmoment

Der Hebel ist ein Körper, an dem eine Kraft eine Drehwirkung erzielt. Außer dem uns allen geläufigen „Hebel" sind auch Zangen, Schraubenschlüssel und Kurbelwellen Hebel.

Mit einem Hebel kann man große Lasten unter wenig Kraftaufwand bewegen, besonders wenn der Drehpunkt nahe der Last liegt. Der Drehpunkt liegt beim zweiseitigen Hebel zwischen den Kräften (**169**.1), beim einseitigen Hebel außerhalb der Kräfte (**169**.2).

Das Drehmoment M ist ein Maß für die Drehwirkung des Hebels. Diese wächst mit zunehmender Kraft F und mit der Länge des Hebelarms l (**169**.3).

Drehmoment = Kraft × Hebelarm $\quad M = F \times l \quad$ (wenn $F \perp l$)

Das Hebelgesetz gilt für beliebig viele am Hebel wirkende Kräfte:

Ein Hebel ist im Gleichgewicht, wenn die Summe der linksdrehenden Momente gleich der Summe der rechtsdrehenden Momente ist.

Beispiel. Wie groß muß die Gleichgewichtskraft F_1 in **169**.4 sein?

Lösung $F_1 \times l_1 = F_2 \times l_2 + F_3 \times l_3$

$$F_1 = \frac{F_2 \times l_2 + F_3 \times l_3}{l_1} \qquad F_1 = \frac{16\ \text{kN} \times 1{,}40\ \text{m} + 6{,}64\ \text{kN} \times 2{,}50\ \text{m}}{1{,}30\ \text{m}} = 30\ \text{kN}$$

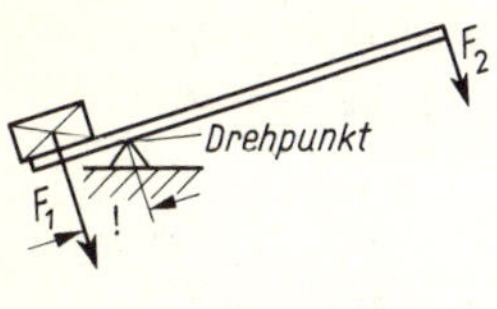

169.1 Zweiseitiger Hebel

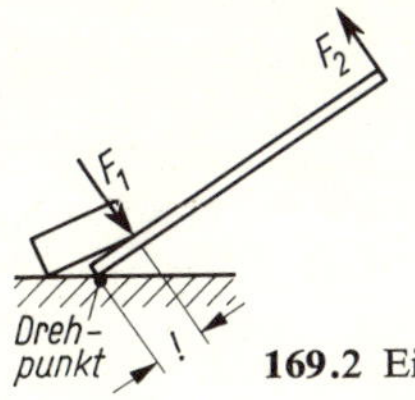

169.2 Einseitiger Hebel

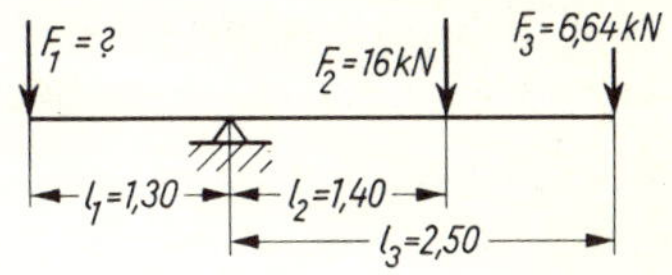

169.4 Ermittlung von F_1

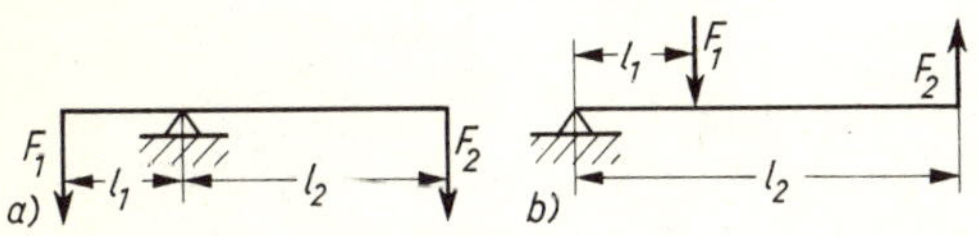

169.3 Gleichgewicht am Hebel: $F_1 \times l_1 = F_2 \times l_2$
a) am zweiseitigen Hebel
b) am einseitigen Hebel

20.2.4. Auflagerkräfte

Jeder Balken oder Träger übt auf seine Auflage eine Druckkraft aus. Um das Gleichgewicht zu erhalten, müssen diesen Druckkräften gleich große Kräfte entgegen wirken, die Auflagerkräfte genannt werden.

Die nach oben gerichteten Auflagerkräfte A und B eines Balkens werden mit Hilfe des Hebelgesetzes (einseitiger Hebel) berechnet. Zur Ermittlung von A nimmt man den Drehpunkt des Hebels in B an, während die Auflagerkraft A als Gleichgewichtskraft des Hebels gilt (**169**.5). B wiederum ergibt sich bei Annahme des Drehpunktes in A, wobei Auflagerkraft B als Gleichgewichtskraft des Hebels eingesetzt wird.

Die Abstände der Kräfte von A werden a_1 und a_2, von B dagegen b_1 und b_2 benannt. Damit ergibt sich bei Annahme des Drehpunktes

in A: $B \times l = F_1 \times a_1 + F_2 \times a_2$; dann ist

$$B = \frac{F_1 \times a_1 + F_2 \times a_2}{l}$$

in B: $A \times l = F_1 \times b_1 + F_2 \times b_2$; dann ist

$$A = \frac{F_1 \times b_1 + F_2 \times b_2}{l}$$

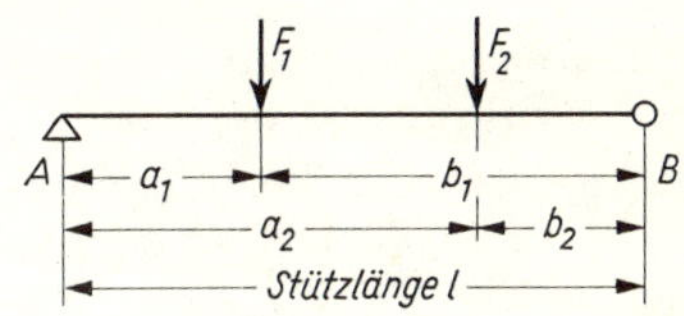

169.5 Auflagerkräfte

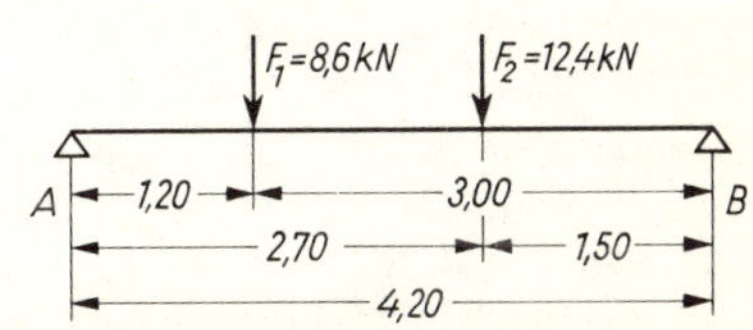

169.6 Ermittlung von A und B

Beispiel. Zu berechnen sind die Auflagerkräfte A und B für den Träger in Bild **169**.6

Lösung $$A = \frac{F_1 \times b_1 + F_2 \times b_2}{l} \qquad A = \frac{8{,}6\ \text{kN} \times 3{,}00\ \text{m} + 12{,}4\ \text{kN} \times 1{,}50\ \text{m}}{4{,}20\ \text{m}} = 10{,}57\ \text{kN}$$

$$B = \frac{F_1 \times a_1 + F_2 \times a_2}{l} \qquad B = \frac{8{,}6\ \text{kN} \times 1{,}20\ \text{m} + 12{,}4\ \text{kN} \times 2{,}70\ \text{m}}{4{,}20\ \text{m}} = 10{,}43\ \text{kN}$$

Probe $A + B = F_1 + F_2$ $\quad 10{,}57\ \text{kN} + 10{,}43\ \text{kN} = 8{,}6\ \text{kN} + 12{,}4\ \text{kN}$ $\quad 21\ \text{kN} = 21\ \text{kN}$

20.2.5. Reibung

Wenn ein Körper durch eine Kraft F gleichmäßig auf einer Unterlage bewegt wird, entsteht an der Berührungsfläche die Reibungskraft F_R. Sie ist bei einer waagerechten Unterlage ebenso groß wie F, wirkt aber entgegengesetzt.

Reibung ist die Widerstandskraft eines Körpers gegen sein Verschieben auf einer Unterlage. Reibungskraft = Reibungszahl × Normalkraft; $F_R = \mu$ (sprich: mü) $\times F_n$

Reibungsarten. Wir unterscheiden die Haftreibung beim ruhenden Körper, die Gleitreibung bei einem bewegten Körper und die Rollreibung des bewegten runden Körpers (Räder).

20.2.6. Spannung und Festigkeit

Statik. Alte Bauwerke, die viele Jahrhunderte überdauert haben, bezeugen das Gefühl ihrer Erbauer für die nötige Standsicherheit. Und die Tatsache, daß man früher verschwenderischer mit Baustoffen umging als heute, verringert nicht unsere Bewunderung dafür, daß diese Bauten ohne Festigkeitsberechnungen erstellt wurden. Solche Berechnungen sind uns heute schon aus Gründen der Materialersparnis und damit der Wirtschaftlichkeit selbstverständlich. Ihre Erkenntnisse, Regeln und Gesetze vermittelt uns die Statik.

Viele Lasten übertragen Kräfte auf einen Baukörper. Wir wissen bereits, daß diese Kräfte durch Ermitteln ihrer Gegenkräfte im Gleichgewicht gehalten werden müssen, wenn der Bau bestehen soll.

Die Lehre vom Gleichgewicht der auf einen Baukörper wirkenden Kräfte nennt man Baustatik.

Wir unterscheiden ständige und Verkehrslasten; sie erzeugen auf ihre Unterlage eine lotrecht wirkende Beanspruchung (Gewichtskraft).

Ständige Lasten sind alle tragenden und stützenden Bauteile (Pfeiler, Stahlträger, Balken u.a.), deren Eigenlast unverändert bleibt. Dazu gehören außerdem die von diesen Bauteilen aufzunehmenden Lasten, also Decken und deren Zwischenteile, Fußbodenbeläge, Auffüllungen, Putz u.a.

Verkehrslasten sind veränderliche oder bewegliche, durch Personen, Einrichtungsstücke, Lagerstoffe, Fahrzeuge und durch Schnee verursachte Lasten.

Spannung σ (sprich: sigma). Die von außen auf einen Baukörper wirkenden Kräfte – z.B. Balkenlast auf einer Mauer – rufen in dem beanspruchten Bauteil innere, ihnen widerstehende Kräfte hervor (**170.1**). Diese inneren Kräfte werden auf die Flächeneinheit von 1 m^2 oder 1 mm^2 bezogen und heißen Spannung. Ihre Größe hängt ab von der Kraft F und der Fläche A, auf die die Kraft wirkt.

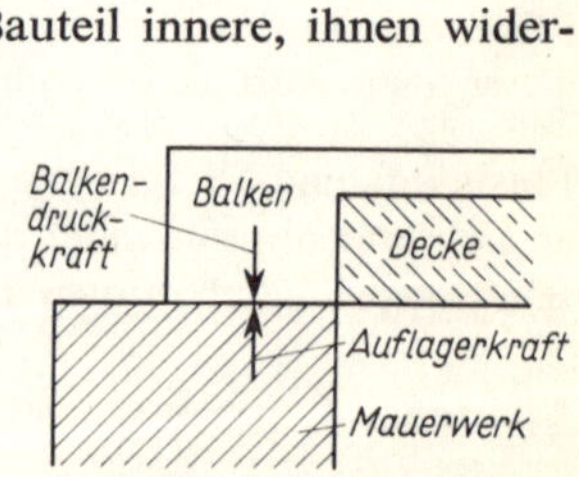

170.1 Der vom Balken auf das Mauerwerk übertragenen Druckkraft wirkt die Widerstandskraft im Mauerwerk entgegen

$$\text{Spannung} = \frac{\text{Kraft}}{\text{Fläche}} \qquad \sigma = \frac{F \text{ in MN}}{A \text{ in m}^2} \quad \text{oder} \quad \frac{F \text{ in N}}{A \text{ in mm}^2}$$

Festigkeit. Bei zunehmender Spannung kommen wir zu einem Größtwert, bei dem Bruch oder Zerstörung eintreten. Dieser Größtwert heißt Bruchspannung oder Festigkeit.

Um die Sicherheit des Gebäudes nicht zu gefährden, müssen die Abmessungen der Bauteile so gewählt werden, daß die vorhandenen bzw. zu erwartenden Spannungen (vorh σ) die zulässigen Werte (zul σ) nicht überschreiten. Die zulässige Spannung muß stets erheblich kleiner sein als die Bruchspannung (Festigkeit) des Baukörpers.

Alle Bauteile müssen zur Aufnahme der auf sie wirkenden Kräfte eine entsprechende Festigkeit haben. Festigkeit ist die Gegenkraft eines Körpers gegen Verformung und Zerstörung von außen.

Die zur Aufnahme einer Kraft nötige Fläche ist

$$\text{Fläche} = \frac{\text{Kraft}}{\text{zulässige Spannung}} \qquad A = \frac{F}{\text{zul}\,\sigma}$$

20.2.7. Festigkeitsarten

Kräfte können auf verschiedene Art auf einen Baukörper wirken und Formveränderung oder Bruch verursachen.

Druckfestigkeit ist der Widerstand eines Körpers gegen Zerdrücken.

Versuch. Zusammenpressen eines Schwammes, eines Kreidestückes und Pressen eines Mauerziegels (Dünnformat).

Ergebnis. Der Schwamm wird mit geringem Kraftaufwand zusammengedrückt, die Kreide geht schnell zu Bruch, der Mauerziegel jedoch nur bei großer Druckkraft.

Hinweise für die Bauarbeit. Die Druckfestigkeit vieler Baustoffe ist genormt. Das gilt für alle künstlichen Mauersteine, für Beton, Zement u.a. Beispiele s. S. 23, 46, 98, 101, 107.

Für ausreichende Druckfestigkeit ist bei allen druckbeanspruchten, tragenden Bauteilen zu sorgen, z.B. bei Fundamenten, Mauern, Säulen und Trägerauflagen. Genügende Tragfähigkeit gilt besonders für den Baugrund. Die Fundamentfläche ist so zu bemessen, daß die Bodenpressung innerhalb der zulässigen Grenze bleibt.

Zugfestigkeit ist der Widerstand eines Körpers gegen Zerreißen.

Versuch. Ziehen an einer kräftigen Gummischnur, Zerreißprobe eines dünnen Stahls mit der Zerreißmaschine.

Ergebnis. Der Widerstand gegen Strecken und Zerreißen ist bei der Gummischnur gering, beim Stahl sehr groß. Beide werden vor dem Zerreißen an einer Stelle gestreckt, der Querschnitt an dieser Stelle wird also verringert.

Elastizität und Verformung. Wenn ein Stahlstab einer Zugkraft ausgesetzt wird, dehnt er sich und nimmt, wenn die Beanspruchung nicht zu groß ist, bei Entspannung wieder seine ursprüngliche Form an. Er ist also bis zu einem gewissen Grad elastisch.

Ein Stoff ist elastisch, wenn er nach der Entspannung seine ursprüngliche Gestalt und Länge wieder einnimmt. Die Elastizität ist für alle Stoffe verschieden.

Bei zu großer Beanspruchung treten bleibende Formänderungen auf, die man Verformung nennt.

Hinweise für die Bauarbeit. Vergleiche der für verschiedene Baustoffe genormten Zugfestigkeit lassen erkennen, daß Stahl mit an erster Stelle steht (s. S. 68). Eine hohe Zugfestigkeit hat aber auch Bauholz (s. S. 74). Gering ist sie dagegen bei allen mineralischen Baustoffen (Steine, Beton). Diese sind für Bauteile ungeeignet, die beachtliche Zugspannungen aufzunehmen haben.

Biegefestigkeit ist der Widerstand eines Körpers gegen die von äußeren Druckkräften verursachte Biegebeanspruchung.

Versuch. Belasten verschiedener, an beiden Enden aufliegender Leisten mit rechteckigem Querschnitt, von denen eine z.T. eingeschnitten ist. Die anderen Leisten werden in Hochkantlage und flacher Lage belastet (**172.**1).

Ergebnis. Durchbiegung und schließlich Bruch. Die im unteren Teil der Leiste erweiterten und im oberen Teil verengten Einschnitte zeigen, daß die Holzfasern unten gedehnt und oben gedrückt werden. Unten treten also Zugspannungen, oben Druckspannungen auf. In der spannungslosen Schicht dazwischen gibt es keine Längenveränderungen. Es ist die neutrale Faser oder Spannungsnullinie.

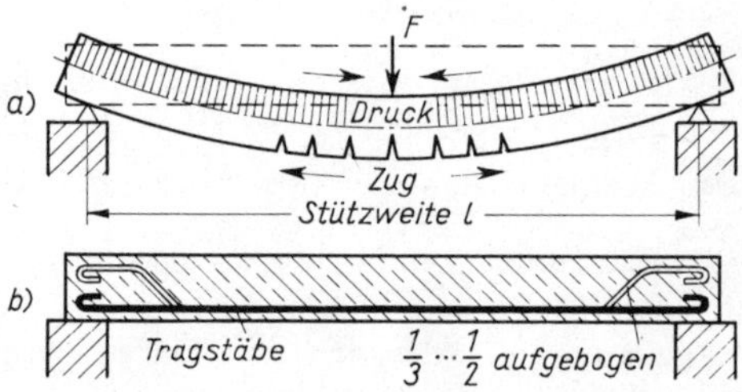

172.1 a) Durch die Krafteinwirkung von oben treten im Balken unten Zugspannungen, oben Druckspannungen auf
b) Der Stahlbetonbalken – hier im Längsschnitt – erhält seine große Biegefestigkeit durch die Betonstähle unten in Verbindung mit dem Beton

Hinweise für die Bauarbeit. Wegen ihrer großen Zugfestigkeit werden Stahl und Holz für die auf Biegung beanspruchten Bauteile gewählt. Bei Stahlträgern wird die Biegefestigkeit noch durch ihre Formgebung erhöht (z.B. I-Form). Stahlbetonbalken erhalten durch die unten eingelegten Tragstäbe eine große Zugfestigkeit und durch den Beton große Druckfestigkeit.

Holzbalken und Dachsparren haben stets einen rechteckigen Querschnitt und werden hochkant verlegt. Wellenförmig geformte Platten sind biegefester als ebene.

Knickfestigkeit ist der Widerstand eines Körpers gegen Ausknicken. Sie hängt ab von dem Werkstoff, seiner Querschnittsform und seinem Schlankheitsgrad. Unter Schlankheitsgrad versteht man bei einem senkrechten Baukörper (Pfeiler, Säule) das Verhältnis seiner Höhe zur Dicke. Dabei ist für Rechteckquerschnitte die kleinste Seitenabmessung zugrundezulegen.

Versuch. Holzleisten mit rechteckigem, quadratischem und rundem Querschnitt werden senkrecht aufgestellt und in Richtung der Stabachse von oben belastet.

Ergebnis. Die Leisten knicken seitlich aus, am meisten die mit rechteckigem Querschnitt.

Hinweise für die Bauarbeit. Für besonders schlanke Säulen, die große Gewichtskräfte aufnehmen sollen, eignen sich Formstähle am besten. Bei Stahlbetonsäulen wird durch die Anordnung der Betonstähle eine schlanke Ausführung ermöglicht. Geeignet sind auch schlanke Holzstützen mit quadratischem oder rundem Querschnitt, wenn ihre Knickfestigkeit nicht durch Querschnittschwächungen (z.B. Zapflöcher) verringert wird. Weil die Knickgefahr im mittleren Drittel einer Stütze am größten ist, sind hier Querschnittschwächungen besonders unwirtschaftlich. Stützen für Schalungen dürfen nur im oberen Drittel gestoßen werden; die Stöße sind gut zu verlaschen.

Gemauerte Pfeiler sind in der Schlankheit begrenzt, weil bei sehr schlanker Ausführung die durch Druckkräfte von oben verursachte Knickgefahr größer ist als die Zerdrückungsgefahr.

Schub- und Scherfestigkeit ist der Widerstand eines Körpers gegen Trennung durch Abscheren.

Versuch. Zwischen zwei waagerecht aufgehängten dünnen Leisten wird eine dritte Leiste in senkrechter Richtung mit beiden durch einen Drahtstift verbunden. Die mittlere Leiste wird einer Zugkraft ausgesetzt (**173**.1). Schneiden eines Rundstahls mit dem Bolzenschneider (**173**.2).

Ergebnis. Durch die Zugkraft wird der Drahtstift zwischen den Leisten umgebogen, benachbarte Flächen verschieben sich, und so wird die Verbindung durch Abscheren gelöst. Der Rundstahl wird durch gegenseitig wirkende Druckkräfte abgeschert. Während Druck- und Zugkräfte rechtwinklig oder schräg zu dem belasteten Querschnitt wirken, verlaufen die Scherkräfte parallel dazu.

Hinweise für die Bauarbeit. Scherspannungen treten bei Holz- und Stahlblechverbindungen mit Nägeln, Schrauben, Nieten, Bolzen und Dübeln auf. Ein Beispiel für Scherspannungen durch Druckkräfte zeigt die Darstellung eines Balkenendes mit Strebenfuß (**173**.3).

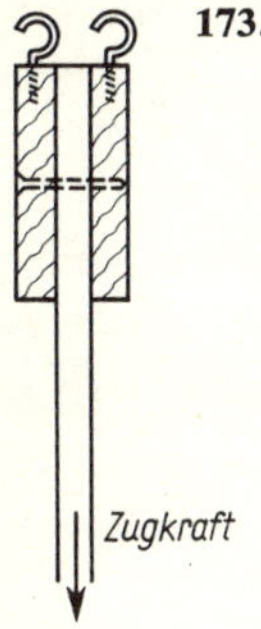

173.1 Die Nagelverbindung der Leisten wird bei Einwirkung der Zugkraft durch Abscheren gelöst

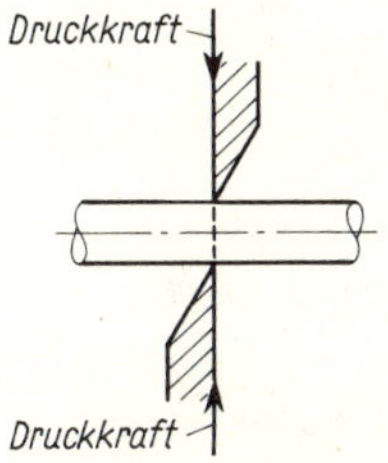

173.2 Trennen eines Rundstahls durch Abscheren

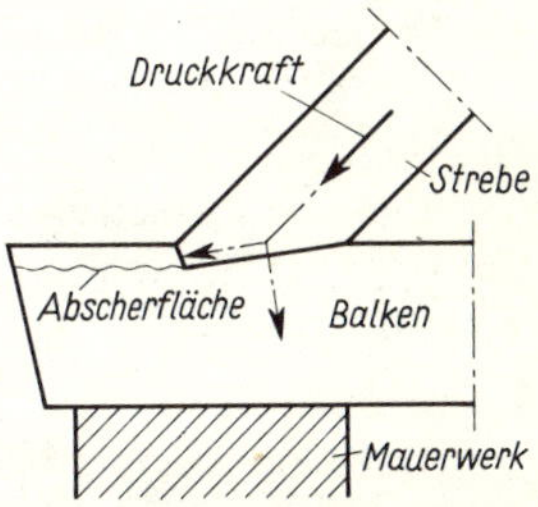

173.3 Die Kraft in der Strebe ruft im Balken vor dem Strebenfuß waagerechte Abscherspannungen hervor

Aufgaben

1. Woran erkennt man Kraft, und wie heißt ihre Einheit?
2. Was versteht man unter Gleichgewicht?
3. Setzen Sie in einer Zeichnung folgende Kräfte zusammen:
   a) $F_1 = 9{,}6$ kN, $F_2 = 5{,}4$ kN, $F_3 = 6{,}7$ kN. Richtung gleich
   b) $F_1 = 4{,}5$ kN, $F_2 = 6{,}3$ kN. Richtungsunterschied 40°
   c) $F_1 = 10$ kN, $F_2 = 8{,}3$ kN. Richtungsunterschied 115°
4. Zerlegen Sie mit Hilfe der Zeichnung **168**.4 die Kraft F in zwei Einzelkräfte F_1 und F_2. $F = 10{,}5$ kN, Richtungswinkel $F_1\,F_R = 25°$, Richtungswinkel $F_2\,F_R = 105°$.
5. Wodurch unterscheiden sich zweiseitige von einseitigen Hebeln?
6. Was ist ein Drehmoment?
7. Wann ist ein Hebel im Gleichgewicht? Wie nennt man dieses Gesetz?
8. Wie wendet man das Hebelgesetz zur Ermittlung der Auflagerkräfte bei Balken an?

9. Wie groß ist die Gleichgewichtskraft F_1, wenn folgende Werte gegeben sind: $F_2 = 11$ kN, $F_3 = 4{,}8$ kN, $l_1 = 1{,}70$ m, $l_2 = 1{,}20$ m, $l_3 = 2{,}60$ m. Verwenden Sie dazu die Zeichnung **169**.4.
10. Berechnen Sie die Auflagerkräfte A und B unter Verwendung der Zeichnung **169**.6. Gegeben sind: $F_1 = 9{,}5$ kN, $F_2 = 7{,}8$ kN, $a_1 = 1{,}60$ m, $a_2 = 2{,}80$ m, $l = 5{,}30$ m. Machen Sie die Probe dazu.
11. Was ist Reibung? Welche Reibungsarten unterscheiden wir?
12. Was ist Spannung? Wovon hängt ihre Größe ab?
13. Welche Lasten wirken als Gewichtskräfte auf einen Baukörper?
14. Was ist Bruchspannung? Wie nennnt man Bruchspannung noch?
15. Warum darf die vorhandene Spannung nicht größer sein als die zulässige?
16. Für welche Baustoffe und Bauteile wird eine hohe Druckfestigkeit gefordert?
17. Ein quadratisches Pfeilerfundament aus Beton mit 1,20 m Seitenabmessung überträgt auf den Baugrund eine Kraft von 31,68 kN. Mit wieviel kN wird 1 m^2 des Baugrundes beansprucht (Bodenpressung?)
18. Ein I-Träger beansprucht eine Mauer mit 30000 N. Wie groß muß seine Auflagefläche auf einer Mauer mit einer zulässigen Druckfestigkeit zul $\sigma = 120$ N/cm² sein?
19. Was versteht man unter Zugfestigkeit? Nennen Sie Baustoffe mit großer und Baustoffe mit geringer Zugfestigkeit.
20. Was bewirkt das Durchbiegen eines waagerechten Balkens im oberen und unteren Teil seines Querschnittes?
21. Welcher Querschnitt ist für einen von oben beanspruchten Balken am günstigsten, und wie ist der Balken zu verlegen?
22. Warum dürfen Bauteile aus mineralischen Baustoffen (Steine, unbewehrter Beton) nicht auf Biegung beansprucht werden?
23. Wie bezeichnet man den in senkrechten Bauteilen (Pfeiler, Stützen) wirksamen inneren Widerstand gegen äußere Druckkräfte von oben?
24. Was versteht man unter Abscheren und Scherfestigkeit?
25. Nennen Sie Verbindungen von Bauteilen, bei denen Abscherkräfte auftreten.

20.3. Wärme und Wärmeschutz

20.3.1. Wärmequellen und Wärmezustand (Temperatur)

Wärmequellen. Wir alle empfinden in unserer Umwelt Eindrücke von Wärme und Kälte und wissen von dem für das Leben auf der Erde entscheidenden Wärmespender Sonne (natürliche Wärmequelle). In der Wohnung verschaffen wir uns auf chemischem Wege durch Verbrennen von Brennstoffen oder durch Heizstrahler (elektrisch) wohltuende Wärme. Bekannt ist uns auch, daß durch Reiben unter Verrichtung von mechanischer Arbeit Wärme erzeugt wird. Wärme ist eine Energieform. Sie entsteht durch die Bewegung der Moleküle.

Wärme ist eine Energieform. Wir unterscheiden natürliche und künstliche Wärmequellen.

Temperatur. Den Wärmezustand eines Körpers nennt man Temperatur.

Versuch. Halten Sie eine Zeitlang eine Hand in heißes, die andere in kaltes Wasser. Tauchen Sie anschließend beide Hände in ein Gefäß mit lauwarmem Wasser.

Ergebnis. Der Wärmegrad des lauwarmen Wassers wird von der einen Hand als „kalt", von der anderen als „warm" empfunden.

Der Versuch zeigt, daß die Beschreibung des Wärmezustandes oder der Temperatur durch unsere Empfindung subjektiv ist. Zum objektiven Messen der Temperatur dient das Thermometer. Seine Wirkung beruht auf der Wärmeausdehnung der Körper.

Thermometer. Bevorzugt werden Flüssigkeitsthermometer verwendet, und zwar entweder Quecksilberthermometer (Skala zwischen −30 °C und +300 °C) oder Alkoholthermometer (Skala zwischen −100 °C und +50 °C). Das Vorratsgefäß und ein Teil des Röhrchens sind mit der Flüssigkeit gefüllt, der Raum darüber ist luftleer. Halten wir das Quecksilberthermometer in Eiswasser, steht die Flüssigkeitssäule stets in gleicher Höhe; dieser Stand ist der Eispunkt der Skala. Wird das Thermometer in siedendes Wasser gehalten, zeigt es bei Normalluftdruck den Siedepunkt an (**175**.1). Die Celsius-Skala gibt den Eispunkt mit 0° und den Siedepunkt mit 100° an.

Der Abstand zwischen diesen beiden Fixpunkten, der Fundamentalabstand, ist in 100 gleiche Teile geteilt. Die Skala geht über die beiden Fixpunkte hinaus, nach oben praktisch unbegrenzt, nach unten bis zum absoluten Nullpunkt (−273,15 °C). Tiefere Temperaturen gibt es nicht.

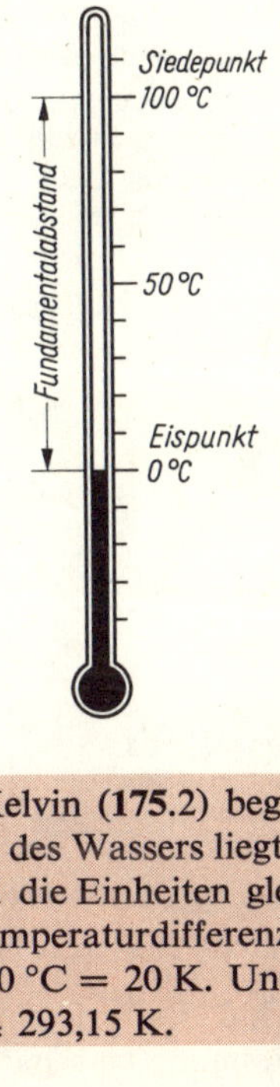

175.1 Thermometerskala

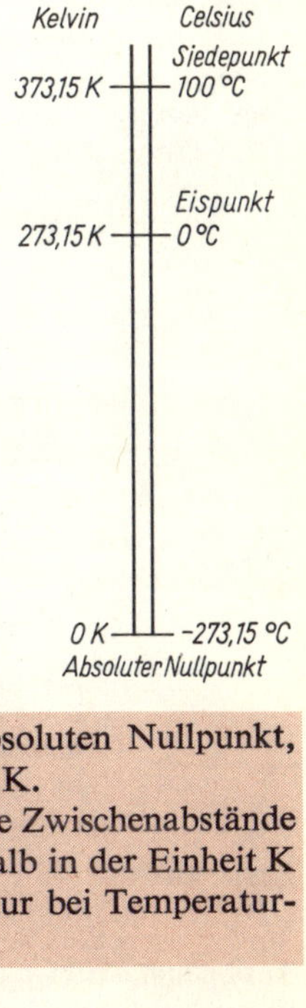

175.2 Thermometerskalen von Celsius und Kelvin

Die Temperaturskala von Lord Kelvin (**175**.2) beginnt mit dem absoluten Nullpunkt, Bezeichnung: 0 K. Der Siedepunkt des Wassers liegt dann bei 373,15 K.
In beiden Thermometerskalen sind die Einheiten gleich groß, d.h. die Zwischenabstände 1 °C und 1 K sind völlig gleich. Temperaturdifferenzen können deshalb in der Einheit K oder °C angegeben werden, z.B. 20 °C = 20 K. Unterschiede sind nur bei Temperaturpunkten zu beachten, z.B. 20 °C ≙ 293,15 K.

20.3.2. Luftfeuchte

Wasser verdampft beim Erhitzen. Unsere Luft enthält stets eine gewisse Menge Wasserdampf, je nach Temperatur verschieden viel. Bei einem bestimmten Gehalt ist die Luft mit Wasserdampf gesättigt. Bei Sättigung oder Abkühlung fällt der Dampf in Form von Tau oder Regen nieder.

Das Verhältnis der tatsächlich in der Luft enthaltenen Masse Wasserdampf zur maximal möglichen heißt relative Luftfeuchte. Die absolute Luftfeuchte bezeichnet dagegen das Verhältnis der in der Luft enthaltenen Wasserdampfmasse zum Volumen der feuchten Luft.

Bei Abkühlung der Luft kondensiert bei einer bestimmten Temperatur der Wasserdampf zu Tau. Diese Temperatur heißt Taupunkt.

Zwischen Luftfeuchte und Lufttemperatur besteht also eine Wechselbeziehung: Die Luft nimmt das durch Wärme zu Dampf verdunstete Wasser auf, bis sie gesättigt ist. Dann kondensiert der Wasserdampf zu Tau. Sichtbar für uns sind diese Erscheinungen in der Wolkenbildung und im Tau bzw. Regen.

20.3.3. Wärmeausdehnung

Versuche. 1. Erwärmen einer Kugel, die im kalten Zustand gerade noch durch einen Ring geht (**176**.1). 2. Gefärbtes und durch Auskochen luftfrei gemachtes Wasser in eine Kochflasche bis an den Rand füllen, mit einem Glasrohrstopfen verschließen, erwärmen und wieder abkühlen (**176**.2). 3. Das Glasrohr einer mit Luft gefüllten Kochflasche ins Wasser eines Becherglases tauchen, durch Umfassen mit beiden Händen erwärmen und dann abkühlen lassen (**176**.3).

Ergebnisse. 1. Die erwärmte Kugel fällt so lange nicht durch den Ring hindurch, bis sie wieder abgekühlt ist. 2. Das erwärmte Wasser steigt im Glasrohr hoch und sinkt bei Abkühlung wieder. 3. Erwärmte Luft tritt in Blasen durch das Wasser aus.

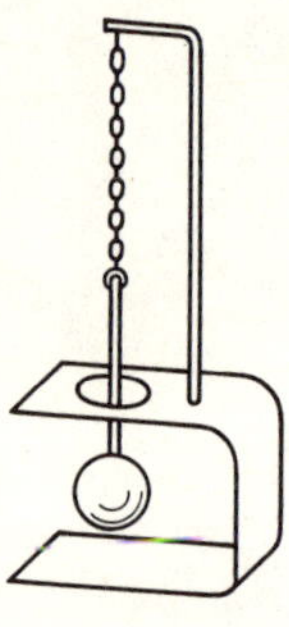

176.1 Ausdehnung von Festkörpern durch Erwärmen

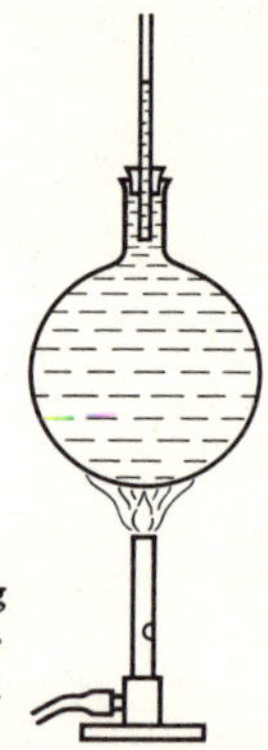

176.2 Ausdehnung von Flüssigkeiten durch Erwärmen

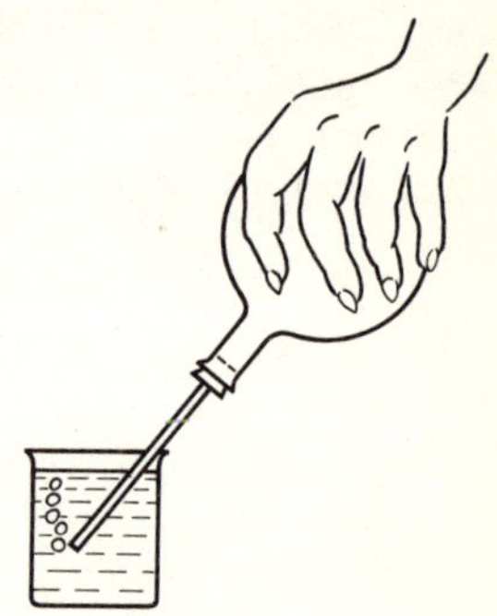

176.3 Ausdehnung von Gasen durch Erwärmen

Feste, flüssige und gasförmige Körper dehnen sich bis auf einige Ausnahmen beim Erwärmen aus und ziehen sich beim Abkühlen zusammen.

Ausdehnungszahl α (sprich: alpha).

Durch genaue Messungen hat man festgestellt, um wieviel sich die verschiedenen Stoffe bei 1 °C ≙ 1 K Temperaturerhöhung ausdehnen. Den auf 1 m Länge bezogenen Wert bezeichnet man als Ausdehnungszahl.

Die Ausdehnungszahl α gibt an, um wieviel sich ein Körper von 1 m Länge bei einer Temperaturerhöhung von 1 °C ≙ 1 K ausdehnt.

Flüssigkeiten dehnen sich meist mehr aus als Festkörper, Gase wiederum viel mehr als Flüssigkeiten. Im Baugewerbe interessieren uns vor allem die Längenänderungen bei Festkörpern.

Ausdehnungszahlen einiger Baustoffe

Stahl	0,000012/K	Beton	0,000011/K
Ziegelmauerwerk	0,000005/K	Holz	0,000003/K

Beispiel. Eine 65 m lange, freistehende Betonmauer ist bei 22 °C Außentemperatur hergestellt worden und wird später durch Frost auf −15 °C abgekühlt. Mit welcher Längenveränderung ist zu rechnen?

Lösung. Längenveränderung = Ausdehnungszahl × Anfangslänge × Temperaturunterschied = 0,000011/K × 65 m × 37 K = 0,0265 m oder 2,65 cm

Anomalie des Wassers. Wasser zieht sich bei Abkühlung bis +4 °C zusammen, dehnt sich jedoch bei weiterer Abkühlung auf 0 °C wieder aus. Es hat also seine größte Dichte bei +4 °C. Deshalb schwimmt Eis, deshalb platzen gefrierende Wasserleitungen, deshalb sprengt in Fugen eingesickertes und gefrorenes Wasser Steine auseinander.

Hinweise für die Bauarbeit. Die meisten Baustoffe dehnen sich bei Erwärmung aus und ziehen sich beim Abkühlen zusammen, sie schwinden. Verkürzungen können auch im Mauerwerk auftreten, wo sie sich durch Schwindrisse, besonders in den Fugen, bemerkbar machen. In Mauern, mehr noch in Massivdächern und Betonfahrbahnen, sind zur Vermeidung von Schwindrissen Dehnungsfugen anzuordnen.

Brücken werden nur an einem Endauflager fest verankert, an weiteren Auflagern auf Rollen beweglich gelagert (vgl. **177.1**). Stahl und Beton können nur deshalb in einem Baukörper verarbeitet werden, weil die Ausdehnung bei beiden annähernd gleich und damit die Haftfestigkeit gut ist.

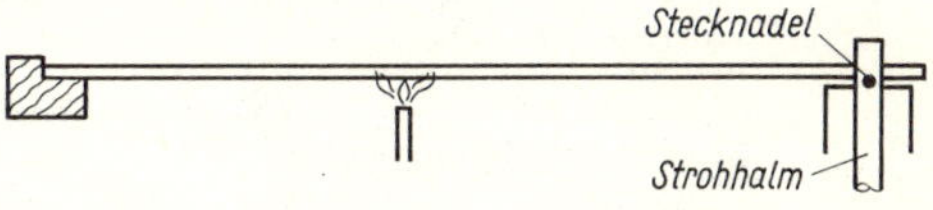

177.1 Längenänderung eines Kupferstabes durch Erhitzen. Bei Ausdehnung dreht der Stab die auf dem freien Auflager liegende Stecknadel, damit den aufgesteckten Strohhalm

Im Holzbau fallen die Längenänderungen durch Temperaturunterschiede nicht ins Gewicht. Zu berücksichtigen ist aber das Schwinden von Mörtel.

20.3.4. Wärmemenge

Beim Erwärmen von Wasser, z.B. mit einem Tauchsieder, steigt die Wassertemperatur. Diese Temperaturerhöhung wird durch Übertragung der vom Tauchsieder gelieferten Wärme bewirkt. Die vom wärmeren zum kälteren Körper übergehende Wärme bezeichnen wir als Wärmemenge oder (besser) als Wärmeenergie.

Einheit der Wärmemenge war bisher die Kilokalorie (kcal). 1 kcal ist die Wärmemenge, die 1 kg Wasser um 1 °C erwärmt. Diese Einheit gilt nur noch bis zum 31.12.1977. Die neue gesetzliche Einheit berücksichtigt, daß die Wärmemenge eine Form der Energie ist.

Einheit der Wärmemenge Q ist das Joule (J; sprich: dschul)

Für die Umrechnung gilt: 1 kcal = 4186,8 J ≈ 4,19 kJ. Will man also 1 kg Wasser um 1 °C ≙ 1 K erwärmen, muß man eine Wärmeenergie von 4,19 kJ zuführen.

Wärmemenge, Arbeit und Energie sind Größen gleicher Art und haben daher die gleiche Einheit. 1 J ist eine abgeleitete Einheit. Die Einheit der mechanischen Arbeit ist das Newtonmeter (Nm), die der elektrischen Arbeit die Wattsekunde (Ws).

1 Joule = 1 Newtonmeter = 1 Wattsekunde
1 J = 1 Nm = 1 Ws

20.3.5. Ausbreitung der Wärme

Wärmeleitung

Versuch. Ein Kupferdraht und ein Eisendraht von gleicher Länge und gleichem Querschnitt werden mit einem Ende in eine Flamme gehalten. Der Versuch wird mit einem Glas- und einem Holzstab wiederholt.

Ergebnis. Die Wärme wird von einem Ende der Drähte und Stäbe zum anderen geleitet, aber bei allen verschieden schnell: bei Kupfer und Eisen sehr rasch, bei Glas langsam, bei Holz praktisch nicht. Es gibt also gute und schlechte Wärmeleiter.

Die Wärmeübertragung von Teilen eines Körpers auf unmittelbar benachbarte weniger warme Teile bezeichnet man als Wärmeleitung. Sie ist für verschiedene Stoffe unterschiedlich. Gute Wärmeleiter leiten die Wärme schnell weiter, schlechte dagegen langsam.

Zu den schlechten Wärmeleitern gehören ruhende Gase, die deshalb zur Wärmedämmung benutzt werden (Doppelfenster). Keine Wärmeleitung gibt es im Vakuum, eine sehr schlechte Wärmeleitung im annähernden Vakuum der Thermosflasche.

Wärmeleitfähigkeit verschiedener Baustoffe

sehr gering:	leichte, porige Baustoffe aus Kunststoff, mineralischen und pflanzlichen Faserstoffen (Dämmstoffe)
mäßig:	künstliche Steine, z.B. Voll- und Lochziegel, Leichtbetonsteine, Gasbetonsteine, Kalksand-Lochsteine
groß:	dichter Schwerbeton, Klinker
sehr groß:	Metalle

Wärmeleitzahl λ (sprich: lambda). Die Wärmeleitfähigkeit der Baustoffe ist durch Messung genau ermittelt und als Wärmeleitzahl in Tabellen niedergelegt.

Die Wärmeleitzahl λ gibt an, welche Wärmemenge in Joule je Stunde durch 1 m^2 eines 1 m dicken Körpers geleitet wird, wenn der Temperaturunterschied zwischen beiden Oberflächen 1 K (1 °C) beträgt. Ihre Einheit ist W/mK.

Hinweise für die Bauarbeit. Weil bei Gasen die Wärmeleitfähigkeit am geringsten ist, ist die bei Baustoffen in Poren eingeschlossene Luftmenge von großem Einfluß auf ihre Wärmeleitfähigkeit. Bei festen Baustoffen hängt die Wärmeleitfähigkeit ab vom Anteil der eingeschlossenen Luft (je niedriger die Rohdichte, desto geringer i. allg. die Wärmeleitfähigkeit), von der Größe und Verteilung der Luftporen, von der Wärmeleitfähigkeit der Grundstoffe und vom Feuchtigkeitsgehalt.

Im Wohnungsbau sind Baustoffe mit geringer Wärmeleitfähigkeit vorteilhaft, weil sie die Raumwärme nur langsam nach außen übertragen (Wärmeschutz und Kälteschutz).

Wärmeströmung

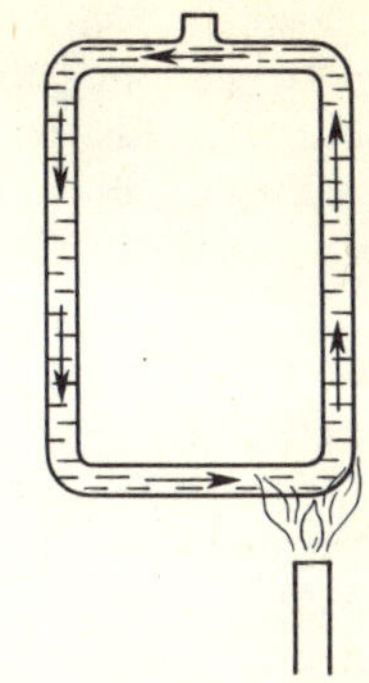

1. Versuch. Eine leichte Papierserviette wird zu einem Hohlzylinder mit etwa 5 cm ⌀ zusammengerollt, senkrecht aufgestellt und oben am Rand angezündet.

Ergebnis. Oben verbrannte Teile und das untere unverbrannte Papier steigen nach oben. Es entsteht eine Luftströmung.

2. Versuch. Ein Zirkulationsrohr wird mit Wasser gefüllt, dem man etwas Korkmehl oder Sägespäne zusetzt, und an einer Ecke erhitzt (**179**.1).

Ergebnis. Das Wasser steigt an der erhitzten Ecke hoch. Es entsteht eine Strömung, erkennbar am Korkmehl bzw. an den Sägespänen.

179.1 Im Zirkulationsrohr entsteht durch Erhitzen des eingefüllten Wassers eine Wärmeströmung

Die erwärmten Teile dehnen sich aus, sind deshalb leichter als ihre Umgebung und steigen nach oben, während die kälteren, schwereren Teile nach unten sinken. Nicht die Wärme selbst strömt, sondern die Moleküle der Luft bzw. des Wassers strömen.

Wärmeströmung tritt bei Gasen und Flüssigkeiten auf, wenn sie ungleich erwärmt werden. Bei der Strömung verlagern sich die Moleküle (im Unterschied zur Wärmeleitung, wo die Wärme von einem Molekül zum anderen weitergegeben wird, ohne daß sich die Moleküle verlagern).

Hinweise für die Bauarbeit. Der Schornsteinzug beruht auf Wärmeströmung. Die heißen Rauchgase steigen von der Brennstelle aus im Schornstein hoch. Angewendet wird die Wärmeströmung auch bei der Warmwasserheizung (**179**.2) und bei der Wärmeabgabe eines unterhalb des Fensters aufgestellten Heizkörpers (**179**.3).

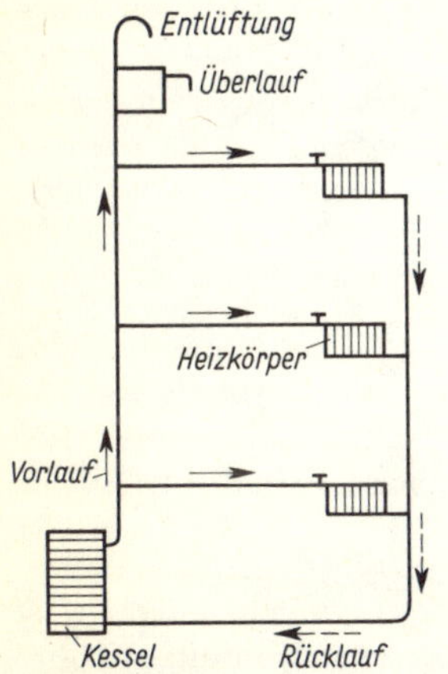

179.2 Wasserkreislauf einer Zentralheizung

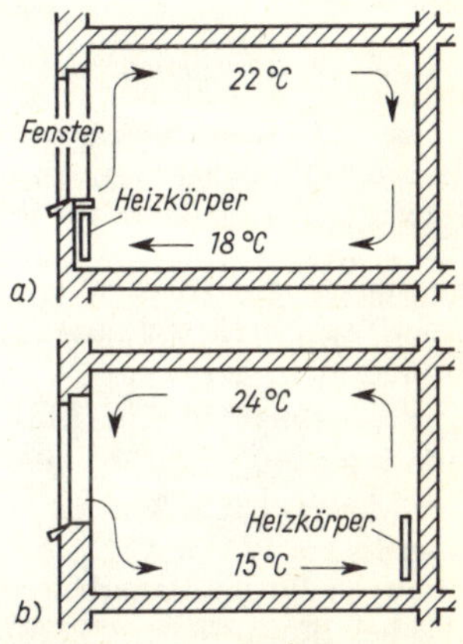

179.3 a) Zweckmäßige, b) unzweckmäßige Aufstellung der Heizkörper einer Zentralheizung im Raum

Wärmeübergang nennt man den Transport von Wärme zwischen zwei Körpern.

Beispiel: Kaltes Wasser wird in ein angewärmtes Glas gegossen. Das an der Glaswand anliegende Wasser nimmt Wärme auf (Wärmeleitung) und führt sie durch Strömung auch zu den übrigen Wasserteilen im Glas.

Wärmedurchgang tritt häufig bei technischen Anwendungen der Wärmeübertragung auf als Kombination Wärmeübergang – Wärmeleitung – Wärmeübergang.

Beispiel: Wenn Wärme aus einem Innenraum durch die Außenwand ins Freie strömt, wird sie zunächst von der Zimmerluft an die Innenfläche der Wand durch Wärmeübergang übertragen, dann durch das Mauerwerk fortgeleitet und geht schließlich an die Außenluft über.

Wärmestrahlung

Große Wärmemengen gelangen durch Sonnenstrahlen zur Erde. Durch den luftleeren Weltraum – in dem tiefste Temperaturen herrschen – wird uns Wärme zugeführt, die wir spüren, wenn wir uns der Sonnenstrahlung aussetzen. Wie bei Lichtstrahlen ist die Übertragung der Wärme ohne einen Stoff im Zwischenraum möglich. Höhere Luftschichten bleiben auch bei starker Sonnenstrahlung kalt. Erst beim Auftreffen auf die Erdoberfläche bewirkt die Sonne eine Temperaturerhöhung. Von hier aus wird die Lufthülle durch Wärmeströmung erwärmt – also von unten und nicht durch die Sonne von oben.

Wärmestrahlung ist die Übertragung von Wärme ohne Mitwirkung eines Stoffes.

Versuch. Zwei gleiche Quecksilberthermometer werden in die Sonne oder in gleichem Abstand zu einer Heizplatte (Heizsonne) gebracht. Beide zeigen die gleiche Temperatur. Danach berußt man die Kugel des einen Thermometers und setzt beide wieder der Strahlung aus. Nun zeigt das Thermometer mit der geschwärzten Kugel eine höhere Temperatur an.

Ergebnis. Dunkle Körper mit matter Oberfläche verschlucken (absorbieren) einen großen Teil der auffallenden Strahlung, während helle, vor allem glänzende Körper sie zurückwerfen.

Hinweise für die Bauarbeit. Die Wärmestrahlen elektrischer Strahlungsöfen erwärmen die bestrahlten Körper nur einseitig. Bei Heizlüftern bläst man Luft mit Hilfe eines Ventilators an elektrisch erhitzten Drähten vorbei, wälzt sie auf diese Weise rasch um und erwärmt sie.

20.3.6. Wärmespeicherung

Versuch. Gleiche Massen Wasser und Glyzerin (Tafelwaage!) werden mit gleichen Tauchsiedern (z.B. 1000 W) gleich lange erwärmt. Die Anfangs- und Endtemperaturen werden gemessen, die Temperaturerhöhungen für beide Stoffe berechnet.

Ergebnis. Das Glyzerin weist eine größere Temperaturerhöhung auf als das Wasser.

Spezifische Wärmekapazität. Der Versuch zeigt: Die zu einer Temperaturerhöhung nötige Wärmeenergie (Wärmemenge Q) ist neben der Stoffmenge (Masse m) von der Stoffart abhängig. Eine Masse braucht also eine bestimmte Wärmemenge zur Temperaturerhöhung $\Delta\vartheta = \vartheta_2 - \vartheta_1$. Bezieht man die aufgewandte Wärmeenergie Q auf die Einheit der Masse m und auf eine Temperaturerhöhung um 1 °C oder 1 K, so erhält man die spezifische Wärmekapazität c (früher spezifische Wärme genannt).

$$\text{Spezifische Wärmekapazität} = \frac{\text{Wärmeenergie}}{\text{Masse} \times \text{Temperaturerhöhung}} \qquad c = \frac{Q}{m \cdot (\vartheta_2 - \vartheta_1)}$$

Einheit: $\frac{\text{J}}{\text{kg} \cdot \text{K}}$

Spezifische Wärmekapazität einiger Stoffe in $\frac{\text{J}}{\text{kg} \cdot \text{K}}$

Luft 1010	Wasser 4187	Ton 920	Aluminium 890	Beton 880	Stahl 503

Wasser hat also eine sehr große spezifische Wärmekapazität; Sand, Erde oder Beton haben nur etwa $^1/_5$ des Wasserwertes. Das Wasser erwärmt sich unter der gleichen Sonneneinstrahlung erheblich langsamer, weil es eine fünfmal größere spezifische Wärmekapazität hat als Sand oder Beton.

Andererseits ist Wasser ein guter Wärmespeicher. Bei der Zentralheizung nutzt man diese Eigenschaft des Wassers, um die durch Verbrennung von Öl oder Koks erhaltene Wärme vom Kessel in die Wohnräume zu transportieren. Für die Speicherung von Wärmeenergie in einem Körper (z. B. Wasser oder Bauteil) bei Erwärmung gilt:

Die in einem Körper gespeicherte Wärmeenergie ist um so größer, je höher der Temperaturunterschied zwischen dem Körper und der Umgebung (z. B. Luft) und je größer spezifische Wärmekapazität und Masse des Körpers sind.

Hinweise für die Bauarbeit. Eiserne Öfen sind nur zum schnellen Beheizen von Räumen zu empfehlen; sie werden zwar rasch warm, aber auch ebenso schnell wieder kalt. Mit Kachelöfen erreicht man dagegen auf längere Zeit eine gleichmäßige Erwärmung des Raumes, weil sie mehr Wärme speichern als eiserne Öfen.

Wärmespeichernde Wände und Decken verhindern im Winter eine zu schnelle Auskühlung der Räume, wenn die Heizung nachläßt. Sie vermeiden zugleich eine zu rasche Erwärmung der Räume im Sommer.

20.3.7. Wärmedämmung und Wärmeschutz

Aufgabe der Wärmedämmung ist es, die Wärme lange in Räumen zu erhalten und Kälte von außen abzuhalten. Für Außenbauteile sind deshalb Baustoffe geeignet, die bei genügender Festigkeit eine mäßige Wärmeleitfähigkeit haben, dem Wärmestrom von innen nach außen also einen möglichst großen Widerstand entgegensetzen. Diese Baustoffe sind zugleich gute Wärmespeicher.

Die in der Übersicht auf Seite 178 als Dämmstoff mit sehr geringer Wärmeleitfähigkeit genannten Baustoffe werden vorzugsweise als Schichten auf Wänden und Decken benutzt (**181**.1). (Weitere Ausführungen über den Wärmeschutz im Hochbau s. Baufachkunde 2).

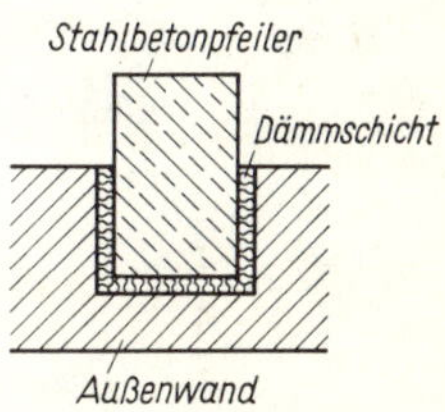

181.1 Ausreichenden Wärmeschutz bewirkt die Dämmschicht zwischen Mauer und Pfeiler aus Beton

Aufgaben

1. Nennen Sie Vorgänge, durch die Wärme erzeugt wird.
2. Was versteht man unter Temperatur?
3. Worauf beruht die Wirkung des Thermometers?
4. Wodurch unterscheiden sich die Thermometerskalen von Celsius und Kelvin? Worin sind sie gleich?
5. Was ist relative Luftfeuchte?
6. Was versteht man unter der Ausdehnungszahl?

7. Ermitteln Sie die Ausdehnung des Trägers einer Stahlbrücke mit 22 m Länge, wenn der Temperaturunterschied zwischen -20 °C und $+35$ °C beträgt. Legen Sie dabei die Einheit K zugrunde.
8. Was bedeutet die Anomalie des Wassers?
9. Was versteht man unter Wärmemenge, und wie heißt ihre Einheit?
10. Rechnen Sie 3200 kcal, 4800 kcal und 5300 kcal in kJ um.
11. Doppelfenster lassen die Zimmerwärme weniger schnell nach außen als einfache Fenster mit doppelter Glasstärke. Warum?
12. Warum sind Baustoffe mit Luftporen schlechte Wärmeleiter?
13. Stahlkochtöpfe sind meist mit Holz- oder Kunststoffgriffen versehen. Weshalb?
14. Warum werden Heizungsrohre mit leichten, porigen Baustoffen (z.B. Glaswolle, Asbest) ummantelt?
15. Was versteht man unter Wärmeleitfähigkeit und Wärmeleitzahl?
16. Erklären Sie den Wärmeübergang und den Wärmedurchgang.
17. Wann tritt Wärmeströmung auf?
18. Wodurch unterscheidet sich die Wärmestrahlung von anderen Wärmeübertragungen?
19. Was versteht man unter der spezifischen Wärmekapazität eines Stoffes?
20. Welche Wärmeeigenschaften hat Wasser? Wozu nutzen wir sie am Bau?
21. Betonstraßen geben an heißen Sommertagen Wärme ab. Wie erklären Sie das?
22. Welchen Zweck haben Wärmedämmstoffe?

20.4. Schall und Schallschutz

20.4.1. Entstehung des Schalls

Als Schall bezeichnet man alles, was mit dem Gehör wahrnehmbar ist.

Versuche

1. Schlagen Sie eine Stimmgabel leicht an und berühren Sie die Enden mit dem Fingernagel. Sie hören einen reinen Ton, sehen und fühlen, daß sich die Zinken der Gabel hin und her bewegen – sie schwingen.

2. Führen Sie eine Schreibstimmgabel nach dem Anschlagen über eine berußte Glasplatte (**182**.1). Auf der Glasplatte erscheint eine regelmäßige Wellenlinie.

3. Lassen Sie aus der Wasserleitung einen starken Wasserstrahl auf ein Stück Pappe laufen, knüllen Sie ein Stück Packpapier zusammen. Sie hören ein ungleichmäßiges, unreines Geräusch.

182.1 Die Schreibstimmgabel wird nach dem Anschlagen über eine berußte Glasplatte geführt

Schall entsteht durch Schwingungen eines Körpers, der als Schallerreger oder Schallquelle bezeichnet wird.
Ein Ton entsteht, wenn ein Körper regelmäßig schwingt. Von Klang sprechen wir, wenn mehrere Töne gleichzeitig erklingen. Ein Geräusch entsteht, wenn der Schallerreger unregelmäßig schwingt; ein Knall, wenn der Körper heftig schwingt.

20.4.2. Ausbreitung des Schalls

Versuch. Man stellt einen tickenden Wecker auf Schaumgummi unter den Rezipienten einer Vakuumpumpe (**183**.1).

Ergebnis. Das anfangs hörbare Ticken des Weckers wird leiser, je mehr Luft aus der Glasglocke gesaugt wird. Schließlich ist es gar nicht mehr wahrnehmbar.

Im luftleeren Raum breitet sich, wie dieser Versuch zeigt, Schall nicht aus. Es ist immer ein Stoff als Schallträger erforderlich. Der Schallerreger überträgt seine Schwingungen auf die angrenzenden Luftmoleküle, diese übertragen sie weiter auf die Nachbarteilchen und so fort.

183.1 Der tickende Wecker wird auf Schaumgummi unter den Rezipienten einer Vakuumpumpe gestellt

Die vom Schallerreger ausgehende Schwingung breitet sich als Welle (Schallwelle) allseitig im Raum aus.

Auch Flüssigkeiten und Festkörper sind Schalleiter: Unter Wasser hören wir den Schall, der außerhalb des Wassers erregt wird. Das Ticken einer aufs Tischende gelegten Uhr ist am anderen Ende zu hören, wenn wir das Ohr auf die Platte legen. Heizungsrohre übertragen Geräusche über mehrere Stockwerke hinweg.

Schall pflanzt sich in Gasen, Flüssigkeiten und Festkörpern fort.

Schallgeschwindigkeit. Wir sehen aus größerer Entfernung einen Bauhandwerker bei der Arbeit mit Stemm- und Schlagwerkzeugen, hören das dabei entstehende Geräusch aber erst später. Die Ausbreitung des Schalls braucht also Zeit. Diese Zeit läßt sich ermitteln, indem man die Entfernung zwischen Schallquelle und Beobachter mißt und die bei Windstille zwischen Entstehen und Hören vergangene Zeit feststellt. Es ergibt sich:

Die Schallgeschwindigkeit in Luft von 15 °C beträgt 340 m/s.

In festen und flüssigen Stoffen legt der Schall je Sekunde bedeutend größere Strecken zurück: Stahl bis 5500 m/s, Holz bis 5000 m/s, Mauerwerk bis 4000 m/s, Wasser 1500 m/s.

20.4.3. Tonhöhe, Frequenz und Lautstärke

Tonhöhe und Frequenz

Versuch. Eine Stricknadel oder eine Blattfeder aus Stahl wird an einem Ende eingespannt und am anderen, freien Ende durch Zupfen in Schwingungen versetzt (**183**.2).

Ergebnis. Ist der freie Teil der Nadel oder Blattfeder lang, sind die Schwingungen sichtbar, weil ihre Anzahl – die Zahl der Hin- und Hergänge – gering ist. Beim Verkürzen des freien Teils schwingt die Nadel schneller, die Anzahl der Schwingungen nimmt zu, der anfangs tiefe Ton wird höher.

183.2 Die eingespannte Blattfeder aus Stahl wird durch Zupfen am freien Ende in Schwingungen versetzt

Die Anzahl der Schwingungen, die der frei schwingende Körper je Sekunde ausführt, bezeichnen wir als Frequenz. Mit zunehmender Frequenz steigt die Tonhöhe.

Die Einheit der Frequenz ist das Hertz (Hz).

1 Hertz = 1 Schwingung/Sekunde; 1000 Hz = 1 kHz (Kilohertz).

Vom menschlichen Ohr werden nur Schwingungen zwischen 16 Hz und 20000 Hz wahrgenommen. Schwingungen mit höherer Frequenz heißen Ultraschall. Tiere nehmen weitaus höhere Schwingungen wahr als Menschen.

Lautstärke. Die Hörbarkeit eines Tons ist aber nicht nur von seiner Höhe, sondern auch von seiner Lautstärke abhängig.

Die Einheit der Lautstärke ist das Phon.

Die Lautstärke ist mit dem Phonmeter meßbar. Sie nimmt mit der Entfernung von der Schallquelle ab. Bei 0 phon liegt die Hörschwelle, bei 130 phon die Schmerzschwelle des Menschen.

10···20 phon Beginn der Hörempfindung, Blätterrauschen
30···40 phon Wohngeräusche, leise Unterhaltung, ruhige Wohnstraße
50···60 phon normale Unterhaltung, üblicher Straßenlärm, Staubsauger
70···80 phon mechanische Schreibmaschine, sehr verkehrsreiche Straße, Motorrad
90···100 phon lauter Fabriksaal, Boschhorn, Lkw in 7 m Entfernung
110···130 phon stark lärmende Betriebe, Düsenflugzeug in geringer Höhe

20.4.4. Schallschutz

Schallarten. Die Zunahme von Störungen durch Verkehrs-, Arbeits- und Wohngeräusche erfordert Maßnahmen zur Lärmbekämpfung. Wichtig ist für das Baugewerbe deshalb die Unterscheidung der Schallarten.

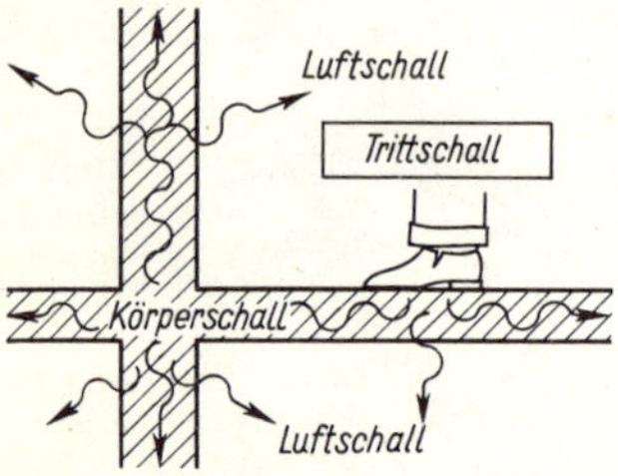

Luftschall breitet sich in der Luft aus;

Körperschall breitet sich in festen Körpern (Wänden, Decken, Rohren) aus und geht von dort aus in die Luft über;

Trittschall entsteht beim Begehen des Fußbodens, breitet sich in der Decke als Körperschall aus und wird teilweise als Luftschall abgestrahlt (**184.**1).

184.1 Ausbreiten des Trittschalls in Bauteile und benachbarte Räume

Schalldämmung. Beim Auftreffen einer Schallwelle z.B. auf eine Wand wird ein Teil der Schallenergie zurückgeworfen (reflektiert). Der andere Teil dringt in die Wand ein und verliert, während er sie durchläuft, an Energie; er wird teilweise absorbiert.

Schalldämmung nennen wir die Minderung der Schallenergie beim Durchgang des Schalls durch einen Körper. Sie geschieht dadurch, daß ein Teil der Schallwellen beim Auftreffen auf einen Körper reflektiert und ein anderer Teil von diesem Körper absorbiert wird.

Einheit der Schalldämmung ist das Dezibel (dB). Die Mindestanforderungen an Bauteile sind in DIN 4109 festgelegt.

Die Schalldämmung hängt ab von der Art und Dichte eines Stoffes sowie von seiner Dicke.

Hinweise für die Bauarbeit. Zur Dämmung des Luftschalls dienen dämmende Wände und Decken. Leichte Bauteile in einschaliger Ausführung übertragen den Schall durch Mitschwingen in benachbarte Räume, ohne ihn wesentlich zu vermindern (**185**.1). Schwere, besonders mehrschichtige Bauteile dämmen dagegen den Luftschall erheblich.

Trittschall dämmen wir durch federnde Dämmschichten auf der Decke und federnde Beläge auf dem Fußboden.

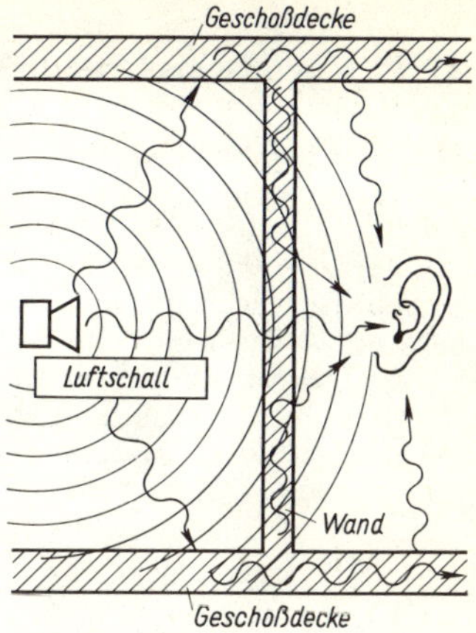

185.1 Ausbreiten des Luftschalls von Raum zu Raum

Schallschluckung. An glatten Oberflächen der Wände, Decken und Fußböden wird ein großer Teil der Schallwellen reflektiert. Dies vermeidet man durch Bauteile, bei denen die der Schallquelle zugewandte Oberfläche porös und mit vielen kleinen Öffnungen versehen, die rückwärtige Oberfläche dagegen geschlossen ist. Die Schallwellen dringen in die Öffnungen ein und werden weitgehend verschluckt, wodurch sich die Schallenergie im Raum mindert.

Schallschluckung nennt man die Minderung der Schallenergie bei Absorption durch einen porösen Körper.

Weitere Ausführungen über Schallschutz s. Baufachkunde 2.

Aufgaben

1. Wie entsteht Schall, und wie heißt der schallverursachende Körper?
2. Wodurch unterscheiden sich Ton, Klang, Geräusch und Knall?
3. Wie pflanzt sich der Schall fort?
4. Bei einer Sprengung mißt ein Beobachter die Zeit zwischen der Lichterscheinung der Explosion und der Wahrnehmung des Knalls mit 1,2 s. Wie weit ist der Beobachter von der Sprengstelle entfernt?
5. Was bedeuten Frequenz und Lautstärke?
6. Welche Schallarten unterscheidet man?
7. Wie entsteht Trittschall, und wie breitet er sich aus?
8. Welche Eigenschaften verbessern bei Wänden und Decken die Luftschalldämmung?
9. Wodurch erreicht man bei Decken eine ausreichende Trittschalldämmung?
10. Wovon hängt die Schallschluckfähigkeit der Bauteile ab?
11. Wie unterscheiden sich Schalldämmung und Schallschluckung?
12. Warum breitet sich Schall nicht im Vakuum aus?

21. Bauchemie

21.1. Chemische Grundbegriffe

21.1.1. Chemische Reaktionen

Versuch 1. Kalziumkarbidstückchen werden in einen mit Wasser gefüllten Erlenmeyerkolben gegeben (**186.**1)

Ergebnis. Karbid reagiert mit Wasser unter Geruch- und Gasbildung bei gleichzeitiger Wärmeabgabe, wie wir beim Berühren der Kolbenwand spüren. Das aufgefangene Azetylengas brennt mit leuchtender, stark rußender Flamme. (Gemische aus Azetylen und Luft sind hochexplosiv!) Der im Kolben entstandene Kalkschlamm kann durch Mischen mit Sand – das Ergebnis ist Kalkmörtel – nachgewiesen werden.

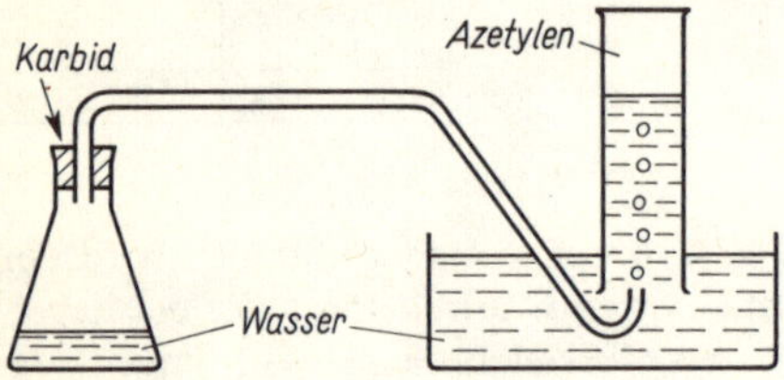

186.1 Chemische Reaktion

Der Versuch zeigt, daß sich die Ausgangsstoffe verändert, in andere Stoffe mit ganz anderen Eigenschaften umgewandelt haben. Diesen Vorgang, bei dem entweder Wärme (Energie) frei wird (Versuch 1) oder zugeführt werden muß (Versuch 3), nennt man chemische Reaktion.

Bei einer chemischen Reaktion verwandeln sich die Ausgangsstoffe in andere Stoffe mit völlig anderen Eigenschaften. Bei einem physikalichen Vorgang dagegen verändern sich die Stoffe nicht (vgl. 20.1).

Die Chemie beschäftigt sich mit den Stoffen und ihren Umwandlungen.

Versuch 2. Eisen- und Schwefelpulver werden in einer Schale gut vermischt (vermengt). Dieses Gemenge berühren wir mit einem Magneten.

Ergebnis. Das Eisenpulver wird angezogen und vom Schwefel getrennt.

Versuch 3. Wir vermengen 7 g Eisen- und 4 g Schwefelpulver und erhitzen das Gemenge in einem Reagenzglas.

Ergebnis. Das Gemenge glüht auf, im Glas bleibt eine graublaue, spröde Substanz, die weder die Eigenschaften des Eisens noch des Schwefels hat und kaum magnetisch ist. Eisen und Schwefel haben sich durch Wärmezufuhr zu einem neuen Stoff verbunden.

Gemenge sind Mischungen verschiedener Stoffe, die durch physikalische Methoden wieder voneinander getrennt werden können. Die Stoffe bleiben unverändert.

Die Vereinigung von verschiedenen Stoffen durch eine chemische Reaktion zu einem neuen Stoff, einer Verbindung, nennt man Synthese. Verbindungen sind nur auf chemischem Wege wieder zu trennen (Analyse).

21.1.2. Element

Bei der Analyse stoßen wir schließlich auf Stoffe, die auf chemischem Wege nicht weiter zu trennen sind: auf die Grundstoffe oder Elemente.

Elemente sind Stoffe, die sich chemisch nicht weiter zerlegen lassen. Ein Element besteht aus kleinsten Teilchen, den Atomen.

Wir kennen heute 105 Elemente. Die Grundstoffe haben Kurzbezeichnungen (Symbole), die von ihren Namen abgeleitet sind, z. B. Fe (Ferrum) für Eisen, O (Oxygenium) für Sauerstoff, H (Hydrogenium) für Wasserstoff.

21.1.3. Atom und Atommasse, Molekül und Molekülmassen

Moleküle nennen wir die kleinsten Teilchen einer chemischen Verbindung, die noch die Eigenschaften dieser Verbindung haben.

Das Atom ist das kleinste Teilchen eines Elements und für jedes Element verschieden. Jeder Grundstoff hat sein eigenes Atom, das durch das chemische Symbol gekennzeichnet wird. H bedeutet also nicht nur Wasserstoff, sondern 1 Atom Wasserstoff.

Das Atom ist das kleinste Teil eines Elements, das Molekül ist das kleinste Teil einer chemischen Verbindung.

Die Atommasse ist unvorstellbar klein. Ihre Einheit ist der 12. Teil der Masse des Kohlenstoffatoms. Kohlenstoff hat also die Atommasse 12, Wasserstoff 1, Sauerstoff 16. Die Masse des Wasserstoffatoms, des kleinsten und leichtesten Atoms, ist mithin 12mal kleiner als die des Kohlenstoffatoms. Das Sauerstoffatom dagegen hat eine 16mal größere Masse als das Wasserstoffatom.

Die Atommasse eines Elements gibt an, wievielmal größer die Masse eines Atoms des Elements ist als $^1/_{12}$ der Masse des Kohlenstoffatoms.

Wichtige Elemente und ihre Atommasse

H	Wasserstoff	1	S	Schwefel	32	Ag	Silber	108
C	Kohlenstoff	12	Cl	Chlor	35,5	Sn	Zinn	119
N	Stickstoff	14	Fe	Eisen	56	Hg	Quecksilber	201
O	Sauerstoff	16	Cu	Kupfer	64	Pb	Blei	207
Al	Aluminium	27	Zn	Zink	65	U	Uran	238

Die Molekülmasse wird ebenfalls auf die Atommasseneinheit bezogen.

Die Molekülmasse einer Verbindung gibt an, wievielmal größer die Masse eines Moleküls der Verbindung ist als $^1/_{12}$ der Masse des Kohlenstoffatoms.

Die Molekülmasse des Wassers (H_2O) ist also $2 \times 1 + 1 \times 16 = 18$.

Grammatom und Mol. Die Atommasse ist, wie wir gesehen haben, keine absolute, sondern nur eine vergleichende, relative Zahl. Wird von einem Stoff eine Menge in Gramm abgewogen, die zahlenmäßig mit der relativen Atommasse bzw. der relativen Molekülmasse übereinstimmt, so bezeichnet man die Menge als Grammatom (Gat) bzw. Grammmolekül (Mol).

Beispiele: 1 Mol Wasser = 18 g Wasser, 1 Gat Kupfer = 64 g Kupfer,
1 Gat Wasserstoff = 1 g Wasserstoff.

21.1.4. Bau des Atoms

Das Atom besteht aus drei verschiedenen Bauteilen: aus den elektrisch negativ geladenen Elektronen, den elektrisch positiv geladenen Protonen und den neutralen Neutronen. Protonen (p) und Neutronen (n) bilden den Atomkern, den die Elektronen (e) in bestimmten Abständen (Schalen) umkreisen. Sie bilden die Atomhülle (**188**.1).

Ein Atom hat jeweils die gleiche Anzahl Elektronen und Protonen. Es ist daher elektrisch neutral. Die Atome unterscheiden sich voneinander durch die unterschiedliche Zahl der Protonen (s. Abb. **188**.1.).

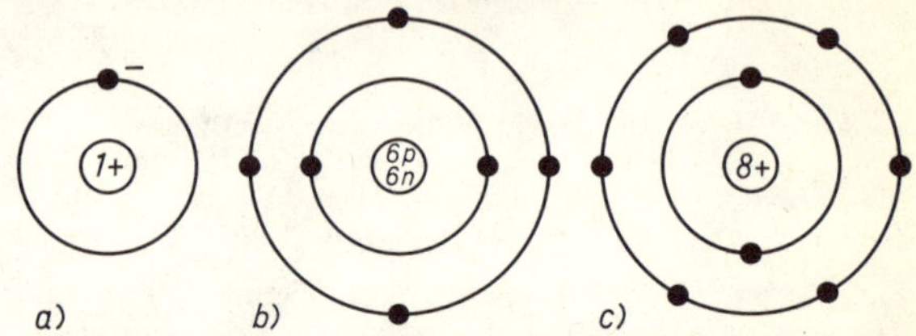

188.1 Atombau a) Wasserstoffatom b) Kohlenstoffatom c) Sauerstoffatom

Das Atom besteht aus verschiedenen Bausteinen: den Elektronen, Protonen und Neutronen. Atome unterscheiden sich durch die Anzahl der Bausteine voneinander.

21.1.5. Periodensystem

Schon früher hat man die Elemente nach der Ähnlichkeit ihrer Eigenschaften in ein Periodensystem eingeordnet. Die Gesetzmäßigkeit dieses periodischen Systems wurde erst später klar. Sie beruht auf der Zahl der Protonen und Elektronen. Von Element zu Element nimmt die Kernladung jeweils um 1 Proton zu, damit auch um 1 Elektron in der Hülle. So erhält jedes Element seine Ordnungszahl, beginnend mit Wasserstoff = 1.

21.1.6. Gesetz von der Erhaltung der Masse

Versuch. Etwas Blattkupfer (Kupferpulver) wird in ein Reagenzglas gegeben, das anschließend zugeschmolzen und gewogen wird. Dann wird das Kupfer mit dem Bunsenbrenner vorsichtig von außen erhitzt. Nach dem Erkalten wird das Reagenzglas erneut gewogen, eine Gewichtsveränderung aber nicht festgestellt.

Ergebnis. Das Kupfer reagiert mit der eingeschlossenen Luft, es hat sich mit dem Luftsauerstoff teilweise zu schwarzem Kupferoxid umgewandelt. Die Gesamtmasse der an der Reaktion beteiligten Stoffe hat sich dabei nicht geändert.

Bei einer chemischen Reaktion ist die Masse der Ausgangsstoffe gleich der Masse der Endstoffe.

21.1.7. Wertigkeit

Elemente verbinden sich stets in bestimmten Mengenverhältnissen miteinander. Die übrige Menge eines Stoffes bleibt unverbunden. Manche Atome können nur ein, andere können mehrere Atome an sich binden. Sie sind ein-, zwei- oder dreiwertig.

Beispiel. Die chemische Formel für Wasser (H_2O) zeigt, daß Sauerstoff zweiwertig ist, also 2 Atome Wasserstoff bindet. Die Wertigkeit drückt sich stets in der Formel von Verbindungen aus. Wir können sie auch zeichnerisch darstellen:

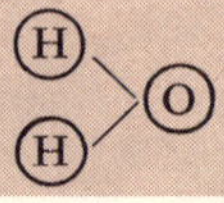

Mit Hilfe der chemischen Formeln und dem Gesetz der Erhaltung der Masse können wir chemische Reaktionen in Gleichungen darstellen:

$2\,H + O \rightarrow H_2O$ $\qquad$ $Fe + S \rightarrow FeS$

21.1.8. Stöchiometrische Berechnungen

Aus der Gleichung können die Mengen der an einer Reaktion beteiligten Stoffe berechnet werden.

Beispiel. Wieviel g Wasser gewinnen wir bei der Verbrennung von 5 g Wasserstoff? Nach der Gleichung $2\,H + O \rightarrow H_2O$ verbinden sich $2\,g + 16\,g \rightarrow 18\,g$. Aus 5 g Wasserstoff entstehen daher $\frac{18 \cdot 5}{2} = 45$ g Wasser.

Aufgaben

1. Wodurch unterscheiden sich chemische und physikalische Vorgänge?
2. Was versteht man unter Gemenge und unter Verbindung?
3. Wie heißt die Vereinigung von Stoffen und wie die Zerlegung?
4. Was sind Elemente, und wie viele kennen wir?
5. Erklären Sie den Unterschied von Atom und Molekül.
6. Was bedeutet das Symbol O? Nicht nur ..., sondern auch ...
7. Was versteht man unter Atommasse?
8. Nennen Sie 10 wichtige Elemente mit Kurzbezeichnung.
9. Berechnen Sie die Molekülmasse der Schwefelsäure H_2SO_4.
10. Berechnen Sie 1 Mol Fe_2O_3 (Rotes Eisenoxid), $CuSO_4$ (Kupfersulfat) und SO_2 (Schwefeldioxid).
11. Was drückt die Wertigkeit der Atome aus?
12. Wie lautet das Gesetz der Erhaltung der Masse?

21.2. Luft und Wasser

21.2.1. Luft

Versuch. In das nach Bild **189.1** aufgebaute luftdichte Gerät wird ein Schiffchen mit einer abgewogenen Masse Kupferpulver gestellt. Dann messen wir in einem der beiden Glaskolben 100 cm^3 Luft ab und drücken sie mehrmals über das erhitzte Kupfer.

E r g e b n i s. Das Kupfer verbrennt unter Aufnahme von Sauerstoff zu Kupferoxid. Das Schiffchen ist um die aufgenommene Menge Sauerstoff schwerer geworden. Zugleich hat das Volumen der Luft um $^1/_5$ abgenommen. Der nicht verbrauchte Teil der Luft ist Stickstoff.

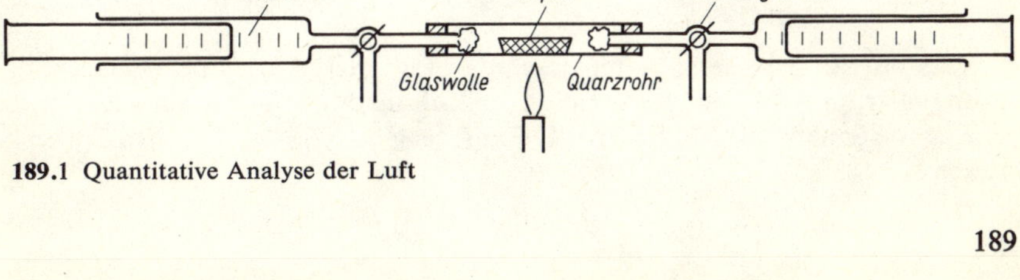

189.1 Quantitative Analyse der Luft

Luft ist ein Gasgemisch und besteht in trockenem Zustand aus rund 21 % Sauerstoff, 78 % Stickstoff und 1 % Edelgasen sowie Kohlendioxid.

Ohne Luft würde alles Leben ersticken, ohne Luft könnte nichts verbrennen und sich kein Schall ausbreiten. Luft ist auch für die Technik von besonderer Bedeutung. Sie nimmt wie jedes Gas bzw. Gasgemisch einen Raum ein, läßt sich verdichten (Fahrradpumpe) und zu Antrieben nutzen (Kompressor). Die Gewichtskraft unserer Lufthülle erzeugt den Luftdruck. Luft ist, wie wir aus der Physik wissen, ein schlechter Wärmeleiter und daher zur Wärmedämmung zu gebrauchen.

Sauerstoff ist das häufigste und eines der wichtigsten Elemente. Er kommt in freiem Zustand in der Atmosphäre vor, gebunden in zahlreichen Verbindungen. Sauerstoff hat weder Farbe noch Geruch oder Geschmack. Er ist ein Gas, etwas schwerer als Luft, nicht brennbar, unterhält aber die Verbrennung und verbindet sich leicht mit fast allen Grundstoffen.

Versuch. Wir halten einen glimmenden Holzspan in einen mit Sauerstoff gefüllten Zylinder. Der Span flammt sofort hell auf.

Sauerstoff ist ein farb-, geruch- und geschmackloses Gas, das selbst nicht brennt, aber die Verbrennung unterhält.

Stickstoff, ein ebenfalls in der Luft frei vorkommendes Gas, ist farb-, geruch- und geschmacklos. Stickstoff tritt gebunden in vielen Verbindungen auf und reagiert nur bei höheren Temperaturen.

Wasserstoff haben wir schon als leichtestes Element kennengelernt.

Versuche

1. Von einem mit Wasserstoff gefüllten Zylinder wird die Glasplatte entfernt und sofort eine Flamme an die Mündung gebracht. Ergebnis: Zündungsknall (keine Explosion) und Abbrennen des Gases mit schwach erkennbarer, gelblicher Flamme, Niederschlag von Wasser an der Gefäßwand.

2. Von einem zweiten mit Wasserstoff gefüllten Zylinder wird das Deckglas abgenommen, aber erst nach einiger Zeit eine Flamme an die Öffnung gehalten. Ergebnis: Wasserstoff ist nicht mehr nachzuweisen. Dagegen entweicht der Wasserstoff nicht, wenn man das Gefäß nach unten hält, wie der Versuch mit der Flamme zeigt.

3. In einen Zylinder mit Wasserstoff wird von unten eine brennende Kerze eingeführt (**190**.1). Das Gas entzündet sich und brennt an der Öffnung. Schiebt man die Kerze weiter hinein, verlöscht sie; zieht man sie wieder vor, entzündet sie sich am brennenden Wasserstoff.

4. Ein mit Wasserstoff gefüllter Zylinder wird unter einen mit Luft gefüllten gestellt und die Deckplatte abgezogen (**190**.2). Nach kurzer Mischungszeit wird der obere Zylinder mit der Öffnung an die Flamme gehalten. Ergebnis: Explosion.

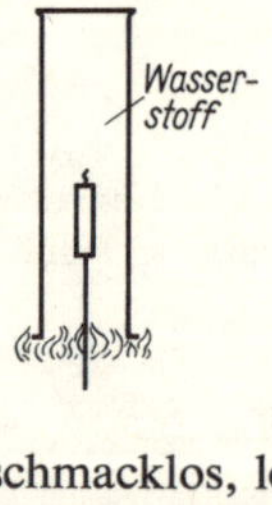

190.1
Wasserstoff unterhält die Verbrennung nicht

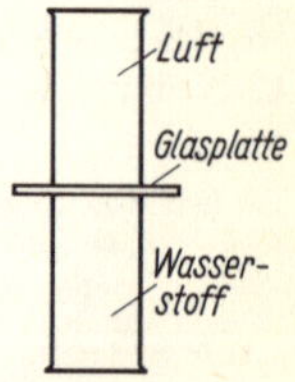

190.2
Zum Versuch: Explosion von Knallgas

Wasserstoff ist farb-, geruch- und geschmacklos, leichter als Luft (Versuch 2). Das Gas ist brennbar, unterhält die Verbrennung jedoch nicht (3); es verhält sich also genau umgekehrt wie Sauerstoff. Mit Sauerstoff (Luft) reagiert Wasserstoff beim Entzünden explosionsartig (4).

Knallgas nennt man ein Wasserstoff-Sauerstoff-Gemisch. Es ist hochexplosiv und explodiert bei einem Wasserstoffgehalt zwischen 4 und 74%. (Bei größerem Wasserstoffgehalt brennt es ruhig unter Wasserbildung ab, wie Versuch 1 gezeigt hat.) Besonders heftig explodiert Knallgas bei einer Mischung von 2 Raumteilen Wasserstoff und 1 Raumteil Sauerstoff. Bei der Reaktion zwischen Sauerstoff und Wasserstoff entsteht Wasser.

Hinweis für die Bauarbeit. Vor Arbeiten mit Wasserstoff überzeuge man sich stets durch die Knallgasprobe, daß keine Explosionsgefahr besteht. Dasselbe gilt für Azetylen.

Edelgase – dazu gehören u.a. Helium, Neon und Argon – sind sehr reaktionsträge und wurden deshalb erst spät von den Chemikern entdeckt. Sie sind in geringen Mengen in der Luft enthalten.

21.2.2. Wasser

Wasser ist, wie uns die Formel H_2O sagt, eine Verbindung von 2 Raumteilen Wasserstoff und 1 Raumteil Sauerstoff. Rund 71% der Erdoberfläche sind Meere, Seen oder Flüsse. Wasser ist für uns sehr wichtig. Ohne Wasser gäbe es kein Leben; Wasser ist Hauptbestandteil aller lebenden Organismen.

Wasser kommt flüssig, fest (Eis) oder gasförmig (Wasserdampf) vor. Es verdunstet bei Erwärmung und fällt bei Abkühlung oder Sättigung der Luft mit Wasserdampf (vgl. S. 162 und 175) als Tau oder Regen nieder.

Wasser als Lösungsmittel ist aus unserem Leben nicht wegzudenken. Viele feste, flüssige und gasförmige Stoffe lösen sich in Wasser. Manche Stoffe lösen sich völlig in Wasser auf, z.B. Salze. Andere lösen sich zwar nicht, verteilen sich aber (Schwebestoffe), z.B. Lehm. Unlösliche Stoffe setzen sich als „Sedimente“ am Boden ab.

Wasser kann stets nur eine bestimmte Menge Stoffe aufnehmen. Wenn der Sättigungsgrad erreicht ist, bleibt der Überschuß eines festen Stoffes ungelöst.

Versuch. Wir erhitzten Wasser in einem Reagenzglas und geben so lange Salz zu, bis der Sättigungsgrad erreicht ist. Dann lassen wir das Wasser abkühlen.

Ergebnis. Bei fortschreitender Abkühlung fallen immer größere Mengen des gelösten Salzes aus der Lösung aus.

Der Sättigungsgrad hängt also – wie bei der Luft (vgl. 20.3.2.) – auch von der Temperatur ab: Kaltes Wasser löst (mit wenigen Ausnahmen) eine geringere Stoffmenge als warmes oder gar heißes.

Wasser ist das wichtigste Lösungsmittel für feste, flüssige und gasförmige Stoffe. Bei Sättigung fallen die nicht mehr löslichen Stoffe aus.

Weiches und hartes Wasser. Besonders Salze lösen sich gut in Wasser. Ein Wasser mit wenig gelösten Salzen nennen wir weich; es schmeckt fade. Hartes Wasser enthält vor allem Calcium- und Magnesiumsalze. Es muß zum Waschen erst enthärtet werden, weil sich die Salze mit der Seife zu unlöslicher „Kalkseife“ verbinden.

Enthärten kann man Wasser durch Kochen. Wasserunlösliche Stoffe werden durch einen Filter getrennt, wasserlösliche durch Destillation.

Wasserreinigung. Wasser reinigt sich auf natürliche Weise selbst durch Filtration, wenn Regenwasser durch Sand- und Kiesschichten bis auf dichte Grundschichten versickert (Grundwasser), wobei wasserunlösliche Stoffe zurückgehalten werden. Ferner durch Destillation, wenn es verdunstet, wobei gelöste Stoffe ausfallen (Salzgehalt des Meeres).

Diesen natürlichen Reinigungsvorgang hat der Mensch in gefährlicher Weise gestört. Deshalb ist die Reinhaltung der Gewässer heute für uns ebenso lebenswichtig wie die Reinhaltung der Luft.

Hinweise für die Bauarbeit. Wasser dient uns in vielfältiger Weise: als Reinigungsmittel, Lösungs- und Verdünnungsmittel sowie als Transportmittel. Zur Herstellung von Mörtel und Beton verwendetes Wasser darf keine schädlichen Bestandteile enthalten. Salze, die durch Mörtelwasser, Mauerziegel oder aus dem Boden in das Mauerwerk gelangen, bilden nach dem Verdunsten des Wassers an der Wandoberfläche Kristalle (Ausblühungen). Gefrierendes Wasser dehnt sich aus (vgl. 20.3.3.) und sprengt Steine und Mauerwerk auseinander. Hartes Wasser führt zur Bildung von Kesselstein. Dieser ist ein schlechter Wärmeleiter, behindert den Wärmeaustausch in Heizungsanlagen und verursacht Überhitzungen an den Heizrohrwänden. Beim Abplatzen von Kesselstein werden große Mengen Wasserdampf frei, die zu Kesselexplosionen führen können.

21.3. Oxydation und Reduktion

21.3.1. Oxydation

In dem Versuch (**189**.1) haben wir gesehen, wie sich Kupfer und Sauerstoff zu Kupferoxid verbinden.

Oxydation ist die Vereinigung eines Stoffes mit Sauerstoff. Dabei wird Energie frei. Die neu entstandene Verbindung heißt Oxid.

In unserem Versuch verbrannte das Kupfer durch Aufnahme von Sauerstoff. Verbrennungen sind nichts anderes als schnelle Oxydationsvorgänge. Davon unterscheiden wir die langsamen Oxydationen, wie etwa die Reaktion von Eisen mit Sauerstoff und Wasser zu Rost = Eisenoxid. In beiden Fällen wird Wärme frei, bei der schnellen Oxydation in kurzer Zeit eine sehr große Energiemenge, bei der langsamen dagegen ist die Erwärmung nicht spürbar.

21.3.2. Reduktion

Versuch. Nach Bild **192**.1 wird Wasserstoff über erhitztes Kupferoxid geleitet (Knallgasprobe).

Ergebnis. Das schwarze Kupferoxid färbt sich rot, zugleich bilden sich Wassertropfen. Wasserstoff reduziert Kupferoxid zu Kupfer. Gleichzeitig wird aber der Wasserstoff selbst oxydiert zu Wasser.

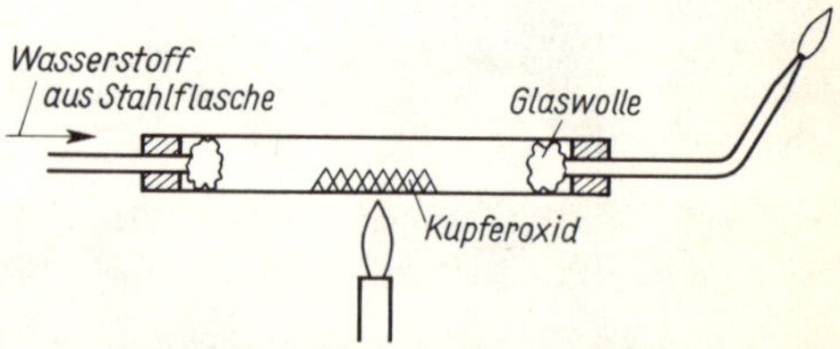

192.1 Reduktion von Kupferoxid

Reduktion ist der Vorgang, bei dem einem Stoff der Sauerstoff entzogen wird. Dabei wird Energie verbraucht. Jede Reduktion ist mit einer Oxydation des Reduktionsmittels verbunden.

21.3.3. Metallgewinnung aus Erz

Oxydation und Reduktion spielen bei der Metallgewinnung aus Erz eine wichtige Rolle, denn Erze sind Oxide, Sulfide (Schwefelverbindungen) und Carbonate (Salze der Kohlensäure). Durch Rösten (Brennen) werden zunächst Sulfide und Carbonate in entsprechende Oxide überführt:

$2\,ZnS + 3\,O_2 \rightarrow 2\,ZnO + 2\,SO_2 \qquad 4\,FeCO_3 + O_2 \rightarrow 2\,Fe_2O_3 + 4\,CO_2$

Dann reduziert man die Oxide durch Kohle (Koks) oder Kohlenmonoxid zu Metallen. Beim „Abstich" des Hochofens fließt das flüssige Eisen aus.

21.3.4. Korrosion

Eisen rostet bekanntlich bei Feuchtigkeit, Säuren greifen Metalle an, Kupfer bildet an der Luft mit Kohlensäure oberflächlich basisches Kupfercarbonat, grüne Patina. Alle diese Zerstörungen an Metallen nennen wir Korrosion. Sie entsteht durch chemische Einwirkung von Luft und Wasser und ist für das Bauwesen besonders zu beachten. Der von Korrosion verursachte Schaden wird in den USA allein jährlich auf rund 10 Mrd. Dollar geschätzt!

Bei einigen Metallen – z.B. Kupfer, Magnesium und Aluminium – sind die Oxydationsschichten nicht porös. Sie fördern daher nicht die weitere Korrosion, sondern hemmen sie und bilden damit einen natürlichen Schutz (Patina etwa).

Korrosion nennen wir die chemische Einwirkung von Luft und Wasser auf Metalle.

Zum Schutz vor Korrosion dienen Überzüge mit Farben, edleren Metallen oder besondere Verfahren.

21.3.5. Elektrolyse

Versuche. In einen Glastrog hängt man 2 Kohleelektroden und verbindet sie über eine Glühlampe oder einen Amperemeter mit einer Gleichspannungsquelle (**193.1**).

a) Befindet sich destilliertes Wasser im Trog, so leuchtet die Glühbirne nicht auf, ein Strommeßgerät zeigt keinen Strom an. Destilliertes Wasser ist ein Nichtleiter.

b) Gibt man in das destillierte Wasser einige Tropfen Schwefelsäure und rührt um, so zeigt das Leuchten der Glühbirne, daß jetzt ein Strom fließt; die Flüssigkeit ist leitend geworden. An beiden Elektroden beobachtet man eine Gasentwicklung: an der Kathode Wasserstoff, an der Anode Sauerstoff. Die entstehenden Gase kann man auffangen, ihr Volumen bestimmen, wenn der Versuch im Hofmannschen Zersetzungsapparat (**193.2**) durchgeführt wird. Immer wird doppelt so viel Wasserstoff wie Sauerstoff abgeschieden.

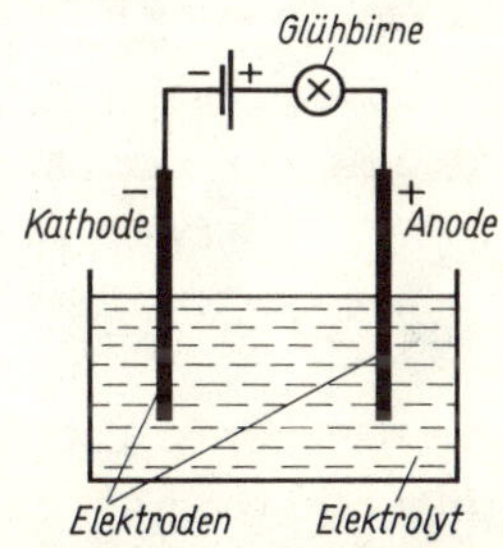

193.1 Elektrolyse

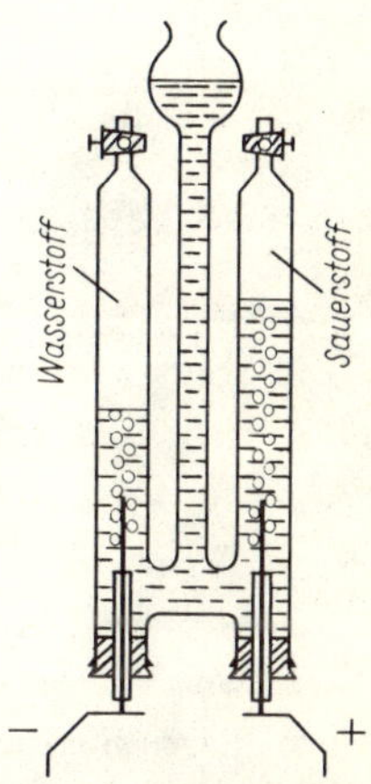

193.2 Elektrolyse von Wasser

c) Wird der Hofmannsche Zersetzungsapparat mit Salzsäure beschickt und an eine Gleichspannungsquelle angeschlossen, so zeigt sich, daß auch Salzsäure den elektrischen Strom leitet, allerdings unter Abscheidung von Wasserstoff und Chlor.

d) Wird in Versuch a) Kupferchlorid statt Wasser verwendet, so wird an der Kathode die Abscheidung von Kupfer, an der Anode die Abscheidung von Chlor beobachtet.

Im Gegensatz zu den metallischen Leitern werden flüssige Leiter beim Stromdurchgang zersetzt.

Flüssigkeiten, die den elektrischen Strom leiten, heißen Elektrolyte. Dazu gehören wäßrige Lösungen der Säuren, Basen, Salze. Die Zersetzung der Elektrolyte durch den elektrischen Strom bezeichnet man als Elektrolyse.

21.3.6 Elektrochemische Spanungserzeugung

Versuche. Eine Kupfer- und Zinkplatte werden in einen Trog mit verdünnter Schwefelsäure gehängt und mit einem Spannungsmesser verbunden (**194**.1). Das Messgerät zeigt eine Spannung von $\approx$ 1 V an. Verbindet man die Platten über eine Glühbirne, so fließt ein Strom.

Ergebnis. Auf Grund der unterschiedlich starken Reaktion der Metalle mit Schwefelsäure entsteht zwischen den Platten eine elektrische Spannung, die z. B. zum Betreiben einer Glühbirne dient. Das unedlere Zink reagiert mit der Säure erheblich stärker als Kupfer, es wird gegenüber Kupfer negativ aufgeladen.

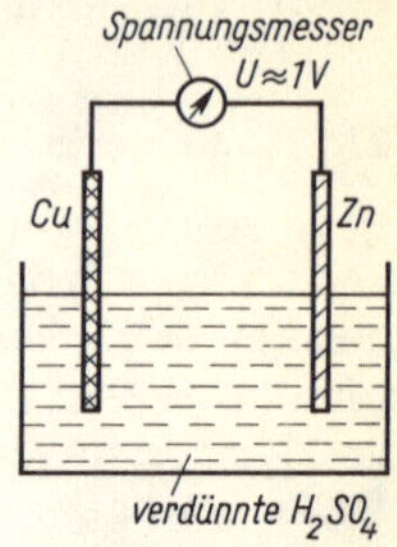

194.1 Galvanisches Element

Werden eine Blei- und Zinkplatte in verdünnte Schwefelsäure getaucht, so mißt man eine Spannung von $\approx$ 0,6 V, bei Kohle-Zink $\approx$ 1,7 V. Die Erzeugung von Spannung durch chemische Reaktionen findet technische Anwendung in den Batterien.

Die Spannung ist Null, wenn gleiche Platten in die Säure gebracht werden, da sie gleiche Reaktionen mit der Schwefelsäure machen.

Hängt man zwei verschiedene Metalle in destilliertes Wasser, so erfolgt keine Reaktion; die Spannung ist Null. Hingegen tritt bei Benutzung von Salzwasser eine Spannung auf.

Hinweise für die Bauarbeit. Beim Bau kommt es häufig zu Kontaktkorrosionen, z. B. bei mit Stahlschrauben befestigten Zinkblechen. Berühren sich zwei verschiedene Metalle und kommen z. B. mit salzhaltigem Wasser in Berührung, so entsteht ein kurzgeschlossenes galvanisches Element, das durch Elektrolyse zur schnelleren Auflösung des unedleren Metalls führt. Es dürfen deshalb nur solche Metalle in Kontakt gebracht werden, deren galvanische Spannung gering ist; außerdem sollte die Verbindung isoliert werden.

Aufgaben

1. Woraus setzt sich Luft zusammen?
2. Welche Bedeutung hat die Luft für den Menschen?
3. Nennen Sie Ursachen der Luftverunreinigung und Gegenmaßnahmen.
4. Welche Eigenschaften haben Sauerstoff und Wasserstoff?
5. Was ist Knallgas?
6. In welchen Zuständen kommt Wasser vor?
7. Erklären Sie die Begriffe Schwebestoff und Sediment.
8. Was versteht man unter weichem und hartem Wasser?
9. Wie reinigt sich das Wasser in der Natur?
10. Welche Eigenschaften des Wassers müssen wir bei der Bauarbeit besonders beachten?
11. Was versteht man unter Oxydation und Reduktion?
12. Was bedeuten Korrosion und Kontaktkorrosion?
13. Was ist Verbrennung?
14. Erklären Sie den Vorgang der Elektrolyse.

21.4. Säuren, Basen, Salze

21.4.1. Säuren

Versuch. Schwefelpulver wird in einem mit Sauerstoff gefüllten Zylinder verbrannt. Dabei entsteht ein stechend riechendes Gas. Anschließend wird etwas destilliertes Wasser in den Zylinder gefüllt und kräftig durchgeschüttelt.

Ergebnis. Schwefel verbrennt in Sauerstoff zu Schwefeldioxid ($S + O_2 \rightarrow SO_2$), das mit Wasser schweflige Säure bildet ($SO_2 + H_2O \rightarrow H_2SO_3$). Lackmus färbt sich darin rot.

Säuren entstehen hauptsächlich aus Nichtmetalloxiden mit Wasser, ferner aus Nichtmetallen mit Wasserstoff (Salzsäure: $H_2 + Cl_2 \rightarrow 2\,HCl$). Säuren färben Lackmus rot.

Starke Säuren sind Salzsäure (HCl), Schwefelsäure (H_2SO_4) und Salpetersäure (HNO_3). Zu den schwachen Säuren gehört Kohlensäure (H_2CO_3), die wir im Mineralwasser finden. Sie entsteht, wenn Holzkohle in Sauerstoff verbrennt. Zunächst ergibt sich ein farbloses, nicht brennbares Gas, das Kohlendioxid ($C + O_2 \rightarrow CO_2$). Kohlendioxid verbindet sich mit Wasser zu Kohlensäure ($CO_2 + H_2O \rightarrow H_2CO_3$). Schwache Säuren weisen wir mit pH-Papier nach.

Bei Arbeiten mit starken Säuren ist größte Vorsicht geboten (Schutzbrille!). Zum Verdünnen wird konzentrierte („rauchende") Säure vorsichtig unter Umrühren in Wasser gegeben – niemals das Wasser in die Säure! Säuren werden nie in Getränkeflaschen aufbewahrt, sondern stets in Säureflaschen und immer mit dem Giftetikett versehen.

Versuch. Wir geben einen Tropfen konzentrierte Schwefelsäure auf ein Stück Holz und ein Stück Leinwand sowie verdünnte Salzsäure auf Zink.

Ergebnis. Die Schwefelsäure zersetzt Holz und Stoff; sie entzieht ihnen das Wasser und verkohlt sie. Zink wird unter starker Gasentwicklung von der Säure aufgelöst; das Gas ist, wie die Knallgasprobe zeigt, Wasserstoff.

Säuren zersetzen organische Stoffe (z.B. Kleidung, Holz, Leder) und Metalle

Hinweise für die Bauarbeit. Kohlensäurehaltiges Wasser („aggressives Wasser") löst das Bindemittel Kalk in Mörtel und Beton auf. Der ausgewaschene Kalk bildet an der Außenfläche der Bauteile feste weiße Kristalle (Kalkausblühungen). Über den Einfluß von Kohlendioxid auf Baukalke s. Abschn. 3.2 u. 3.7. Alle Säurelösungen greifen Bauteile an.

21.4.2. Basen

Versuch. Gebrannter Kalk (Calciumoxid, CaO) wird in ein mit Wasser gefülltes Reagenzglas gegeben und geschwenkt. Es entsteht eine trübe Lösung (Kalkmilch), die Lackmus blau färbt.

Ergebnis. Das Calciumoxid hat sich mit Wasser zu Calciumhydroxid verbunden: $CaO + H_2O \rightarrow Ca(OH)_2$. In der Baupraxis wird gebrannter Kalk mit Wasser „gelöscht" (s. Abschnitt 3.2).

Hydroxide entstehen durch Reaktion vieler Metalloxide mit Wasser. Alle enthalten die Hydroxidgruppe OH. Die wäßrigen Lösungen der Hydroxide heißen Laugen oder Basen und färben Lackmus blau.

Festes Natriumhydroxid ($NaOH$) wird auch Ätznatron genannt. Wenn wir es in Wasser lösen, entsteht Natronlauge. Laugen fühlen sich glitschig an und wirken ätzend auf die

Haut (Vorsicht, nachspülen!). Sie lösen Fette, greifen Baustahl nicht an, zersetzen aber Aluminium und andere Leichtmetalle.

Hinweis für die Bauarbeit. Leichtmetalle dürfen nicht mit Kalk- und Zementmörtel in Berührung kommen.

21.4.3. Salze

Versuch 1. Im Reagenzglas wird Zink mit Schwefelsäure versetzt. Dabei wird Wasserstoff frei. Nach Verdampfen der Lösung bleiben Salzkristalle zurück: $Zn + H_2SO_4 \rightarrow ZnSO_4 + H_2$.

Versuch 2. Kupferoxidpulver wird im Reagenzglas mit verdünnter Schwefelsäure versetzt und erwärmt. Es entsteht eine blaue Kupfersulfatlösung, aus der nach Eindampfen Kupfersulfat auskristallisiert: $CuO + H_2SO_4 \rightarrow CuSO_4 + H_2O$.

Versuch 3. In einem Reagenzglas wird verdünnte Natronlauge durch Lackmus blau gefärbt und so lange verdünnte Salzsäure zugefügt, bis die Blaufärbung gerade verschwunden und noch keine Rotfärbung eingetreten ist. Entstanden ist eine neutrale Salzlösung, aus der sich beim Eindampfen Kochsalzkristalle ausscheiden: $NaOH + HCl \rightarrow NaCl + H_2O$.

Salze sind Verbindungen aus einem Metall und einem Säurerest. Salze entstehen bei der Reaktion einer Säure mit Metall, Metalloxid oder Metallhydroxid (Neutralisation).

Ein Salz erhält seinen Namen nach dem Metall und der Bezeichnung des Säurerestes.

Säure		Salz		
Name	Formel	Gruppenname	Vertreter	Formel
Salzsäure	HCl	Chlorid	Natriumchlorid (Kochsalz)	NaCl
			Eisenchlorid	$FeCl_3$
Schwefelsäure	H_2SO_4	Sulfat	Kupfersulfat	$CuSO_4$
			Calciumsulfat (Gips)	$CaSO_4$
			Ammoniumsulfat (Düngesalz)	$(NH_4)_2SO_4$
Salpetersäure	HNO_3	Nitrat	Natriumnitrat (Natronsalpeter)	$NaNO_3$
Kohlensäure	H_2CO_3	Carbonat	Calciumcarbonat (kohlensaurer Kalk)	$CaCO_3$
			Natriumcarbonat (Soda)	Na_2CO_3
Phosphorsäure	H_3PO_4	Phosphat	Calciumphosphat	$Ca_3(PO_4)_2$
Essigsäure	CH_3COOH	Azetat	Natriumazetat	CH_3COONa
Kieselsäuren		Silikate	Aluminiumsilikat (im Ton)	

Hinweise für die Bauarbeit. Durch aufsteigende Feuchtigkeit und die darin gelösten Salze entstehen nach Verdunsten des Wassers an den Wänden Ausblühungen. Am häufigsten sind die weißen Sulfatausblühungen, für das Mauerwerk am gefährlichsten sind Nitratausblühungen. (vgl. Baufachkunde Bd. 2, Abschn. 8).
Über Calciumcarbonat und Calciumsulfat s. Abschn. 3.2 bzw. 3.8.

Aufgaben

1. Was versteht man unter Säuren, und welche Eigenschaften haben sie?
2. Nennen Sie starke Säuren und ihre Formeln.
3. Was ist bei Arbeiten mit starken Säuren zu beachten?
4. Welche Folgen hat die Einwirkung von Kohlensäure auf Mörtel und Beton?
5. Wie reagiert Branntkalk mit Wasser? Stellen Sie die Gleichung auf.

6. Welche Erkennungsmittel gibt es für Säuren und Laugen?
7. Was versteht man unter Basen?
8. Was sind Salze, und wie entstehen sie?
9. Was bedeutet Neutralisation?
10. Was bedeuten die Formeln HCl, H_2SO_4, H_2CO_3, NaCl, $CaSO_4$, $CaCO_3$?

21.5. Kunststoffe

21.5.1. Kohlenwasserstoffe

Kunststoffe sind künstlich (vollsynthetisch) hergestellte Stoffe. Ausgangsstoffe dazu sind vor allem Erdöl, Erdgas und Kohle. Alle Kunststoffe (ausgenommen die Silikone) enthalten das Element Kohlenstoff (C), das in Verbindung mit vielen Elementen vorkommt. Die Besonderheit des Kohlenstoffs besteht darin, daß sich seine Atome in den verschiedenen Molekülen praktisch unbegrenzt mit sich selbst zu Ketten oder Ringen verbinden können.

Die mit Wasserstoff gebildeten Verbindungen des Kohlenstoffs heißen Kohlenwasserstoffe.

Nach den chemischen Eigenschaften unterscheiden wir gesättigte und ungesättigte Kohlenwasserstoffe.

In den gesättigten Kohlenwasserstoffen (Paraffine oder Alkane) sind die C-Atome durch einfache Bindungen verbunden und mit Wasserstoffatomen gesättigt. Sie sind deshalb reaktionsträge. Zu den Alkanen gehören Methan (CH_4) und Äthan (C_2H_6), beide Bestandteile des Erdgases, bekannt und gefürchtet auch als Grubengas. Propan und Butan entstehen dagegen als Nebenprodukte bei der Verarbeitung des Erdöls und sind als „Flüssiggas“ im Handel.

Methan 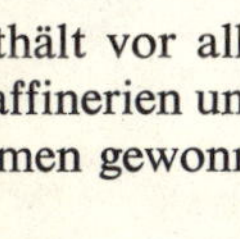 Äthan 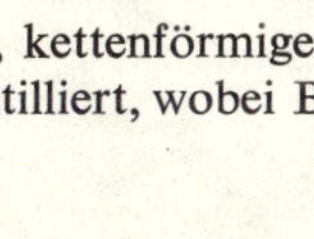 Äthen (Äthylen) 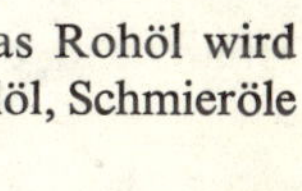

Die ungesättigten Kohlenwasserstoffe haben Doppel- und Dreifachbindungen und sind sehr reaktionsfähig. Dazu gehört Äthen (oder Äthylen, C_2H_4), der wichtigste Zwischenstoff bei der Herstellung von Kunststoffen.

Erdöl enthält vor allem gesättigte, kettenförmige Kohlenwasserstoffe. Das Rohöl wird in den Raffinerien unter Druck destilliert, wobei Benzin, Petroleum, Dieselöl, Schmieröle und Bitumen gewonnen werden.

21.5.2. Aufbau und Herstellung der Kunststoffe

Zur Herstellung vollsynthetischer Kunststoffe müssen die kleinen Moleküle der Rohstoffe zu Großmolekülen (Makromolekülen) vereinigt werden. Die Eigenschaften der Kunststoffe werden weniger durch die chemische Zusammensetzung als durch den Aufbau dieser Riesenmoleküle bestimmt. Zur Bildung von Makromolekülen kennen wir drei Verfahren: Polymerisation, Polykondensation und Polyaddition (poly = viele).

Bei der Polymerisation schließen sich viele gleiche Moleküle ungesättigter Verbindungen mit Hilfe eines Starters (Katalysators) zu Makromolekülen zusammen, z. B. die Moleküle des Äthylens zu den Makromolekülen des bekannten Kunststoffes Polyäthylen (PE):

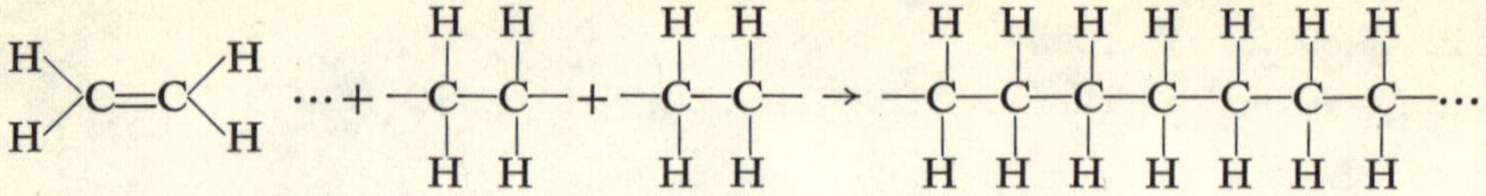

Aus Äthylenmolekülen gebildetes Makromolekül Polyäthylen

Zu den Polymerisaten – den durch Polymerisation gebildeten Kunststoffen – gehört auch Polyvinylchlorid (PVC).

Bei der Polykondensation vereinigen sich ungleichartige Moleküle, wobei ein drittes Molekül (meistens Wasser) abgespalten wird. Deshalb heißt dieser Vorgang Kondensation. Zu den Polykondensaten zählen Polyester (UP) und Phenoplaste (PF).

Bei der Polyaddition verbinden sich ungleichartige Moleküle zu Makromolekülen, wobei es zu einer Umlagerung (aber nicht Abspaltung) von Molekülteilen kommt. Ein Polyaddukt ist das Epoxidharz (EP).

Kunststoffe entstehen durch Polymerisation, Polykondensation oder Polyaddition und heißen entsprechend Polymerisate, Polykondensate oder Polyaddukte.

Alle Kunststoffe werden bei der Herstellung durch Pressen, Walzen oder Gießen plastisch verformt. Wir nennen sie daher auch Plaste.

21.5.3. Plastomere und Duromere

Versuch. Halten Sie verschiedene Kunststoffproben – z. B. Polyäthylen-Folien, PVC-Bodenbelag, Fugenbänder, Polyester-Wellglas – an eine Kerze oder eine Gasflamme und beobachten Sie das Verhalten.

Nach den Verarbeitungs- und Gebrauchseigenschaften unterscheiden wir bei Plasten zwei Gruppen: die Plastomere und die Duromere.

Plastomere (Thermoplaste) sind meist zähplastisch. Feste Plastomere werden bei starker Erwärmung weich bis zähflüssig und sind dann verformbar. Nach dem Abkühlen sind sie wieder fest und können geschnitten, gesägt oder verschweißt werden.

Duromere (Duroplaste; duros = hart) sind meist glasighart und spröde (z. B. Polyester). Sie verformen sich bei Erwärmung nicht. Man kann sie deshalb nur spanabhebend bearbeiten und mit Klebern oder Schrauben verbinden.

Hinweise für die Bauarbeit. S. Baufachkunde Bd. 2, Abschn. 7.

Aufgaben

1. Nennen Sie die wichtigsten Ausgangsstoffe für die Kunststoffherstellung.
2. Aus welchen Elementen bestehen die Kohlenwasserstoffe?
3. Was versteht man unter gesättigten und ungesättigten Kohlenwasserstoffen?
4. Welche Herstellungsverfahren gibt es für Makromoleküle?
5. Warum heißen Kunststoffe auch Plaste?
6. Wodurch unterscheiden sich Plastomere von Duromeren?

Sachweiser